赣南师范大学校本教材建设基金资助项目

电工电子实训·实验·设计

曾祥华　　　　主　编

王兴权　乐江源　
　　　　　　　副主编
武　华　曾祥志　

许　粮　李乐良　参　编

U0303890

电子工业出版社

Publishing House of Electronics Industry

北京·BEIJING

内 容 简 介

本书是为培养"新工科"电子信息类与电气信息类等专业人才而编写的电工电子实训、实验和设计教材。全书分为电工电子基础实训、电子技术实验与设计和电子技术课程设计 3 篇，共 10 章内容。第一篇为电工电子基础实训，主要介绍电类专业基础技能训练、电子工艺实训、电工学实验和电路分析实验。第二篇为电子技术实验与设计，主要介绍模拟电路实验与设计、数字电路实验与设计和高频电路实验。第三篇为电子技术课程设计，主要介绍模拟电路课程设计、数字电路课程设计和电子大赛培训知识。全书构建了验证性、提高性、设计综合性和研究性 4 个层次的实验；构建了虚拟仪器技术实验；构建了实训—实验—设计—大赛等多层次实践环节。

本书可供高等学校电子与电气信息类专业师生作为电工学、电路、电子技术实践环节的教材。

图书在版编目（CIP）数据

电工电子实训·实验·设计 / 曾祥华主编. —北京：电子工业出版社，2019.9

ISBN 978-7-121-36514-0

Ⅰ．①电… Ⅱ．①曾… Ⅲ．①电工技术－高等学校－教材②电子技术－高等学校－教材 Ⅳ.①TM②TN

中国版本图书馆 CIP 数据核字（2019）第 092052 号

责任编辑：胡辛征　　　特约编辑：田学清

印　　刷：北京七彩京通数码快印有限公司

装　　订：北京七彩京通数码快印有限公司

出版发行：电子工业出版社

　　　　　北京市海淀区万寿路 173 信箱　　　邮编：100036

开　　本：787×1 092　1/16　　印张：17.5　　字数：448 千字

版　　次：2019 年 9 月第 1 版

印　　次：2025 年 1 月第 4 次印刷

定　　价：56.80 元

凡所购买电子工业出版社图书有缺损问题，请向购买书店调换。若书店售缺，请与本社发行部联系，联系及邮购电话：（010）88254888，88258888。

质量投诉请发邮件至 zlts@phei.com.cn，盗版侵权举报请发邮件至 dbqq@phei.com.cn。

本书咨询联系方式：guonm@phei.com.cn，QQ34825072。

前　言

《电工电子实训·实验·设计》是电子信息科学与电气信息类专业电工电子技术基础课程中重要的实践性教材，对学生巩固和加深课堂理论知识，提高实践动手能力、电子创新能力和工程素质能力具有非常重要的作用。

本书编写的主要依据是教育部高等学校电子信息科学与电气信息类基础课程教学指导委员会讨论通过的《电子信息科学与电气信息类平台课程教学基本要求》，结合高校现有的实验实训室和实验设备，突出教程的科学性、先进性、实用性和实践性，旨在培养学以致用的"新工科"应用型本科人才。

本书具有以下特点：

（1）力求构建集单元、功能模块和应用系统于一体的"专业实验实训课程群"；

（2）课程体系结构完整，涉及电工电子类实训、实验和设计内容；

（3）课程构建了验证性、提高性、设计综合性和研究性4个层次的实验；

（4）开发了虚拟仪器技术实验，将EDA技术（Multisim和MAX+plus II等）引入实践教学环节，实现了开放性实验；

（5）课程设计与实验相互结合、相互补充，便于教师教学，利于学生学习。

全书内容丰富，包括电类专业基础技能训练、电子工艺实训、电工学实验、电路分析实验、模拟电路实验与设计、数字电路实验与设计、高频电路实验、模拟电路课程设计、数字电路课程设计和电子大赛培训知识，是实践性较强的工程技术应用类教材。

全书内容分为三篇，共10章。曾祥华老师编写了第1~7章、第10章、附录A、附录B和附录C并负责全书的统稿和校稿工作，武华、乐江源老师编写了第8章，王兴权、武华老师编写了第9章，曾祥志老师参与编写了第10章，李乐良老师参与编写了第6章，许粮老师参与编写了第7章部分内容。

由于编者水平有限，书中难免存在不足之处，殷切希望广大读者给予批评指正。

编　者

目　　录

第二篇　电子技术实验与设计

第三篇 电子技术课程设计

第一篇 电工电子基础实训

电工电子基础实训主要包括电类专业基础技能训练、电子工艺实训、电工学实验和电路分析实验。

电类专业基础技能训练的主要目的和任务：使学生掌握电工电子技术应用过程中的一些基本技能，巩固、提升已获得的理论知识，熟练掌握常用电子元器件的识别、检测方法，熟练掌握常用电子仪器、仪表的使用方法；培养学生熟练运用所学的理论知识和基本技能的能力，通过实践技能训练为之后的实验、实训课程打下基础。

电子工艺实训的主要目的和任务：使学生掌握常用电子元器件的识别与焊接、测试仪表的使用和仿真电路的绘制等基本电子技能；装配模拟电路与数字电路相结合的综合性电路，训练学生应用电子技术的基本测试、调试技能，进一步培养学生学习应用电子技术的兴趣，提高学生将理论知识转化为实践能力的工程素质。

电工学实验的主要目的和任务：加深学生对电工学基础理论的理解，使学生掌握交流电路、变压器、交直流电机的工作原理和使用方法，培养学生掌握电路、电机和供配电的基本技能。[1]

电路分析实验的主要目的和任务：加深学生对课堂所学理论知识的理解，提高学生的动手能力、解决实际问题的能力；使学生掌握各种电路（电阻电路、动态电路、正弦稳态电路）的连接、测试和调试技术；熟悉常用电子电工仪表的工作原理及使用方法；使学生熟悉安全用电知识，了解电路故障的检查和排除方法[2]，同时为后续的《模拟电路》《数字电路》课程的开设打好基础。

第1章 电类专业基础技能训练

1.1 电压表、电流表、功率表的使用

1.1.1 实验目的

（1）学习数显直流电压表、电流表的使用，并掌握直流电压、电流的测量方法。

（2）学习交流指针式电压表、电流表的使用，并掌握交流电压、电流的测量方法。

（3）学习功率表的使用，并会测试功率和功率因数。

1.1.2 实验原理

1．数显直流电压表的组成及原理

数显直流电压表是用模/数转换器将测量的电压值转换成数字形式并以数字形式表示的仪表。数显直流电压表是一种精密的电子仪器，它主要由输入电路、A/D 转换器、逻辑控制电路、计数器、译码显示电路及电源组成，如图 1.1.1 所示。

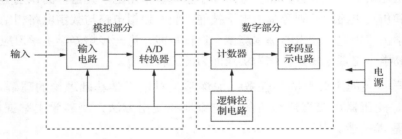

图 1.1.1　数显直流电压表的组成

在数显直流电压表的输入端配以不同的转换器可以构成不同的仪表。若被测电流为交流电流，则先将该被测电流转换为交流电压，再经 A/D 转换器转换为直流电压后进行测量。

使用数显直流电压表时，先接通电源，选择量程，再将其并联于被测电路的两端，直接显示电压的大小。

使用数显直流电流表时，应先选择量程，将其串联于被测电路支路，再接通电源，直接显示电流的大小。

2．交流指针式电压表简介

交流指针式电压表是应用磁电原理工作，驱动指针转动，依靠指针在面板上停留的位置来显示电压大小的仪表。

磁电式电工仪表是由固定的磁路系统和可动部分组成的。仪表的磁路系统包括永久磁铁、固定在磁铁两极的极掌及处于两个极掌之间的圆柱形铁芯。圆柱形铁芯固定在仪表支架上，用来减小磁阻，并使极掌和铁芯间的空气隙产生均匀的辐射状磁场。当处在这个磁场中的可动线圈绕转轴偏转时，两个有效边上的磁场也总是大小相等，并且其方向与线圈边相互垂直。可动线圈绕在铝框上，转轴分成前后两部分，每个半轴的一端固定在动圈铝框上，另一端则通过轴尖支撑于轴承中。在前半轴装有指针，当可动部分偏转时，即可指示被测电量的大小。

使用交流指针式电压表时，注意应先选择好量程，再将其并联于测试电路中。而使用交流指针式电流表时，应先断开电源，将交流指针式电流表串联于测试支路，再接通电源进行测试。

交流指针式电压表和交流指针式电流表多数为多量程电表，读数时应特别注意。为了保证测试精度，选择量程时，应使指针的偏转幅度在量程的 1/3~2/3 为宜。

3．功率表原理简介

电动式功率表亦称瓦特表，在交流电路中测量交流负载的平均消耗功率。电动式功率表内部装有一个电流线圈（定圈）和一个电压线圈（动圈），功率表内部接线如图 1.1.2 所示。

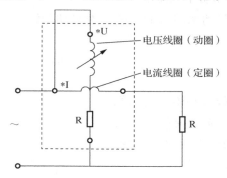

图 1.1.2　功率表内部接线

电动式功率表一般有 2 个电流量程和 3 个电压量程。图 1.1.3 中的电流线圈由 2 个完全相同的线圈组成，线圈的额定电流为 I_N。当两个线圈串联组成电流线圈时，电动式功率表的电流量程为 I_N，如图 1.1.3（a）所示。当两个线圈并联组成电流线圈时，电动式功率表的电流量程为 $2I_N$，如图 1.1.3（b）所示。

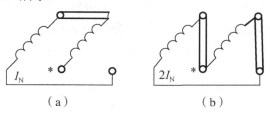

（a）　　　　　　　　　　　　（b）

图 1.1.3　功率表电流线圈接法

电动式功率表电压量程的改变，类似于电压表量程的改变，可以通过在电压线圈中串接不同阻值的电阻来实现，如图 1.1.4 所示。

电动式功率表的正确接法：将标有"*"的电流端钮接至电源一端，将另一个电流端钮接至负载，如图 1.1.5 所示，此种接法是将电流线圈串联接入电路；将标有"*"的电压端钮根据负载的大小接至电流端钮的某一端，将另一个电压端钮跨接到负载的另一侧，此时电压线圈并联接入电路。

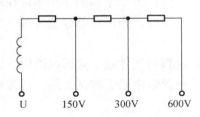

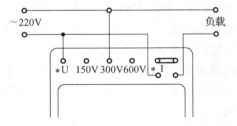

图 1.1.4　电动式功率表电压量程　　　　图 1.1.5　电动式功率表实际接线

在使用电动式功率表时，必须使电动式功率表的电流、电压、功率量程都满足要求，否则会损坏仪表。

注：功率表也有数显功率表，其接线方式与电动式功率表相同。接好电路后，选择功能键 P，即可直接测量并显示功率的大小。

数显功率表往往有测量功率因数的功能，选择功能键"cosΦ"，即可直接显示功率因数的大小。

➡ 1.1.3　实验设备

（1）直流可调稳压电源（0~30V），2 路。
（2）数显直流电压表、电流表各 1 块。
（3）交流指针式电压表、电流表各 1 块。
（4）数显功率表 1 块。
（5）电位、电压测定实验电路板。

➡ 1.1.4　实验内容

1．直流电压测量

直流电压测量图如图 1.1.6 所示。U_S=10V，直流电源由实验台提供，R_0=1kΩ。方法一：用电压表直接测量直流电压 U_0。方法二：用电压表串联电阻 R（其数值为 500Ω），测量直流电压 U_0。比较这两种测试电压大小的方法，分析测量的准确度。

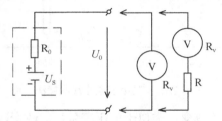

图 1.1.6　直流电压测量图

2．直流电流测量

直流电流测量图如图 1.1.7 所示。U_S=10V，R_0=1kΩ，R=500Ω，测量直流电流 I。注意应先接好电路，再接通电源。方法一：用电流表直接测量直流电流 I。方法二：用电流表串联电阻 R，测量直流电流 I。比较两种测试电流大小的方法，分析测量的准确度。

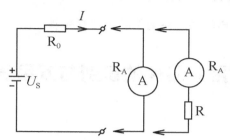

图 1.1.7 直流电流测量图

3．交流电流电压测量

交流电流电压测量图如图 1.1.8 所示。R 是额定电压为 220V、额定功率为 15W 的白炽灯泡，电容器规格为 4.7μF/450V。先将自耦调压器输出（U）调至 220V，断开电源，接好电路并经指导教师检查后，方可接通实验台电源，记录 U、U_R、U_C 的值。

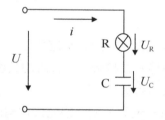

图 1.1.8 交流电流电压测量图

问题：若使用交流指针式电流电压表，如何选择量程？电压表应如何接线？若要测电流，如何选择电流表的量程？要注意什么问题？

4．交流电路功率测量

交流电路功率测量电路如图 1.1.9 所示。先将自耦调压器输出（U）调至 220V，断开电源，接好电路并经指导教师检查后，方可接通实验台电源。

（1）R 为 220V/15W 的白炽灯泡，测试并记录功率表的读数。

（2）R 为 220V/15W 的白炽灯泡，将其与 4.7μF/450V 的电容器串联，测试并记录功率表的读数。

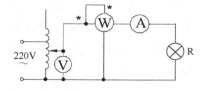

图 1.1.9 交流电路功率测量电路

☑ 1.1.5 实验报告

（1）实验数据处理。
（2）误差计算及误差分析。
（3）实验结果及讨论。
（4）分析影响电压、电流和功率测量的精度有哪些。

1.2 常用元器件的识别与万用表的使用

☑ 1.2.1 实验目的

（1）学习万用表的基本原理和使用方法。
（2）学习电阻的类别、大小表示方法和测量方法。
（3）学习电容的类别、大小表示方法和测量方法。
（4）学习二极管、三极管的基本知识。

☑ 1.2.2 实验原理

1．万用表的基本原理和使用方法

万用表是用来测量直流电流、直流电压、交流电流、交流电压及电阻等的仪表，有些万用表还可以用来测量电容、电感及二极管、三极管的某些参数。

万用表分为指针式和数字式两种类型。

指针式万用表是在磁电式微安表头上加一些元器件构成的。当表头并联/串联整流器、附加电阻、外接电池时，就构成了多量程的电压、电流、电阻的测试仪表。在此基础上还可以扩大测量范围，如测量晶体管类型、参数，测量电感、电容值，测量放大器的特性等，万用表因此而得名。

图 1.2.1　MF-47 型万用表

数字式万用表在模拟指针刻度测量的基础上，用数字形式直接把检测结果显示出来，它由直流数字电压表加上一些转换器构成。

指针式万用表主要由指示部分、测量电路、转换装置 3 部分组成，下面介绍 MF-47 型万用表，如图 1.2.1 所示。

进行测量前，先检查红、黑表笔连接的位置是否正确。将红色表笔接到红色接线柱或标有"+"号的插孔内，将黑色表笔接到黑色接线柱或标有"−"号的插孔内，不能接反，否则在测量直流电量时会因正、负极的反接而使指针反转，损坏表头部件。

在用表笔连接被测电路之前，一定要查看所选挡位与测

量对象是否相符，若误用挡位和量程，不但得不到测量结果，还会损坏万用表。在此提醒初学者，万用表的损坏往往就是上述原因造成的。测量时，必须用右手握住两支表笔，手指不要触及表笔的金属部分和被测元器件。测量中若需要转换量程，必须在表笔离开电路后才能进行，否则选择开关转动产生的电弧易烧坏选择开关的触点，造成接触不良。

在实际测量中，经常要测量多种电量，每次测量前要注意根据测量任务把选择开关转换到相应的挡位和量程，这是初学者最容易忽略的环节。

将万能表当作欧姆表使用时，表笔会内接电池，对外电路而言，红表笔接内部电池的负极，黑表笔接内部电池的正极。测量较大电阻时，手不可同时接触被测电阻的两端，否则人体电阻就会与被测电阻并联，使测量结果不正确，测试值会大大减小。

注意，当测量电路中的电阻时，应将电路的电源切断，否则不但测量结果不准确（相当于外接一个电压），还会使大电流通过微安表头，把表头烧坏。同时，还应把被测电阻的一端从电路上断开，再进行测量，否则测得的结果是电路在该两点的总电阻。

测量完成后，应注意把量程开关拨至直流电压或交流电压的最大量程位置，不要将量程开关放在欧姆挡上，以防两支表笔短路时，将内部干电池的电量耗尽，以及下次测量时不慎烧坏表头。

2．电阻的类别、大小表示方法和测量方法

电阻器简称电阻，是电路中对电流有阻碍作用并且造成能量消耗的器件。电阻的英文为 resistor，缩写符号为 R。

电阻在电路中的表示符号：—□—。

电阻单位：欧姆（Ω，简称欧）、千欧（kΩ）、兆欧（MΩ）。

电阻单位的换算：$1M\Omega=10^3k\Omega=10^6\Omega$。

电阻在电路中的参数标注方法有 3 种，即直标法、数码标注法和色环标注法。

（1）直标法是将电阻的标称值用数字和文字符号直接标在电阻体上，其允许偏差用百分数表示，未标偏差值的电阻，其允许偏差为±20%。

（2）数码标注法主要用于贴片等小体积的电阻，在 3 位数码中，从左至右第 1、2 位数表示有效数字，第 3 位表示 10 的倍幂。例如，472 表示 $47×10^2\Omega$（4.7kΩ）；104 则表示100kΩ；122=1200Ω=1.2kΩ。

（3）色环标注法。普通的色环电阻用 4 环表示，精密电阻用 5 环表示，紧靠电阻体端头的色环为第 1 环，露着电阻体本色较多的另一端头为末环。如果色环电阻用 4 环表示，那么前两环是有效数字，第 3 环是 10 的倍幂，第 4 环是色环电阻的误差范围。4 色环电阻图如图 1.2.2 所示，4 色环电阻颜色表示如表 1.2.1 所示。

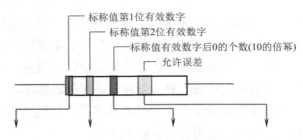

图 1.2.2　4 色环电阻图

表 1.2.1　4 色环电阻颜色表示

颜　色	第 1 位有效值	第 2 位有效值	第 3 位倍率	第 4 位允许偏差
黑	0	0	10^0	
棕	1	1	10^1	±1%
红	2	2	10^2	±2%
橙	3	3	10^3	
黄	4	4	10^4	
绿	5	5	10^5	±0.5%
蓝	6	6	10^6	±0.25%
紫	7	7	10^7	±0.1%
灰	8	8	10^8	
白	9	9	10^9	−20% ~ +50%
金			10^{-1}	±5%
银			10^{-2}	±10%
无色				±20%

　　如果色环电阻用 5 环表示，那么前面 3 环是有效数字，第 4 环是 10 的倍幂，第 5 环是色环电阻的误差范围，5 色环电阻图如图 1.2.3 所示，5 色环电阻颜色表示如表 1.2.2 所示。

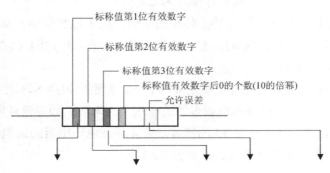

图 1.2.3　5 色环电阻图

表 1.2.2　5 色环电阻颜色表示

颜　色	第 1 位有效值	第 2 位有效值	第 3 位有效值	第 4 位倍率	第 5 位允许偏差
黑	0	0	0	10^0	
棕	1	1	1	10^1	±1%
红	2	2	2	10^2	±2%
橙	3	3	3	10^3	
黄	4	4	4	10^4	
绿	5	5	5	10^5	±0.5%
蓝	6	6	6	10^6	±0.25
紫	7	7	7	10^7	±0.1%
灰	8	8	8	10^8	
白	9	9	9	10^9	−20%~+50%
金				10^{-1}	±5%
银				10^{-2}	±10%

电阻的测量常用万用表的电阻挡进行，数字式和指针式万用表测量电阻的方法如下。

（1）数字式万用表测量电阻。按下电源键，选择电阻挡，将红、黑表笔分别接电阻两端，由显示屏直接读出数据。

（2）指针式万用表测量电阻。先选择电阻的相应挡位，将红、黑表笔短接并调零（旋转表面上的小圆柱旋钮），再将红、黑表笔分别接电阻两端，读出指针对应的数字。电阻的大小等于指针对应的数字×量程的倍数。

3．电容的类别、大小表示方法和测量方法

电容是衡量导体储存电荷能力大小的物理量。电容的英文为 capacitor，缩写符号为 C。

电容在电路中的表示符号：⎯⎮⎢⎯。

电容单位：法拉（F）、毫法（mF）、微法（μF）、纳法（nF）和皮法（pF）。

电容单位的换算：$1pF=10^{-3}nF=10^{-6}μF=10^{-9}mF=10^{-12}F$。

电容的作用：隔直流、旁路、耦合、滤波、补偿、充放电、储能等。

电容的分类：根据极性可分为有极性电容和无极性电容，通常见到的电解电容为有极性电容，即有正、负极之分。

电容的识别方法与电阻的识别方法基本相同，分直标法、数码标注法和色环标注法 3 种。

（1）直标法是指将电容的标称值用数字和单位在电容的本体上表示出来。

标单位的直接表示法。例如，220UF 表示 220μF；.01UF 表示 0.01μF。

不标单位的直接表示法，用 1~4 位数表示有效数字，一般电容器单位为 pF，而电解电容器单位为 μF。例如，一般电容器，3 表示 3pF，2200 表示 2200pF；电解电容器，0.056 表示 0.056μF。

（2）数码标注法。一般用 3 位数字表示容量的大小，前两位表示有效数字，第 3 位表示 10 的倍幂，单位为 pF。例如，102 表示 $10×10^2=1000pF$，224 表示 $22×10^4=220\ 000pF=0.22μF$。

有一种特例，第 3 位为 9，表示 10 的倍幂为-1，229 表示 22×10^{-1}=2.2pF。

（3）色环标注法。用色环或色点表示电容器的容量，电容器的色环标注法与电阻相同。

电容器的误差表示方法有多种。

直接表示。例如，10±0.5pF，误差就是 0.5pF。

字母表示。D 表示±0.5%（或±0.5pF），F 表示±1%，G 表示±2%，J 表示±5%，K 表示±10%，M 表示±20%。

4．二极管的基本知识

二极管是电子技术中最常用的器件之一。二极管有如下分类。①按材料分：硅二极管和锗二极管。②按用途分：整流二极管、检波二极管、稳压二极管、发光二极管、光电二极管、变容二极管等。

二极管的英文为 diode，缩写符号为 D。

二极管在电路中的表示符号： ⟶⊢⟶ 。

二极管在电路中常用字母"D"和数字的组合表示。例如，D5 表示编号为 5 的二极管。二极管具有单向导电性，即正向导通、反向截止，在正向电压的作用下，导通电阻很小；而在反向电压的作用下导通电阻极大或无穷大。

硅二极管在两极加正向电压，且电压大于 0.6V 时才能导通，导通后电压保持在 0.6~0.8V。锗二极管在两极加正向电压，且电压大于 0.2V 时才能导通，导通后电压保持在 0.2~0.3V。

二极管的极性识别方法如下。

（1）目视法判断二极管的极性。一般在实物的电路图中可以通过肉眼直接看出二极管的正、负极。有颜色标示的一端是负极，另外一端是正极。

（2）用万用表（指针式）判断二极管的极性。通常选用万用表的欧姆挡（R×100 或 R×1k），将万用表的两表笔分别接到二极管的两极上，若二极管导通，测得的阻值较小（一般为几十欧至几千欧），这时黑表笔接的是二极管的正极（P 端），红表笔接的是二极管的负极（N 端）；若二极管反偏，测得的阻值会很大（一般为几百欧至几千欧），这时黑表笔接的是二极管的负极（N 端），红表笔接的是二极管的正极（P 端）。

（3）测试注意事项。用数字式万用表测量二极管时，红表笔接二极管的正极，黑表笔接二极管的负极，此时测得的阻值是二极管的正向导通阻值，这与指针式万用表的表笔的接法刚好相反。

5．三极管的基本知识

三极管是电子技术中的重要器件。三极管是内部含有两个 PN 结，并且具有放大能力的特殊器件。三极管按类型可分为 NPN 型和 PNP 型两种类型；按材料可分为硅管和锗管两种类型；按功率可分为小功率管（小于 1W）和大功率管（大于 1W）两种类型；按信号频率可分为高频管（大于 3MHz）和低频管（小于 3MHz）两种类型。目前厂家生产的硅管多为 NPN 型，锗管多为 PNP 型。NPN 型、PNP 型符号如图 1.2.4 所示。

图 1.2.4　NPN 型、PNP 型三极管符号

三极管的外形如图 1.2.5 所示。它有 3 个极，分别是发射极 E（emitter）、基极 B（base）和集电极 C（collector）。3 个极可直接从外形图上判断，图 1.2.5 从左至右依次是 E、B、C。3 个极和管型也可用万用表判断。

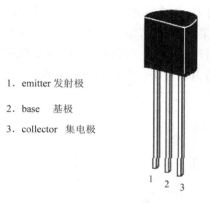

1．emitter 发射极

2．base　基极

3．collector　集电极

图 1.2.5　三极管的外形

三极管可工作于放大、截止和饱和 3 类工作状态。工作于放大状态的条件必须是给三极管加合适的电压，即发射结加正向偏压，集电结加反向偏压。

1.2.3　实验设备

（1）万用表（指针式）。

（2）电阻若干。

（3）电容若干。

（4）二极管 1N4001，三极管 9013、9012。

1.2.4　实验内容

1．用万用表测量交流电压

将选择开关旋至交流电压挡相应的量程进行测量。如果不知道被测电压的大致数值，需要将选择开关旋至交流电压挡的最高量程上进行预测，然后再将选择开关旋至交流电压挡相应的量程上进行测量。万用表测量交流电压图如图 1.2.6 所示。

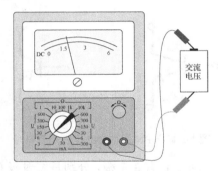

图 1.2.6　万用表测量交流电压图

2．用万用表测量直流电压

将选择开关旋至直流电压挡相应的量程上。测量电压时，需要将万用表并联在被测电路上，并注意正、负极性。如果不知道被测电压的极性和大致数值，需要将选择开关旋至直流电压挡的最高量程上，并进行试探测量（若指针不动则说明表笔接反；若指针顺时针旋转则说明表笔的极性正确），然后再调整极性并找到合适的量程。测量方法如图 1.2.7 所示。

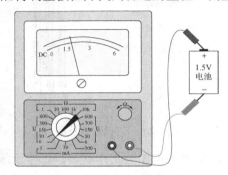

图 1.2.7　万用表测量直流电压图

3．用万用表测量直流电流

万用表必须按照电路的极性正确地串联在电路中，选择开关旋至"mA"或"μA"相应的量程上。特别要注意不能用电流挡测量电压，以免烧坏万用表。万用表测量直流电流图如图 1.2.8 所示。

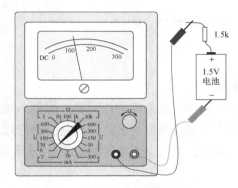

图 1.2.8　万用表测量直流电流图

4．用万用表测量电阻

将选择开关旋至"Ω"挡的适当量程上，将两根表笔短接，指针应指向零欧姆处，如图 1.2.9 所示。每换一次量程，欧姆挡的零点需要重新调整一次。测量电阻时，被测电阻不能处于带电状态。在电路中，当不能确定被测电阻是否有并联电阻存在时，应把被测电阻的一端从电路中断开，再进行测量。测量电阻时，双手不能触及电阻器的两端。当表笔正确地连接在被测电路上时，待指针稳定后，从标尺刻度上读取测量结果，注意记录数据要有计量单位。

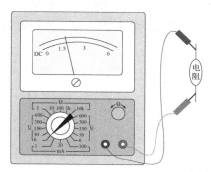

图 1.2.9　万用表测量电阻图

5．用万用表测量二极管

1）二极管管脚极性的判别

晶体二极管由一个 PN 结组成，具有单向导电性，其正向电阻小（一般为几百欧）而反向电阻大（一般为几十千欧至几百千欧），利用这个特点可以进行判别。

指针式万用表电阻挡等效电路如图 1.2.10 所示，万用表黑表笔一端与内部电源正极相接。将万用表拨到 R×100（或 R×1k）的欧姆挡，把二极管的两只管脚分别接到万用表的两根测试笔上，如图 1.2.11 所示。若测出的电阻较小（几百欧），则与万用表黑表笔相接的一端是正极（P 极），另一端为负极（N 极）。相反，若测出的电阻较大（几百千欧），则与万用表黑表笔相接的一端是负极（N 极），另一端为正极（P 极）。

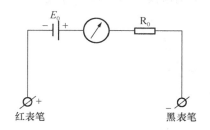

图 1.2.10　指针式万用表电阻挡等效电路

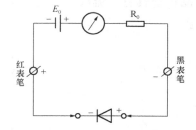

图 1.2.11　判断二极管极性

2）二极管质量好坏的判别

一个二极管的正、反向电阻差别越大，其性能就越好。如果双向电阻值都较小，说明二极管质量差，不能使用。如果双向电阻值都为无穷大，说明二极管已经断路。如果双向电阻值均为零，说明二极管已经被击穿。

利用数字式万用表的二极管挡也可以判别正、负极，此时红表笔（插在"V·Ω"插孔）带正电，黑表笔（插在"COM"插孔）带负电。用两支表笔分别接触二极管的两个电极，若显示值在 1V 以下，说明二极管处于正向导通状态，红表笔接的是正极，黑表笔接的是负极。若显示溢出符号"1"，表明二极管处于反向截止状态，黑表笔接的是正极，红表笔接的是负极。

6．用万用表判断晶体管的管脚

可以把晶体管的结构看作两个背靠背的 PN 结，对 NPN 型晶体管来说基极是两个 PN 结的公共阳极，对 PNP 型晶体管来说基极是两个 PN 结的公共阴极，如图 1.2.12 所示。

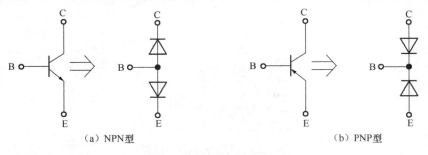

（a）NPN型　　　　　　　　　　　（b）PNP型

图 1.2.12　晶体管结构示意图

1）管型与基极的判别

将万用表旋至电阻挡，量程选 R×1k 挡（或 R×100 挡），使万用表任一表笔先接触某个电极——假定的公共极，另一表笔分别接触其他两个电极，若两次测得的电阻均很小（或均很大），则前者所接电极就是基极；若两次测得的阻值一大一小，相差很多，则前者假定的基极有错，应更换其他电极重测。

根据上述方法，可以找出公共极，该公共极就是基极 B。若公共极是阳极，该晶体管属于 NPN 型，反之则是 PNP 型。

2）发射极与集电极的判别

为使晶体管具有电流放大作用，发射结需要加正偏电压，集电结加反偏电压，如图 1.2.13 所示。

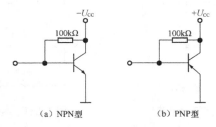

（a）NPN型　　　　　　　（b）PNP型

图 1.2.13　晶体管的偏置情况

当晶体管基极 B 确定后，便可判别集电极 C 和发射极 E，同时还可以大致了解穿透电流 I_{CEO} 和电流放大系数 β 的大小。

以 PNP 型晶体管为例，若用红表笔（对应表内电池的负极）接集电极 C，用黑表笔接发射极 E（相当于 C、E 极间电源正接），如图 1.2.14 所示，这时万用表指针摆动很小，它所指示的电阻值反映晶体管穿透电流 I_{CEO} 的大小（电阻值大，表示 I_{CEO} 小）。若在 C、B（图 1.2.12）间跨接一只 $R_B = 100\text{k}\Omega$ 的电阻，此时万用表指针将有较大摆动，它指示的电阻值较小，反映了集电极电流 $I_C = I_{CEO} + \beta I_B$ 的大小，且电阻值减小越多表示 β 越大。若 C、E 极反接（相当于 C、E 极间电源反接），则晶体管处于倒置工作状态，此时电流放大系数很小（一般小于 1），于是万用表指针摆动很小。因此，比较 C、E 极两种不同的电源极性接法，便可判断 C 极和 E 极。同时还可以大致了解穿透电流 I_{CEO} 和电流放大系数 β 的大小。例如，万用表上有 h_{FE} 插孔，可利用 h_{FE} 来测量电流放大系数 β。

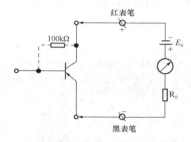

图 1.2.14　晶体管集电极 C、发射极 E 的判别

1.2.5　实验报告

（1）实验数据处理。

（2）误差计算及误差分析。

（3）实验结果及讨论。

1.3　模拟示波器、信号发生器的使用

1.3.1　实验目的

（1）学习低频信号发生器的使用。

（2）学习模拟示波器的使用。

（3）学习用模拟示波器显示正弦信号，以及测量正弦信号峰峰值、有效值的方法。

1.3.2　实验原理

1．低频信号发生器简介

低频信号发生器型号较多，本小节主要介绍 DF1643B 函数信号发生器。

DF1643B 函数信号发生器由波形发生电路、单片机智能控制电路、频率计数通道、集成功率放大器和直流电源组成，DF1643B 函数信号发生器的方框图如图 1.3.1 所示，DF1643B 函数信号发生器的前面板如图 1.3.2 所示。

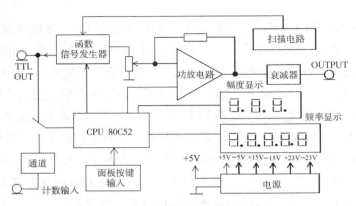

图 1.3.1　DF1643B 函数信号发生器的方框图

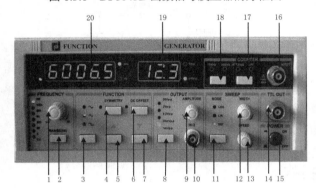

图 1.3.2　DF1643B 函数信号发生器的前面板

DF1643B 函数信号发生器的主要功能如下。

频率调节范围：1Hz~15MHz，分 8 挡，5 位 LED 显示。

输出波形：正弦波、三角波、方波，用按键（Mode）可进行切换，并通过对应的 LED 指示灯显示。

输出电压峰峰值：不小于 20V（空载），3 位 LED 显示。

输出电压峰峰值：1mV、20mV、0.2V、2V、20V（衰减：60dB、40dB、20dB、0dB），用衰减按键可进行切换，并对应 LED 指示灯显示。

频率计：测量范围为 10Hz~100MHz。

DF1643B 函数信号发生器的面板功能介绍如表 1.3.1 所示。

表 1.3.1　DF1643B 函数信号发生器的面板功能介绍

序号	面板标志	名　　称	作　　用
1	—	频率调节	频率调节按钮，顺时针调节使输出信号的频率提高，逆时针调节反之。当缓慢调节此旋钮时，频率的变化率约为 0.1%，同时能根据调节的速率不同，自动调整步进量
2	RANGE（Hz）	频率范围选择	按住此按键，频率倍数将从低→高→低循环，当所需要频段的指示灯亮时，释放此按键即可，按一下此按键可改变信号的频段。与"1"配合选择输出信号频率

续表

序号	面板标志	名　　称	作　　用
3	—	波形选择	按下此按键可选择正弦波、三角波、方波，同时与此对应的指示灯亮。与"4""5""7"配合使用可选择正向或负向斜波，以及正向或负向脉冲波
4	SYMMETRY	对称度	对称度控制按钮，指示灯亮时有效。对称度调节范围为 20：80~80：20
5	△	对称度直流偏置调节按钮	当对称度控制有效（指示灯亮）时或直流偏置有效（指示灯亮）时，按下此按键可以改变波形的对称度或直流偏置。若对称度或直流偏置指示灯同时亮时，则此按键对最后一次选择的功能有效
6	DC OFFSET	直流偏置	输出信号直流偏置控制按钮，指示灯亮有效。直流偏置调节范围为−10V~+10V
7	▽	对称度直流偏置调节按钮	主要功能同"5"，但调节方向与"5"相反
8		输出衰减	按下此按键，可选择输出信号幅度的衰减量，最大输出电压峰峰值分别为 20V、2V、0.2V、20mV 和 1mV，同时与此相对应的指示灯亮
9	AMPLITUDE	输出幅度调节	函数波形信号输出幅度调节旋钮与"8"配合，用于改变输出信号的幅度
10	OUTPUT	电压输出	函数波形信号输出端，阻抗为50Ω，最大输出幅度为20V
11	MODE	扫频选择对数/线性/外接	扫频方式选择按钮，按下按键可分别选择对数扫频（LOG）、线性扫频（LIN）及外接扫频（EXT）
12	WIDTH	扫频宽度	扫频宽度调节旋钮，当仪器处于扫频状态时调节该旋钮，用以调节扫频宽度
13	SPEED	扫描速率	扫描速率调节旋钮，调节此旋钮用以改变扫描速率
14	TTL OUT	TTL 输出	TTL 电平的脉冲信号输出端，输出阻抗为50Ω
15	POWER	电源开关	按下开关，机内电源接通，整机工作
16	INPUT	计数器输入	B 系列外测频率时，信号从此端输入，与"17"配合使用。C 系列此端子在后面板上
	OUTPUT	功率输出	C 系列的功率信号输出端，绿色发光二极管亮时，输出端有输出，最大输出功率为 5W，当输出信号频率高于 200kHz 时，无信号输出
17	ATT20dB LPF	衰减/低通滤波器	当计数选择外接，且输入信号幅度较大时，按下此按键，ATT20dB 指示灯亮（有效），再按一下则 LPF 灯亮（带内衰减，截止频率约为 100kHz）
18	10MHz/100MHz	计数选择10MHz/100MHz	频率计的内测、外测选择按键，当 10MHz、100MHz 灯都不亮时为测量内部信号源的频率。当选择外测时，10MHz 灯亮时外测频率范围为 10Hz~10MHz；100MHz 灯亮时外测频率范围为 10~100MHz。若输入端无信号，约 10s 后，频率计显示为 0

续表

序号	面板标志	名　称	作　用
19		输出信号幅度显示	显示输出信号幅度的峰峰值（空载）。若负载阻抗为50Ω时，负载上的值应为显示值的 1/2。需要输出幅度小于幅度电位器置于最大时的 1/10，建议使用衰减器。输出电压幅度的峰峰值指示，灯亮有效
20		频率显示	显示输出信号的频率或外测频率信号的频率。GATE 灯闪烁时，表示频率计正在工作，当输入信号的频率高于 100MHz 时 OVEL 灯亮。Hz、kHz 为频率的指示单位，灯亮有效

2．模拟示波器简介 （DF4322 双踪示波器）

示波器是一种用途很广的电子测量仪器，它既能直接显示电信号的波形，又能对电信号进行各种参数的测量。

DF4322 双踪示波器，其垂直系统最小垂直偏转因数为 1mV/div，水平系统具有 0.2s/div～0.2μs/div 的扫描速度，并设有扩展功能（×10），可将扫描速率提高到 20ns/div。DF4322 双踪示波器外形图如图 1.3.3 所示。

图 1.3.3　DF4322 双踪示波器外形图

使用 DF4322 双踪示波器时需要注意下列几点。

（1）寻找扫描光迹。将示波器 Y 轴显示方式置于"Y1"或"Y2"，输入耦合方式置于"GND"，开机预热后，若在显示屏上没有出现光点和扫描基线，可按下列操作寻找扫描基线：①适当调节亮度旋钮；②触发方式开关置于"自动"；③适当调节垂直（↕）、水平（⇌）"位移"旋钮，使扫描光迹位于屏幕中央。若示波器设有"寻迹"按键，可按下"寻迹"按键，判断光迹偏移基线的方向。

（2）双踪示波器"模式"开关一般有 5 种显示方式，即"Y1""Y2""Y1＋Y2" 3 种单踪显示方式和"交替""断续"两种双踪显示方式。"交替"显示一般适合在输入信号频率较高时使用，"断续"显示一般适合在输入信号频率较低时使用。"耦合"开关有 3 种方式，即"AC""GND""DC"。显示交流波形时，应置于"AC"或"DC"，若置于"GND"，波形将显示一条直线。

（3）为了显示稳定的被测信号波形，"触发源选择"开关一般选为"内"触发，使扫描触发信号取自示波器内部的 Y 通道。

（4）触发方式开关通常先置于"自动"，调出波形后，若显示的波形不稳定，则可置触发方式开关于"常态"，通过调节"触发电平"旋钮找到合适的触发电压，使被测试的波形稳定地显示在示波器屏幕上。

有时，由于选择了较慢的扫描速率，显示屏上会出现闪烁的光迹，但被测信号的波形不在 X 轴方向左右移动，这种现象仍属于稳定显示。

（5）适当调节"扫描速率"旋钮及"Y 轴灵敏度"旋钮使屏幕上显示 1~2 个周期的被测信号波形。在测量幅值时，应注意将"Y 轴灵敏度微调"旋钮置于"校准"位置，即顺时针旋到底，且听到关的声音。在测量周期时，应注意将"X 轴扫速微调"旋钮置于"校准"位置，即顺时针旋到底，且听到关的声音。还要注意"扩展"旋钮的位置。

根据被测波形在屏幕坐标刻度上垂直方向所占的格数（div 或 cm）与"Y 轴灵敏度"旋钮指示值（V/div）的乘积，即可算出信号幅值的实测值。"Y 轴灵敏度"旋钮指示值（V/div）可直接从示波器面板或液晶显示屏上读出。

根据一个周期被测信号波形在屏幕坐标刻度水平方向所占的格数（div 或 cm）与"扫描速率"旋钮指示值（t/div）的乘积，即可算出信号频率的实测值。"扫描速率"旋钮指示值（t/div）可直接从示波器面板或液晶显示屏上读出。

3．数字式毫伏表简介

数字式毫伏表只能在其工作频率范围之内使用，用来测量正弦交流电压的有效值。使用数字式毫伏表时应接通电源，特别需要注意两个接线端子，红色端子接火线、黑色端子接电路的地线。数字式毫伏表有两种测量方式，分别是手动和自动。选择手动测量方式时应注意先选择电压量程范围。测量前一般先把量程开关置于量程较大的位置上，然后在测量过程中逐挡减小量程，否则可能出现测量时过载而损坏数字式毫伏表，或者无法显示电压大小的情况。选择自动测量方式时，数字式毫伏表会自动选择量程，建议学生选择自动功能，只要接线正确，数字式毫伏表会自动显示正弦交流电压的有效值。

➡ 1.3.3　实验设备

（1）函数信号发生器。

（2）双踪示波器。

（3）数字式毫伏表。

➡ 1.3.4　实验内容

1．测量前的准备工作

调节示波器亮度并聚焦于适当的位置，最大可能地减少显示波形的读数误差。使用探头时应检查电容补偿，使示波器能正常显示。

示波器调节方法为"一接二看三调节"。"一接"即信号的两个端子应正确连接探头的相应部位，正极或火线接探头的金属钩子，负极或地线接夹子。"二看"即看"模式"开关和"耦合"开关，应置于合适的位置。"三调节"即调节"扫描速率"旋钮、"Y 轴灵敏度"旋钮和垂直（↕）、水平（⇄）"位移"旋钮。例如，波形左右移动，可调节"Level 水平"旋钮。注意示波器面板上的所有按键应处于"弹起"状态。

2. 直流电压的测量

置 AC-GND-DC 开关于 GND 位置，确定零电平的位置。置 V/div 开关于适当位置（避免信号过大或过小而观察不出），置 AC-GND-DC 开关于 DC 位置。这时扫描亮线随 DC 电压的大小上下移动（相对于零电平），信号的直流电压是位移幅值与 V/div 开关标称值的乘积。

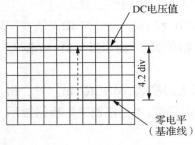

图 1.3.4　直流电压的测量

当 V/div 开关指在 50mV/div 挡时，位移幅值是 4.2div，则直流电压为 50mV/div×4.2div = 210mV，如图 1.3.4 所示。

注：如果使用 10∶1 探头，那么直流电压为上述值的 10 倍，即 50mV/div×4.2div×10 = 2.1V，测量时应观察探头上拨动开关的位置。

3. 正弦波形的显示

调节函数信号发生器，输出频率分别为 100Hz、1kHz、10kHz，有效值为 100mV 的正弦交流电压。正弦交流电压的有效值可直接用数字式毫伏表测量。

调节双踪示波器，使正弦波形在示波器上稳定显示，幅度控制在显示屏幕的 2/3 左右。

4. 交流电压的测量

与前面所述的"直流电压的测量"相似，这里不必在刻度上确定零电平，但"耦合"开关应置于"AC"。交流电压测量如图 1.3.5 所示。当 V/div 开关指在 1V/div 挡时，图形显示 5div，正弦交流电压峰峰值 U_{p-p} =1V/div×5div=5V（使用 10∶1 的探头测量时为 50V）。

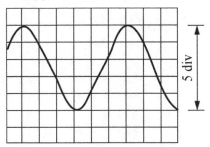

图 1.3.5　交流电压测量

当观察叠加在较高直流电平上的小幅度交流信号时，置 AC-GND-DC 开关于 AC，这样可以截断直流电压，能大大提高 AC 电压测量的灵敏度。

问题：如何使用示波器测量交流电压的有效值？测量交流电压的幅值或有效值时，为什么要测量峰峰值，而不是测量半峰值？

5．频率和周期的测量

一个周期的 A 点和 B 点在屏幕上的间隔为 2div（水平方向），如图 1.3.6 所示。

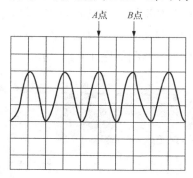

图 1.3.6　交流频率/周期测量

当扫描时间定为 1ms/div 时，周期 $T=1\text{ms/div}\times2\text{div}=2\text{ms}$，频率 $f=1/T=500\text{Hz}$。当扩展（×10）旋钮被拉出时，t/div 开关的读数必须乘 1/10，因为扫描时间扩展了 10 倍。

1.3.5　实验报告

（1）实验数据处理。

（2）误差计算及误差分析。

（3）实验结果及讨论。

1.4　数字存储示波器、高频信号源的使用

1.4.1　实验目的

（1）学习 EE1462DDS 合成信号发生器的使用。

（2）学习 GDS-2102 型数字存储示波器的使用。

1.4.2　实验原理

1．EE1462DDS 合成信号发生器

EE1462DDS 合成信号发生器采用先进的 DDS 频率合成技术，实现了 1Hz 的频率分辨率，频率覆盖 100~150/250/350/450kHz。

EE1462DDS 合成信号发生器由主机单元、键盘单元组成。主机单元由电源、显示器、微机、参考控制、DDS、FM 产生、PLL 锁相环、输出放大器、ALC 电路组成。电源提供整机所需要的+5V、−5V、+3.3V、+12V、−12V 5 组电源；采用 16 位 5×8 液晶显示器；参

考控制对内外频率进行自动切换，并提供调幅音频信号；低频段信号由 DDS 直接产生；高、低频段信号通过切换合成 100kHz~450MHz 全频段信号，ALC 电路完成电平、调幅设置功能；信号经输出放大器、120dB 程控衰减器完成需要的电平输出，电平覆盖 −127dBm~+13dBm。

EE1462DDS 合成信号发生器主要的工作模式有连续波、高频波、高幅波、FSK、PSK、步进扫频。调制方式：调幅 AM，调频 FM，调相 PM，数字调制 FSK，数字调制 PSK，扫频。EE1462DDS 合成信号发生器外形图如图 1.4.1 所示。

图 1.4.1　EE1462DDS 合成信号发生器外形图

2．GDS-2102 型数字存储示波器

GDS-2102 型数字存储示波器是 100MHz 的宽带数字示波器，主要用于观察比较波形形状，测量电压、频率、时间、相位和调制信号的某些参数，且具有自动测试、存储功能。GDS-2102 型数字存储示波器外形图如图 1.4.2 所示。

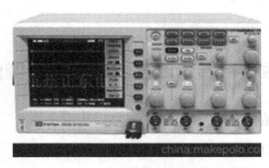

图 1.4.2　GDS-2102 型数字存储示波器外形图

➥ 1.4.3　实验设备

（1）EE1462DDS 合成信号发生器。

（2）GDS-2102 型数字存储示波器。

➥ 1.4.4　实验内容

1．EE1462DDS 合成信号发生器的使用

（1）FREQ 键的使用。

（2）AMP 键的使用。

（3）MOD 键的使用：调幅 AM，调频 FM，调相 PM，数字调制 FSK，数字调制 PSK，扫频。

2．GDS-2102 型数字存储示波器的使用

（1）波形观察。

（2）直流电压的测量。

（3）交流电压的测量。

（4）频率和周期的测量。

（5）数据存储和读出。

（6）其他功能。

↘ 1.4.5 实验报告

（1）实验数据处理。

（2）误差计算及误差分析。

（3）实验结果及讨论。

第2章 电子工艺实训

2.1 半导体元器件的识别

➡ 2.1.1 实验目的

（1）分立元器件的识别。
（2）模拟集成元器件的识别。
（3）数字集成元器件的识别。

➡ 2.1.2 实验原理

1．分立元器件

（1）单相变压器（副边三抽头 12V），可将 220V 交流电压降压为 12V。
（2）二极管（1N4007/1N4148）。二极管具有单向导电性，1N4007 为整流二极管。
（3）发光二极管，显示电源是否正常工作。
（4）电容（2200μF/220μF）。电容为容量电解电容器，具有充电、放电功能。2200μF 电容可以起到滤波作用。
（5）电阻，在电路中起限流作用。

2．集成元器件

（1）LM7809。LM7809 为三端集成稳压块，与变压器、二极管、容量电解电容器构成 9V 直流稳压电源电路，如图 2.1.1 所示。

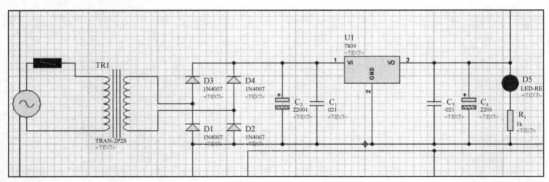

图 2.1.1 9V 直流稳压电源电路

（2）LM358。LM358 为模拟集成块，作用为电压跟随器，与串联电阻组合构成 5V 稳定电源。LM358 引脚图如图 2.1.2 所示。

（3）CD4511。CD4511 为含 BCD-七段锁存/译码/驱动功能于一体的集成电路。CD4511 引脚图如图 2.1.3 所示。

（4）七段数码管。七段数码管型号为 BSR201，属共阴极数码管，起显示数字的作用，其引脚图如图 2.1.4 所示。

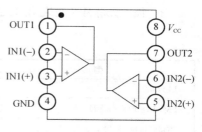

图 2.1.2　LM358 引脚图

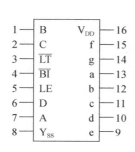

图 2.1.3　CD4511 引脚图

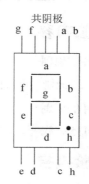

图 2.1.4　BSR201 引脚图

➥ 2.1.3　实验设备

1. 分立元器件（见表 2.1.1）

表 2.1.1　分立元器件

型　　号	数　　量	备　　注
大号单面万能板（学生用）	1 个	15cm×20cm 左右
熔断管+底座	1 个	1A
电源接头线+二孔插头	1 根	0.6m 左右
单相变压器（副边三抽头 12V）	1 个	5~10W
二极管（1N4148）	2 个	
二极管（1N4007）	4 个	
发光二极管	1 个	红色
0.22μF 电容	2 个	
2200μF/220μF 电容	各 1 个	电解电容器
拨动开关	1 个	
510Ω 电阻	7 个	
2kΩ 电阻	2 个	
10kΩ 电阻	4 个	
1kΩ 电阻	1 个	
焊锡丝	若干圈	每人 2m
焊接用连接铝导线	若干圈	每人 2m

2．集成元器件（见表 2.1.2）

表 2.1.2　集成元器件

型　　号	数量/个	备　　注
LM7809	1	
LM358+底座（8 脚）	1	
CD4511+底座（16 脚）	1	
七段数码管（BSR201）	1	共阴极

2.1.4　实验内容

1．分立元器件的识别

电阻、电容、二极管、三极管、变压器、熔断管、发光二极管等的识别。

2．集成元器件的识别

LM7809、LM358+底座、CD4511+底座、七段数码管等的识别。

2.1.5　实验报告

（1）总结分立元器件、集成元器件相关特性。

（2）列出主要芯片引脚功能。

2.2　电路板焊接技术

2.2.1　实验目的

（1）学习电路板焊接技术理论知识。

（2）掌握电路板器件的焊接技术。

2.2.2　实验原理

1．掌握电烙铁手柄的 3 种拿法

电烙铁手柄的 3 种拿法如图 2.2.1 所示。

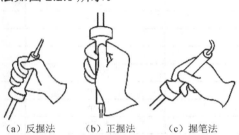

（a）反握法　　　（b）正握法　　　（c）握笔法

图 2.2.1　电烙铁手柄的 3 种拿法

反握法：适用于大功率电烙铁，焊接散热量大的被焊件。

正握法：适用于较大的电烙铁。

握笔法：适用于小功率电烙铁，焊接散热量小的被焊件，如台式机主板、笔记本电脑主板、手机主板、MP3 的印制电路板等。

2．掌握焊锡丝两种送锡方法

手工焊接中焊锡丝送锡的方法如图 2.2.2 所示。

（a）连续锡焊时焊锡丝的拿法　　　（b）断续锡焊时焊锡丝的拿法

图 2.2.2　手工焊接中焊锡丝送锡的方法

3．掌握手工焊接 5 步法

手工焊接的步骤图如图 2.2.3 所示。

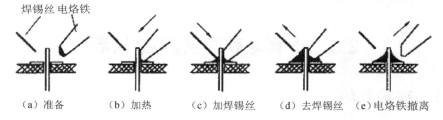

（a）准备　　　（b）加热　　　（c）加焊锡丝　　　（d）去焊锡丝　　　（e）电烙铁撤离

图 2.2.3　手工焊接的步骤图

（1）准备。电烙铁通电后，先将温度调到 200~250℃进行预热；然后根据不同物料，将温度设定在 300~380℃；对电烙铁头进行清洁和保养。

（2）加热。被焊件和电路板要同时均匀受热；加热 1~2s 为宜。

（3）加焊锡丝。

（4）去焊锡丝。

（5）电烙铁撤离。电烙铁于与轴向成 45°的方向撤离。

4．掌握手工焊接的时间控制

从将电烙铁放至被焊件上到移去电烙铁，整个过程 2~3s 为宜，不要超过 8s，可以多次操作，但不能连续操作。

5．掌握合格焊点质量评定

合格焊点的评定：焊点成内弧形；焊点要圆润、光滑、有亮泽、干净，无锡刺、针孔、空隙、污垢、松香渍；焊接牢固，锡将整个上锡位及零件脚包住。

6．了解不良焊点原因

电烙铁温度过低或烙铁头太小；烙铁头温度不够，助焊剂没熔化，没有发挥作用；烙铁头温度过高，助焊剂挥发；焊接时间太长；印制电路板焊盘氧化；移开烙铁头时角度不对。

2.2.3　实验设备

（1）30W 内热式电烙铁。

（2）焊锡丝、松香。

2.2.4　实验内容

（1）学习手工焊接知识并查看相关视频。

（2）在单面万能板（学生用）上进行焊点焊接练习。

2.2.5　实验报告

总结常用焊接技术和注意方法。

2.3　仿真电路图的阅读/绘制

2.3.1　实验目的

（1）学习 Multisim12.0 仿真软件知识。

（2）学习绘制或阅读电路原理图。

2.3.2　实验原理

设计任务：直流电源及数显电路制作，制作一个 9V 电源，用红色发光二极管显示；按键控制产生 5V 电源，显示"5"，并测量。（电路要有带负载能力，并且有测量接口供测量使用。）

（1）Multisim 12.0 仿真软件学习。

（2）直流电源及数显电路制作电路原理图。

直流电源及数显电路制作电路原理图如图 2.3.1 所示。

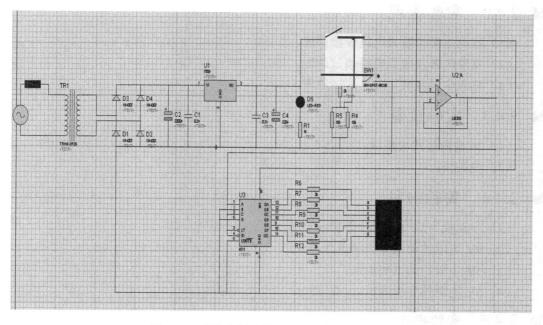

图 2.3.1　直流电源及数显电路制作电路原理图

❯ 2.3.3　**实验设备**

（1）计算机一台。

（2）Multisim12.0 仿真软件。

❯ 2.3.4　**实验内容**

（1）下载并安装 Multisim12.0 仿真软件。

（2）学习阅读直流电源及数显电路制作电路原理图。

❯ 2.3.5　**实验报告**

绘制直流电源及数显电路原理图。

2.4　功能电路板的焊接、调试和测试

❯ 2.4.1　**实验目的**

（1）学习直流电源及数显电路焊接。

（2）学习直流电源及数显电路调试。

（3）学习直流电源及数显电路测试。

↘ 2.4.2　实验原理

（1）直流电源及数显电路焊接原理。

（2）直流电源及数显电路调试原理。

（3）直流电源及数显电路测试原理。

↘ 2.4.3　实验设备

（1）30W 内热式电烙铁。

（2）电路板。

↘ 2.4.4　实验内容

（1）电路板布局与元器件焊接。

（2）9V 电源的调试与测试。

（3）5V 电源的调试与测试。

（4）5V 电源的显示测试。

↘ 2.4.5　实验报告

（1）绘制直流电源及数显电路方框图。

（2）绘制直流电源及数显电路原理图。

（3）总结。包括实训体会、合理化建议。

注：电子工艺实训设计题目可根据具体情况进行调整。

第 3 章 电工学实验

3.1 基尔霍夫定律

➡ 3.1.1 实验目的

（1）验证基尔霍夫定律的正确性，加深对基尔霍夫定律的理解。

（2）学会用电流插头、插座测量各支路电流。

➡ 3.1.2 实验原理

基尔霍夫定律是电路的基本定律。测量某电路的各支路电流及每个元器件两端的电压，应能分别满足基尔霍夫电流定律（KCL）和电压定律（KVL），即对电路中的任何一个节点而言，应有 $\Sigma I = 0$；对任何一个闭合回路而言，应有 $\Sigma U = 0$。

运用上述定律时，必须注意各支路或闭合回路中电流的正方向，此方向可预先任意设定。

➡ 3.1.3 实验设备

（1）直流可调稳压电源（0~30V），2 路。

（2）万用表 1 块。

（3）直流数字电压表（0~200V）、电流表各 1 块。

（4）电位、电压测定实验电路板（DGJ-03）1 块。

➡ 3.1.4 实验内容

基尔霍夫定律电路图如图 3.1.1 所示。

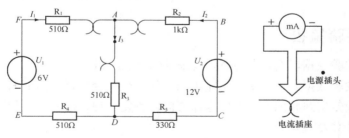

图 3.1.1 基尔霍夫定律电路图

（1）实验前先任意设定 3 条支路和 3 个闭合回路的电流正方向，图 3.1.1 中 I_1、I_2、I_3 的方向已设定。3 个闭合回路的电流正方向可设为 *ADEFA*、*BADCB* 和 *FABCDEF*。

（2）分别将两路直流可调稳压电源接入电路，令 $U_1=6V$，$U_2=12V$。

（3）熟悉电流测量插头的结构，将电流测量插头的两端接至数字毫安表的"＋""－"两端。

（4）将电流测量插头分别插入 3 条支路的 3 个电流插座中，读出并记录电流值。

（5）用直流数字电压表分别测量两路电源及电阻元件上的电压值，记录于表 3.1.1 中。

表 3.1.1　基尔霍夫定律测试数据

被测量	I_1/mA	I_2/mA	I_3/mA	U_1/V	U_2/V	U_{FA}/V	U_{AB}/V	U_{AD}/V	U_{CD}/V	U_{DE}/V
计算值										
测量值										
相对误差										

3.1.5　实验注意事项

（1）接线时电流表应与负载串联，电压表应与负载并联。

（2）所有需要测量的电压值，均以电压表测量的读数为准。U_1、U_2 也需要测量，不应读取电源本身的标称值。

（3）防止直流可调稳压电源两个输出端碰线短路。

（4）用指针式电压表或电流表测量电压或电流时，若仪表指针反偏，则必须调换仪表极性，重新测量。若仪表指针正偏，可读出电压或电流值。若用数显直流电压表或电流表测量，则可直接读出电压或电流值。但应注意，所读得的电压或电流值的正、负号应根据设定的电流参考方向来判断。

3.1.6　预习思考题

（1）根据图 3.1.1 所示的电路参数，计算待测电流 I_1、I_2、I_3 和各电阻上的电压值，将其记入表中，以便实验测量时，可正确地选定毫安表和电压表的量程。

（2）实验中，若用指针式万用表直流毫安挡测量各支路电流，在什么情况下可能出现指针反偏？应如何处理？记录数据时应注意什么？若用直流数字毫安表进行测量，会有什么显示呢？

3.1.7　实验报告

（1）根据实验数据，选定节点 A，验证 KCL 的正确性。

（2）根据实验数据，选定实验电路中的任何一个闭合回路，验证 KVL 的正确性。

（3）重新设定支路和闭合回路的电流方向，重复（1）、（2）两项验证。

（4）误差计算及误差分析。

（5）实验结果及讨论。

3.2　荧光灯电路的安装及测量

3.2.1　实验目的

（1）掌握荧光灯线路组成和工作原理。

（2）掌握提高电路功率因数的方法和测试技术。

3.2.2　实验原理

（1）荧光灯线路主要由荧光灯管、镇流器、启辉器和补偿电容器组成，如图 3.2.1 所示。

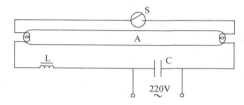

图 3.2.1　荧光灯线路图

（2）工作原理。当开关接通时，电源电压通过镇流器和灯丝加到启辉器的两极，220V 的电压立即使启辉器的惰性气体电离，产生辉光放电。辉光放电的热量使双金属片受热膨胀，两极接触。电流通过镇流器、启辉器和两端灯丝构成通路，灯丝很快被电流加热，发射出大量电子。这时由于启辉器两极闭合，两极间电压为零，辉光放电消失，管内温度降低，双金属片自动复位，两极断开。在两极断开的瞬间，电路电流突然切断，镇流器产生很大的自感电动势，与电源电压叠加后作用于荧光灯管两端。灯丝受热时发射出来的大量电子，在荧光灯管两端高电压作用下，以极大的速度由低电势端向高电势端运动。在加速运动的过程中，碰撞管内氩气分子，使之迅速电离。氩气电离生热，热量使水银产生蒸气，随之水银蒸气也被电离，并发出强烈的紫外线。在紫外线的激发下，管壁内的荧光粉发出近乎白色的可见光。

荧光灯管正常发光后，由于交流电不断通过镇流器的线圈，线圈中产生自感电动势，自感电动势会阻碍线圈中的电流变化，这时镇流器起降压限流的作用，使电流稳定在荧光灯管的额定电流范围内，荧光灯管两端的电压也稳定在额定工作电压范围内。因为电压低于启辉器的电离电压，所以并联在两端的启辉器就不再起作用了。

荧光灯的功率因数较低，一般在 0.5 左右。提高荧光灯的功率因数的方法是在其两端并联一个适当的电容，电容的计算公式如下。

$$C = \frac{P}{\omega U_2^2}(\tan\varphi_2 - \tan\varphi_1)$$

其中，φ_1 是荧光灯原有的功率因数角；φ_2 是功率因数提高后荧光灯的功率因数角。

3.2.3　实验设备

（1）交流电压表、交流电流表。

（2）功率表。

（3）荧光灯组件（镇流器、启辉器、荧光灯管）。

（4）电容。

（5）电流插座。

3.2.4　实验内容

1．荧光灯线路接线与测量

荧光灯线路接线与测量图如图 3.2.2 所示。

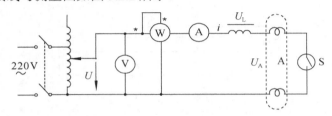

图 3.2.2　荧光灯线路接线与测量图

接线前，调节自耦调压器的输出，将交流电压调至 220V，再断开电源。

按图 3.2.2 正确接线，经指导教师检查无问题后接通电源，荧光灯启辉点亮。测量功率 P、功率因数 $\cos\varphi$，电压 U、U_L、U_A 等值，其中 U_L 为镇流器电压、U_A 为荧光灯管两端电压，将其记于表 3.2.1 中。计算镇流器的等效电阻 r 和等效电感 L，计算电路的功率因数 $\cos\varphi'$。

表 3.2.1　荧光灯线路测量数据

测 量 数 值						计 算 值	
P/W	$\cos\varphi$	I/A	U/V	U_L/V	U_A/V	r/Ω，L/H	$\cos\varphi'$

2．电路功率因数的提高

首先，按图 3.2.3 组成实验线路。然后，经指导教师检查无问题后接通实验台电源，将自耦调压器的输出调至 220V，记录功率表、电压表读数。通过一只电流表和 3 个电流插座分别测得 3 条支路的电流，改变电容值，电容按 1~4.7μF（从小到大）进行选择，测试 10 组数据，记入表 3.2.2。

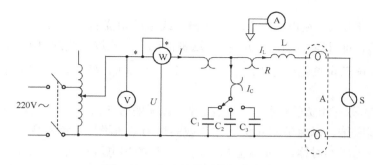

图 3.2.3　电路功率因数提高电路

表 3.2.2　电路功率因数提高数据表

电容值/μF	测 量 数 值					计 算 值	
	P/W	cosφ	U/V	I/A	I_L/A	I_C/A	I'/A	cosφ
0							
1							
...							
2.2							
4.7							

3.2.5　实验注意事项

（1）本实验使用交流市电 220V，务必注意用电和人身安全。

（2）功率表要正确接入电路。

（3）线路接线正确，荧光灯不能启辉时，应检查启辉器及其接触是否良好。

3.2.6　实验报告

（1）完成数据表格中的计算，进行误差分析。

（2）讨论提高电路功率因数的意义和方法。

（3）误差计算及误差分析。

（4）实验结果及讨论。

3.3　三相电路的联结及电压、电流的测量

3.3.1　实验目的

（1）掌握三相负载进行星形联结的方法。分别测量 Y 和 Y。线、相电压及线、相电流之间的关系，以及中线电流的作用。

（2）掌握用一瓦特表法、二瓦特表法测量三相电路有功功率与无功功率的方法。

3.3.2　实验原理

（1）三相负载可接成星形（又称 Y 形）或三角形（又称 △ 形）。当对称三相负载进行

Y 形联结时，线电压 U_L 是相电压 U_p 的 $\sqrt{3}$ 倍，线电压相位超前对应相电压 $30°$，线电流 I_L 等于相电流 I_p，即 $U_L = \sqrt{3} U_p$，$I_L = I_p$。这种情况下，流过中线的电流 $I_0 = 0$，因此可以省去中线。当对称三相负载进行 $\triangle$ 形联结时，有 $I_L = \sqrt{3} I_p$，$U_L = U_p$，线电流的相位滞后对应相电流 $30°$。

（2）当不对称三相负载进行 Y 形联结时，必须采用三相四线制接法，即 Y_0 接法。而且中线必须牢固联结，以保证不对称三相负载的每相电压维持对称不变。倘若中线断开，会导致三相负载电压不对称，使负载阻抗大的那一相的相电压过高，进而使负载遭受损坏；使负载阻抗小的那一相的相电压过低，进而使负载不能正常工作。对于三相照明负载，一律采用 Y_0 接法，中线一定不要装开关或熔断器。

（3）当不对称三相负载进行 $\triangle$ 形联结时，$I_L \neq \sqrt{3} I_p$，但只要电源的线电压 U_L 对称，加在三相负载上的电压仍是对称的，对各相负载工作没有影响。

（4）对于三相四线制供电的三相 Y 形联结的负载（及 Y_0 接法），可用一只功率表测量各相的有功功率 P_A、P_B、P_C，则三相负载的总有功功率为 $\sum P = P_A + P_B + P_C$，这就是三相 Y 形联结一瓦特表法，如图 3.3.1 所示。若三相负载是对称的，则只需要测量一相的有功功率，再乘以 3 即可得三相的有功功率。

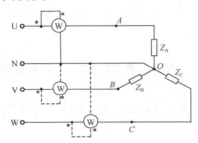

图 3.3.1 三相 Y 形联结一瓦特表法功率测量图

（5）在三相三线制供电系统中，无论三相负载是否对称，无论负载是 Y 形还是 $\triangle$ 形，都可用二瓦特表法测量三相负载的总有功功率，如图 3.3.2 所示。当负载为感性或容性，且当相位差 $\varphi > 60°$ 时，线路中的一只功率表指针将反偏（数显功率表将出现负读数），这时应将功率表电流线圈的两个端子调换（不能调换电压线圈端子），其读数应记为负值，而三相总功率 $\sum P = P_1 + P_2$（P_1、P_2 本身无任何意义）。

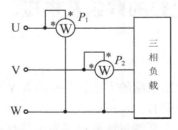

图 3.3.2 三相负载二瓦特表法功率测量图

除图 3.3.2 中的 I_A、U_{AC} 与 I_B、U_{BC} 接法外，还有 I_B、U_{AB} 与 I_C、U_{AC}，I_A、U_{AB} 与 I_C、U_{BC} 两种接法，请同学们自行设计电路。

🔖 3.3.3　实验设备

（1）交流电压表、交流电流表。
（2）三相灯组负载。
（3）电流插座。
（4）单相功率表。
（5）三相电容负载。

🔖 3.3.4　实验内容

1．三相灯组负载 Y 形联结（三相四线制供电）

接线前，将三相自耦调压器的旋柄置于输出为 0V 的位置（逆时针旋到底），开启实验台电源，然后调节调压器的输出，使输出的三相线电压为 220V。接线时，应断开电源，按图 3.3.3 所示三相负载 Y 形联结电路图连接实验电路，经指导教师检查合格后，方可接通电源。分别测量三相灯组负载的线电压、相电压、线电流、相电流、中线电流、电源与负载中点间的电压，将所测得的数据记录于表 3.3.1 中。

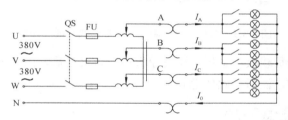

图 3.3.3　三相灯组负载 Y 形联结电路图

表 3.3.1　三相灯组负载 Y 形联结测量数据

	线电流/A	线电压/V	相电压/V	I_0/A	U_{ON}/V
Y_0 接平衡负载					
Y 接平衡负载	3				
Y_0 接不平衡负载	1				
Y 接不平衡负载	1				

2．负载 Δ 形联结（三相三线制供电）

按图 3.3.4 改接线路，经指导教师检查合格后接通三相电源，注意输出的线电压为 220V，并按表 3.3.2 所示的内容进行测试。

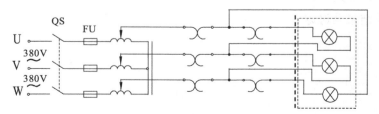

图 3.3.4　负载 Δ 形联结电路

表 3.3.2　负载 △ 形联结电路测试数据

负载情况	开 灯 盏 数			线电压/相电压（V）			线电流（A）			相电流（A）		
	A-B 相	B-C 相	C-A 相	U_{AB}	U_{BC}	U_{CA}	I_A	I_B	I_C	I_{AB}	I_{BC}	I_{CA}
三相平衡	3	3	3									
三相不平衡	1	2	3									

3．用二瓦特表法测定三相灯组负载的总功率

（1）按图 3.3.5 接线，将三相灯组负载接成 Y 形。经指导教师检查合格后，接通三相电源，调节调压器的输出线电压为 220V，测量电路的总功率。

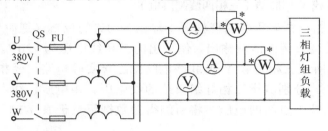

图 3.3.5　二瓦特表法测定三相灯组负载的总功率

（2）将三相灯组负载改为 △ 形。经指导教师检查合格后，接通三相电源，调节调压器的输出线电压为 220V，测量电路的总功率。

3.3.5　实验注意事项

（1）本实验采用三相交流市电，线电压为 380V，应穿绝缘鞋进入实验室。实验时要注意人身安全，不可触及导电部件，防止意外事故发生。

（2）每次接线完毕，同组同学应自查一遍，然后经指导教师检查合格后，方可接通电源。必须严格遵守先断电、再接线、后通电；先断电、后拆线的实验操作原则。

3.3.6　实验报告

（1）用实验测得的数据验证对称三相电路中的"$\sqrt{3}$ 关系"。

（2）用实验数据和观察到的现象，总结三相四线制供电系统中中线的作用。

（3）不对称 △ 形联结的负载，能否正常工作？实验是否能证明这一点？

（4）误差计算及误差分析。

（5）实验结果及讨论。

3.4　变压器实验

◈ 3.4.1　实验目的

（1）通过测量，计算变压器的各项参数。

（2）学会测绘变压器的空载特性与负载特性曲线。

◈ 3.4.2　实验原理

（1）图 3.4.1 为测试变压器参数电路。由各仪表读得变压器原边（AX，低压侧）的 U_1、I_1、P_1 及副边（ax，高压侧）的 U_2、I_2，并用万用表 R×1 挡测出原、副绕组的电阻 R_1 和 R_2，即可算得变压器的以下各项参数值：

电压比 $K_U = \dfrac{U_1}{U_2}$，电流比 $K_I = \dfrac{I_2}{I_1}$，

原边阻抗 $Z_1 = \dfrac{U_1}{I_1}$，副边阻抗 $Z_2 = \dfrac{U_2}{I_2}$，

阻抗比 $K = \dfrac{Z_1}{Z_2}$，负载功率 $P_2 = U_2 I_2 \cos\varphi_2$，

功率因数 $\cos\varphi_1 = \dfrac{P_1}{U_1 I_1}$，原边线圈铜耗 $P_{Cu1} = I_1^2 R_1$，

损耗功率 $P_o = P_1 - P_2$，

副边线圈铜耗 $P_{Cu2} = I_2^2 R_2$，

铁耗 $P_{Fe} = P_o - (P_{Cu1} + P_{Cu2})$。

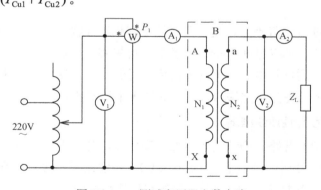

图 3.4.1　　测试变压器参数电路

（2）铁芯变压器是一个非线性元件，铁芯中的磁感应强度 B 取决于外加电压的有效值 U。当副边开路（空载）时，原边的励磁电流 I_{10} 与磁场强度 H 成正比。在变压器中，副边空载时，原边电压与电流的关系称为变压器的空载特性，这与铁芯的磁化曲线（B-H 曲线）是一致的。空载实验通常是将高压侧开路，由低压侧通电进行测量，又因空载时功率因数很低，故测量功率时应采用低功率因数瓦特表。此外，因变压器空载时阻抗很大，故电压表应接在电流表外侧。

（3）变压器负载特性测试。为了满足三组灯泡负载额定电压为220V的要求，将变压器的低压（36V）绕组作为原边，将220V的高压绕组作为副边，即将变压器当作一台升压变压器使用。在保持原边电压 $U_1 = 36V$ 不变的前提下，逐次增加灯泡负载（每只灯为15W），测定 U_1、U_2、I_1 和 I_2，即可绘出变压器的负载特性曲线 $U_2 = f(I_2)$。

3.4.3　实验设备

（1）交流电压表、交流电流表。

（2）单相功率表。

（3）实验变压器。

（4）白炽灯 220V/15W。

3.4.4　实验内容

1．按图 3.4.1 线路接线

A、X 为变压器的低压绕组，a、x 为变压器的高压绕组。电源经屏内调压器接至低压绕组，高压绕组 220V 接 Z_L 即 15W 的灯组负载（4 个灯泡并联），经指导教师检查合格后方可进行实验。

2．变压器负载特性曲线测试

将调压器手柄置于输出电压为零的位置（逆时针旋到底），合上电源开关，并调节调压器，使其输出电压为 36V。令负载开路并逐次增加负载（最多亮 5 个灯泡），分别记下 5 个仪表的读数，记入自拟的数据表格，绘制变压器负载特性曲线。实验完毕将调压器调回零位，断开电源。

当负载为 4 个或 5 个灯泡时，变压器已处于超载运行状态，很容易烧坏。因此，测试和记录过程应尽量快，不应超过 3min。实验时，可先将 5 个灯泡并联安装好，断开控制每个灯泡的相应开关，通电且电压调至规定值后，再逐一打开各个灯泡的开关，并记录仪表读数。待 5 个灯泡的数据记录完毕后，立即断开各个灯泡的开关。

3．变压器的空载特性曲线测试

将高压侧（副边）开路，确认调压器处在零位后，合上电源，调节调压器输出电压，使 U_1 从零逐次上升 1.2 倍的额定电压（1.2×36V），分别记下各次测得的 U_1、U_{20} 和 I_{10}，记入自拟的数据表格，用 U_1 和 I_{10} 绘制变压器的空载特性曲线。

3.4.5　实验注意事项

（1）本实验将变压器当作升压变压器使用，并用调节调压器提供原边电压 U_1，故使用调压器时应先将其调至零位，再合上电源。此外，必须用电压表监视调压器的输出电压，防止被测变压器输出过高电压而损坏实验设备，且要注意安全，以防高压触电。

（2）由负载实验转到空载实验时，要注意及时变更仪表量程。

（3）遇到异常情况，应立即断开电源，待处理好故障后，再继续实验。

3.4.6 实验报告

（1）根据实验内容，自拟数据表格，绘出变压器的负载特性曲线和空载特性曲线。

（2）根据额定负载时测得的数据，计算变压器的各项参数。

（3）计算变压器的电压调整率 $\Delta U\% = \dfrac{U_{20} - U_{2N}}{U_{20}} \times 100\%$ 。

（4）实验结果及讨论。

3.5 三相鼠笼式异步电动机的检测、运行

3.5.1 实验目的

（1）熟悉三相鼠笼式异步电动机的结构和额定值。

（2）学习检验异步电动机绝缘情况的方法。

（3）学习三相鼠笼式异步电动机定子绕组首、末端的判别方法。

（4）掌握三相鼠笼式异步电动机的启动和反转方法。

3.5.2 实验原理

1．三相鼠笼式异步电动机的结构

异步电动机是基于电磁原理把交流电能转换为机械能的一种旋转电动机。三相鼠笼式异步电动机的基本结构有定子和转子两大部分。

定子主要由定子铁芯、三相对称定子绕组和机座等组成，为电动机的静止部分。三相定子绕组一般有 6 根引出线，出线端装在机座外面的接线盒内，如图 3.5.1 所示，其中 AX、BY、CZ 分别是三相绕组。根据三相电源电压的不同，三相定子绕组可以接成 Y 形或 △ 形，然后与三相交流电源相连。

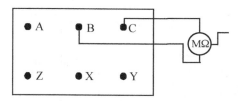

图 3.5.1 兆欧表检查电机

转子主要由转子铁芯、转轴、鼠笼式转子绕组、风扇等组成，为电动机的旋转部分。小容量三相鼠笼式异步电动机的转子绕组大都采用铝浇铸而成，冷却方式一般都采用扇冷式。

2．三相鼠笼式异步电动机的铭牌

三相鼠笼式异步电动机的额定值标记在电动机的铭牌上，如下所示为本实验装置的三相鼠笼式异步电动机的铭牌。

型号	DJ24	电压	380V/220V	接法	Y/△
功率	180W	电流	1.13A/0.65A	转速	1400rad/min
定额	连续				

（1）功率：额定运行情况下，电动机轴上输出的机械功率。

（2）电压：额定运行情况下，定子三相绕组应加的电源线电压值。

（3）接法：定子三相绕组接法，当额定电压为 380V/220V 时，应为 Y/△ 接法。

（4）电流：额定运行情况下，当电动机输出额定功率时，定子电路的线电流值。

3．三相鼠笼式异步电动机的检查

电动机使用前应进行必要的检查。

1）机械检查

检查引出线是否齐全、牢靠；转子转动是否灵活、匀称，有无异常声响等。

2）电气检查

（1）用兆欧表检查电机绕组之间及绕组与机壳之间的绝缘性能。电动机的绝缘电阻可以用兆欧表进行测量。额定电压为 1kV 以下的电动机，其绝缘电阻值最低不得小于 $1k\Omega/V$，测量方法如图 3.5.1 所示。一般 500V 以下的中小型电动机最低应具有 $2M\Omega$ 的绝缘电阻。

（2）定子绕组首、末端的判别。异步电动机三相定子绕组的 6 个出线端有三相首端和三相末端。一般地，首端标以 A、B、C，末端标以 X、Y、Z，在接线时如果没有按照首、末端的标记来接，那么当电动机启动时磁势和电流就会不平衡，因而引起绕组发热、振动、有噪声，甚至电动机不能启动，电动机因过热而烧毁的后果。若由于某种原因无法辨认定子绕组的 6 个出线端标记，则可以通过实验的方法来判别其首、末端（同名端），方法如下。

用万用表欧姆挡从 6 个出线端确定哪一对引出线是属于同一相的，分别找出三相绕组，并标以符号，如 A、X；B、Y；C、Z。将其中任意两相绕组串联，如图 3.5.2 所示。

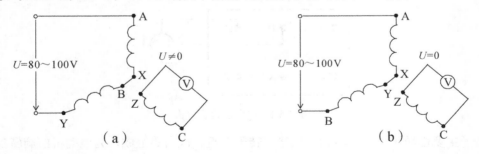

图 3.5.2　定子绕组首、末端的判别图

将控制屏三相自耦调压器手柄置零位，开启电源总开关，按下启动按钮，接通三相交流电源。调节调压器输出，在串联的两相绕组出线端施以单相电压 $U=80\sim100V$，测出第三相绕组的电压，若测得的电压值有一定读数，则表示两相绕组的末端与首端相连，如图 3.5.2（a）

所示。反之，若测得的电压近似为零，则两相绕组的末端与末端（或首端与首端）相连，如图 3.5.2（b）所示。用同样的方法可测出第三相绕组的首、末端。

4．三相鼠笼式异步电动机的启动

三相鼠笼式异步电动机的直接启动电流可达额定电流的 4~7 倍，但持续时间很短，不会使电动机因过热而烧坏。但对容量较大的电动机而言，过大的启动电流会导致电网电压下降而影响其他负载的正常运行。通常采用降压启动，最常用的是 Y-△ 换接启动，它可使启动电流减小至直接启动电流的 1/3，其使用条件是正常运行必须使用 △ 形接法。

5．三相鼠笼式异步电动机的反转

三相鼠笼式异步电动机的旋转方向取决于三相电源接入定子绕组时的相序，故只要改变三相电源与定子绕组连接的相序即可使电动机改变旋转方向。

3.5.3 实验设备

（1）三相鼠笼式异步电动机。

（2）兆欧表。

（3）交流电压表、交流电流表。

3.5.4 实验内容

（1）抄录三相鼠笼式异步电动机的铭牌数据，并观察其结构。

（2）用万用表判别定子绕组的首、末端。

（3）用兆欧表测量电动机的绝缘电阻。

① 各相绕组之间的绝缘电阻。

A 相与 B 相 　　（MΩ）

A 相与 C 相 　　（MΩ）

B 相与 C 相 　　（MΩ）

② 绕组对地（机座）之间的绝缘电阻。

A 相与地（机座） 　　（MΩ）

B 相与地（机座） 　　（MΩ）

C 相与地（机座） 　　（MΩ）

（4）三相鼠笼式异步电动机的启动。

① 采用 380V 三相交流电源。

将三相自耦调压器手柄置于输出电压为零的位置；将控制屏上三相电压表的切换开关置于"调压输出"侧；根据电动机的容量选择交流电流表合适的量程。

开启控制屏上三相电源总开关，按启动按钮，此时自耦调压器原绕组端 U_1、V_1、W_1 得电，调节调压器输出使 U、V、W 端输出线电压为 380V，三只电压表指示应基本平衡。保持自耦调压器手柄位置不变，按停止按钮，自耦调压器断电。

首先，按图 3.5.3 接线，电动机三相定子绕组接成 Y 形；供电线电压为 380V；实验线路中 Q1 及 FU 由控制屏上的接触器 KM 和熔断器 FU 代替，学生可从 U、V、W 端子开始接线。其次，按控制屏上的启动按钮，电动机直接启动，观察启动瞬间电流冲击情况及电动机旋转方向，记录启动电流。当启动运行稳定后，将电流表量程切换至较小量程挡位，记录空载电流。再次，电动机稳定运行后，突然拆出 U、V、W 中的任一相电源（小心操作，以免触电），观测电动机进行单相运行时电流表的读数并记录。再仔细倾听电动机的运行声音有何变化（可由指导教师进行示范操作）。然后，电动机启动之前先断开 U、V、W 中的任一相，进行缺相启动，观测电流表读数，并记录，观察电动机是否启动，再细听电动机是否发出异常的声响。最后，实验完毕，按控制屏停止按钮，切断实验线路三相电源。

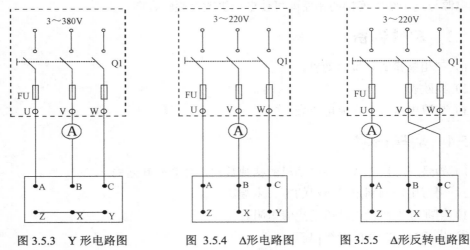

图 3.5.3　Y 形电路图　　　　图 3.5.4　△形电路图　　　　图 3.5.5　△形反转电路图

② 采用 220V 三相交流电源。

调节调压器输出使输出线电压为 220V，电动机定子绕组接成 △ 形。按图 3.5.4 接线，重复①中各项内容，并记录。

（5）三相鼠笼式异步电动机的反转。

△ 形反转电路如图 3.5.5 所示，按控制屏启动按钮，启动电动机，观察启动电流及电动机旋转方向是否反转。实验完毕，将自耦调压器调回零位，按控制屏停止按钮，切断实验线路三相电源。

3.5.5　实验注意事项

（1）本实验是强电实验，接线前（包括改接线路）、实验后都必须断开实验线路的电源，特别在改接线路和拆线时必须遵守"先断电，后拆线"的原则。电动机在运转时，电压和转速均很高，切勿触碰导电和转动部分，以免发生人身和设备事故。为了确保安全，学生应穿绝缘鞋进入实验室。接线或改接线路必须经指导教师检查合格后方可进行实验。

（2）启动电流持续时间很短，且只能在接通电源的瞬间读取电流表指针偏转的最大读数（因指针偏转的惯性，此读数与实际启动电流数据略有不同），若错过这一瞬间，则必须将电动机停转，待停稳后，重新启动读取数据。

（3）单相（缺相）运行时间不能太长，以免过大的电流导致电动机过热，而损坏电动机绕组。

3.5.6　实验报告

（1）总结对三相鼠笼式异步电动机绝缘性能检查的结果，判断该电动机是否完好可用。

（2）对三相鼠笼式异步电动机的启动、反转及各种故障情况进行分析。

3.6　三相鼠笼式异步电动机的继电—接触控制

3.6.1　实验目的

（1）通过对三相鼠笼式异步电动机的点动控制和自锁控制电路的实际安装接线，掌握电气原理图变换成安装接线图的知识。

（2）通过实验进一步理解点动控制和自锁控制的特点。

（3）通过对三相鼠笼式异步电动机正、反转控制线路的安装接线，掌握由电气原理图接成实际操作电路的方法。

3.6.2　实验原理

（1）继电—接触控制在各类生产机械中已获得广泛应用，凡是需要进行前后、上下、左右、进退等运动的生产机械，均采用传统典型的正、反转继电—接触控制。

交流电动机继电—接触控制电路的主要设备是交流接触器，其主要构造如下。

①电磁系统：铁芯、吸引线圈和短路环。②触点系统：主触点和辅助触点，还可按吸引线圈得电前后触点的动作状态，分动合（常开）、动断（常闭）两类。③消弧系统：在切断大电流的触点上装有灭弧罩，以迅速切断电弧。④接线端子，反作用弹簧等。

（2）在控制回路中常采用接触器的辅助触点来实现自锁和互锁控制。要求接触器线圈得电后能自动保持动作后的状态就是自锁，通常用接触器自身的动合触点与启动按钮相并联来实现，以达到电动机的长期运行，这一动合触点称为"自锁触点"。使两个接触器不能同时得电动作的控制，称为互锁控制。例如，为了避免正、反转两个接触器同时得电而导致三相电源短路的情况，必须增设互锁控制环节。为方便操作，也为防止因接触器主触点长期大电流的烧蚀而偶发触点粘连后造成的三相电源短路事故，通常在具有正、反转控制的线路中采用既有接触器的动断辅助触点的电气互锁，又有复合按钮机械互锁的双重互锁的控制环节。

（3）控制按钮通常用于短时通、断小电流的控制回路，以实现近、远距离控制电动机等执行部件的启、停或正、反转控制，专供人工操作使用。对于复合按钮，其触点的动作规律是，当按下时，其动断触点先断，动合触点后合；当松手时，动合触点先断，动断触点后合。

（4）在电动机运行过程中，应对可能出现的故障进行保护。

①采用熔断器进行短路保护，当电动机或电器发生短路时，及时熔断熔体，达到保护线路、保护电源的目的。熔体熔断时间与流过的电流关系称为熔断器的保护特性，这是选择熔体的主要依据。②采用热继电器实现过载保护，可使电动机免受长期过载的危害。其主要的技术指标是整定电流值，即电流超过此值的 20%时，其动断触点应能在一定时间内断开，切断控制回路，动作后只能由人工进行复位。

（5）在电气控制线路中，最常见的故障发生在接触器上。接触器线圈的电压等级通常有 220V 和 380V 等，使用时必须认清，切勿疏忽，否则电压过高易烧坏线圈，电压过低，吸力不够，不易吸合或吸合频繁，这不但会产生很大的噪声，也会因磁路气隙增大，致使电流过大，也易烧坏线圈。此外，在接触器铁芯的部分端面嵌装短路铜环，其作用是使铁芯吸合牢靠，消除振动与噪声，若短路铜环发生脱落或断裂现象，接触器将会产生很大的振动与噪声。

3.6.3　实验设备

（1）三相鼠笼式异步电动机。

（2）交流接触器。

（3）按钮。

（4）热继电器。

（5）交流电压表。

3.6.4　实验内容

认识各电器的结构、图形符号、接线方法；抄录电动机及各电器铭牌数据；使用万用表欧姆挡检查各电器线圈、触点是否完好。三相鼠笼式异步电动机接成 △ 形；实验线路电源端接三相自耦调压器输出端 U、V、W，供电线电压为 220V。

1．点动控制电路

按图 3.6.1 进行接线。接线时，先接主电路，即从 220V 三相交流电源的输出端 U、V、W 开始，经接触器 KM 的主触点，热继电器 FR 的热元件到电动机 M 的 3 个线端 A、B、C，用导线按顺序串联起来。主电路连接完整无误后，再连接控制电路，即从 220V 三相交流电源某输出端（如 V）开始，经过启动按钮 SB1、接触器 KM 的线圈、热继电器 FR 的常闭触点到三相交流电源另一相输出端（如 W）。接好线路经指导教师检查合格后，方可进行通电操作。

（1）开启控制屏电源总开关，按启动按钮，调节调压器输出，使输出线电压为 220V。

（2）按启动按钮 SB1，对电动机 M 进行点动操作，比较按下 SB1 与松开 SB1 电动机和接触器的运行情况。

（3）实验完毕，按控制屏停止按钮，切断实验线路三相交流电源。

2．自锁控制电路

按图3.6.2进行接线，与图3.6.1不同之处在于控制电路中多串联了一只停止按钮SB2，同时在SB1上并联了一只接触器KM的常开触点，它起自锁作用。接好线路经指导教师检查合格后，方可进行通电操作。

（1）按控制屏启动按钮，接通220V三相交流电源。

（2）按启动按钮SB1，松手后观察电动机M是否继续运转。

（3）按停止按钮SB2，松手后观察电动机M是否停止运转。

（4）按控制屏停止按钮，切断实验线路三相交流电源，拆除控制回路中的自锁触点KM，再接通三相交流电源，启动电动机，观察电动机及接触器的运转情况，从而验证自锁触点的作用。

实验完毕，将自耦调压器调回零位，按控制屏停止按钮，切断实验线路的三相交流电源。

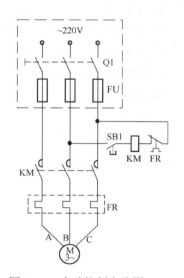 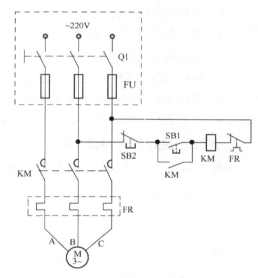

图3.6.1　点动控制电路图　　　　　　　图3.6.2　自锁控制电路图

3．接触器联锁的正、反转控制线路

按图3.6.3进行接线，经指导教师检查合格后，方可进行通电操作。

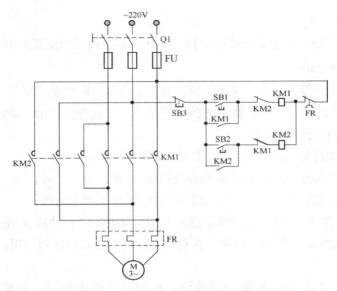

图 3.6.3　接触器联锁的正、反转控制线路图

（1）开启控制屏电源总开关，按启动按钮，调节调压器输出，使输出线电压为 220V。

（2）按正向启动按钮 SB1，观察并记录电动机的转向和接触器的运行情况。

（3）按反向启动按钮 SB2，观察并记录电动机的转向和接触器的运行情况。

（4）按停止按钮 SB3，观察并记录电动机的转向和接触器的运行情况。

（5）再按 SB2，观察并记录电动机的转向和接触器的运行情况。

（6）实验完毕，按控制屏停止按钮，切断三相交流电源。

4．接触器和按钮双重联锁的正、反转控制线路

按图 3.6.4 进行接线，经指导教师检查合格后，方可进行通电操作。

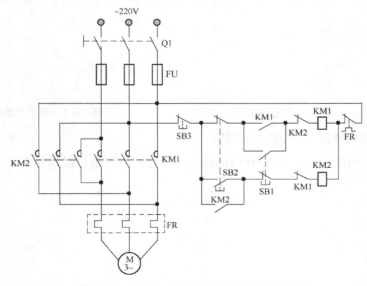

图 3.6.4　接触器和按钮双重联锁的正、反转控制线路图

（1）按控制屏启动按钮，接通 220V 三相交流电源。

（2）按正向启动按钮 SB1，电动机正向启动，观察电动机的转向及接触器的运行情况。按停止按钮 SB3，使电动机停转。

（3）按反向启动按钮 SB2，电动机反向启动，观察电动机的转向及接触器的运行情况。按停止按钮 SB3，使电动机停转。

（4）按正向（或反向）启动按钮，电动机启动后，再去按反向（或正向）启动按钮，观察有何情况发生。

（5）电动机停稳后，同时按正、反向两个启动按钮，观察有何情况发生。

（6）失压与欠压保护。①按启动按钮 SB1（或 SB2），电动机启动后，按控制屏停止按钮，断开实验线路三相交流电源，模拟电动机失压（或零压）状态，观察电动机与接触器的运行情况，随后再按控制屏上的启动按钮，接通三相交流电源，但不按 SB1（或 SB2），观察电动机能否自行启动。②重新启动电动机后，逐渐减小三相自耦调压器的输出电压，直至接触器释放，观察电动机是否自行停转。

注：此项内容较难操作且危险，有条件的可由指导教师进行示范操作。

↘ 3.6.5　故障分析

（1）接通电源后，按启动按钮（SB1 或 SB2），接触器吸合，但电动机不转且发出"嗡嗡"声响；或者电动机虽能启动，但转速很慢。这种故障大多是主回路一相断线或电源缺相造成的。

（2）接通电源后，按启动按钮（SB1 或 SB2），若接触器通断频繁，且发出连续的"噼啪"声或吸合不牢，发出振动声，此类故障原因可能是：①线路接错，将接触器线圈与自身的动断触点串在一条回路上了；②自锁触点接触不良，时通时断；③接触器铁芯上的短路环脱落或断裂；④电源电压过低或与接触器线圈电压等级不匹配。

注：本实验为操作性实验考核内容，学生可在测试前进入实验室进行实验预习、试做。

第4章 电路分析实验

4.1 戴维南定理验证

➡ 4.1.1 实验目的

（1）验证戴维南定理的正确性，加深对该定理的理解。

（2）掌握测量有源二端网络等效参数的一般方法。

➡ 4.1.2 实验原理

（1）任何一个线性含源网络，若仅研究其中一条支路的电压和电流，则可将电路的其余部分看作一个有源二端网络（或称为含源一端口网络）。戴维南定理指出：任何一个线性有源网络，总可以用一个电压源与一个电阻的串联来等效代替，此电压源的电动势 U_S 等于这个有源二端网络的开路电压 U_{OC}，其等效内阻 R_0 等于该网络中所有独立源均置零（理想电压源视为短接，理想电流源视为开路）时的等效电阻。U_{OC}（U_S）和 R_0 或者 I_{SC}（I_S）和 R_0 称为有源二端网络的等效参数。

（2）有源二端网络的等效参数的测量方法如下。

① 开路电压、短路电流法测 R_0。在有源二端网络输出端开路时，先用电压表直接测量其输出端的开路电压 U_{OC}，然后将其输出端短路，用电流表测量其短路电流 I_{SC}，则等效内阻为

$$R_0 = \frac{U_{OC}}{I_{SC}}$$

如果有源二端网络的内阻很小，那么将其输出端口短路将损坏其内部元器件，因此不宜用此方法。

② 伏安法测 R_0。用电压表、电流表测量有源二端网络的外特性曲线，如图 4.1.1 所示。求外特性曲线的斜率 $\tan\varphi$，则有

$$\tan\varphi = \frac{\Delta U}{\Delta I} = \frac{U_{OC}}{I_{SC}} = R_0$$

也可以先测量开路电压 U_{OC}，再测量电流为额定值 I_N 时输出端的电压值 U_N，则内阻为

$$R_0 = \frac{U_{OC} - U_N}{I_N}$$

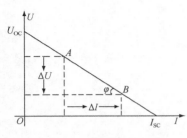

图 4.1.1 有源二端网络的
外特性曲线

③ 半电压法测 R_0。如图 4.1.2 所示，当负载电压为被测有源二端网络开路电压的一半时，负载电阻（由电阻箱的读数确定）即被测有源二端网络的等效内阻值。

④ 零示法测 U_{OC}。在测量具有高内阻有源二端网络的开路电压时，用电压表直接测量会造成较大的误差。为了消除电压表内阻的影响，往往采用零示法测 U_{OC}，如图 4.1.3 所示。

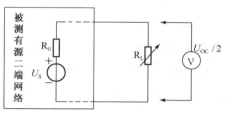

图 4.1.2 半电压法测 R_0 电路   图 4.1.3 零示法测 U_{OC} 电路

零示法测量原理是用一个低内阻的稳压电源与被测有源二端网络进行比较，当稳压电源的输出电压与被测有源二端网络的开路电压相等时，电压表的读数将为"0"。然后将电路断开，此时稳压电源的输出电压即被测有源二端网络的开路电压。

4.1.3 实验设备

（1）可调直流稳压电源（0~30V）1 块。
（2）可调直流恒流源（0~500mA）1 块。
（3）直流数字电压表（0~200V）1 块。
（4）直流数字毫安表（0~200mA）1 块。
（5）万用表 1 块。
（6）可调电阻箱（DGJ-08，0~99999.9Ω）1 块。
（7）电位器（DGJ-05，1k/2W）1 块。
（8）戴维南定理实验电路板（DGJ-03）1 块。

4.1.4 实验内容

被测有源二端网络及其戴维南等效电路如图 4.1.4 所示。

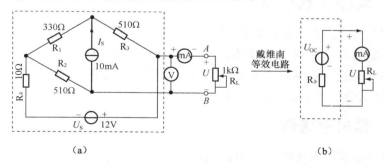

（a）   （b）

图 4.1.4 被测有源二端网络及其戴维南等效电路

（1）用开路电压、短路电流法测量戴维南等效电路的 U_{OC}、I_{SC}、R_0。按图 4.1.4（a）接入

可调直流稳压电源 $U_S=12$V 和可调直流恒流源 $I_S=10$mA，不接入 R_L，测量 U_{OC} 和 I_{SC} 的值，并记于表 4.1.1 中，计算戴维南等效电阻 R_0。（测量 U_{OC} 时，电路中不接入直流数字毫安表。）

表 4.1.1　开路电压、短路电流法的测量数据

$U_{OC}/$V	$I_{SC}/$mA	$R_0=U_{OC}/I_{SC}/\Omega$

（2）负载实验。按图 4.1.4（a）接入 R_L，改变 R_L 的阻值（用实验台的电阻箱），测量相应的 U 和 I，并绘制有源二端网络的外特性曲线，将测量数据记于表 4.1.2 中。

表 4.1.2　有源二端网络的外特性曲线测量数据

R_L/Ω	0	100	200	500	600	700	800	900	1000
$U/$V									
$I/$mA									

（3）验证戴维南定理。按图 4.1.4（b）连接电路。R_0 的选择：调节电阻箱中的阻值使之等于表 4.1.1 中计算的等效电阻 R_0 的值。U_{OC} 的选择：调节直流稳压电源使其电压值等于表 4.1.1 中测得的开路电压 U_{OC}，测出相应的 U 和 I，并绘制图 4.1.4（b）电路的外特性曲线，将测量数据记于表 4.1.3 中，对戴维南定理进行验证。

表 4.1.3　验证戴维南定理测量数据

R_L/Ω	0	100	200	500	600	700	800	900	1000
$U/$V									
$I/$mA									

（4）有源二端网络等效电阻（又称入端电阻）的直接测量法的电路如图 4.1.4（a）所示。将被测有源二端网络内的所有独立源置零（去掉恒流源和稳压电源，并将原电压源所接的两点用一根导线短路），然后用伏安法或者直接用万用表的欧姆挡测定负载 R_L 开路时 A、B 两点间的电阻，该阻值即被测有源二端网络的等效内阻 R_0，或称网络的入端电阻 R_i。

➡ 4.1.5　实验注意事项

（1）测量时应注意毫安表的量程问题。

（2）实验内容（4）中，电压源置零时不可将稳压电源短接。

（3）用万用表直接测量 R_0 时，必须先将有源二端网络内的独立源置零，以免损坏万用表，然后将欧姆挡调零后再进行测量。

➡ 4.1.6　预习思考题

（1）在求戴维南电路时，做短路实验，测 I_{SC} 的条件是什么？本实验中可否直接做负载短路实验？实验前对线路［见图 4.1.4（a）］预先做好计算，以便调整实验线路及测量时可准确地选取电表的量程。

（2）说明测量有源二端网络开路电压及等效内阻的几种方法，并比较其优缺点。

4.1.7 实验报告

（1）计算戴维南等效电阻 R_0，根据表 4.1.2 和表 4.1.3 中的测量数据绘制两条伏安特性曲线，以验证戴维南定理的正确性。

（2）误差计算及误差分析。

（3）实验结果及讨论。

4.2 电压源与电流源的等效变换

4.2.1 实验目的

（1）掌握电源外特性的测试方法。

（2）验证电压源与电流源等效变换的条件。

4.2.2 实验原理

（1）一个直流稳压电源在一定的电流范围内其内阻很小，因此实验中常将它视为一个理想的电压源，即其输出电压不随负载电流而变化。其外特性曲线（伏安特性曲线）$U=f(I)$ 是一条平行于横轴的直线。一个实验中的恒流源在一定电压范围内可视为一个理想电流源。

（2）一个实际的电压源（或电流源），其端电压（或输出电流）随负载变化而改变，因为它具有一定的内阻值。因此，在实验中用一个小阻值的电阻（或大电阻）与稳压源（或恒流源）相串联（或并联）来模拟一个实际的电压源（或电流源）。

（3）一个实际的电源，就其外部特性而言，既可以看作一个电压源，又可以看作一个电流源。若视为电压源，则可用一个理想的电压源 U_S 与一个阻值为 R_0 的电阻串联的组合来表示；若视为电流源，则可用一个理想的电流源 I_S 与一个电导 G_0 相并联的组合来表示。如果这两种电源能给阻值相同的负载提供同样大小的电流和端电压，则称这两个电源是等效的，即具有相同的外特性。

一个电压源与一个电流源等效变换的条件为 $I_S=U_S / R_0$，$G_0=1/R_0$ 或 $U_S=I_SR_0$，$R_0=1/G_0$（见图 4.2.1）。

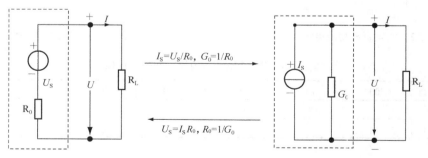

图 4.2.1 电压源与电流源等效变换

➤ 4.2.3 实验设备

（1）可调直流稳压电源（0~30V）1块。

（2）可调直流恒流源（0~200mA）1块。

（3）直流数字电压表（0~200V）1块。

（4）直流数字毫安表（0~200mA）1块。

（5）万用表1块。

（6）电阻器（DGJ-50，51Ω，200Ω，1kΩ）1块。

（7）可调电阻箱（DGJ-05，0~99999.9Ω）1块。

➤ 4.2.4 实验内容

1．测定直流稳压电源与实际电压源的外特性

（1）按图4.2.2接线，U_S 为+6V直流稳压电源，调节 R_2，令其阻值由大至小变化，记录直流数字电压表和直流数字毫安表的读数于表4.2.1中。

表4.2.1 测定直流稳压电源外特性数据

（R_1+R_2）/Ω	800	700	600	500	400	300	200
U/V							
I/mA							

（2）按图4.2.3接线，虚线框可模拟为一个实际的电压源。调节 R_2，令其阻值由大至小变化，记录直流数字电压表和直流数字毫安表的读数于表4.2.2中。

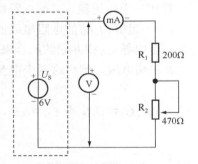

图4.2.2 测定直流稳压电源外特性电路

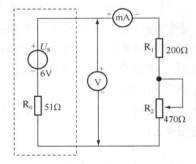

图4.2.3 测定实际电压源外特性电路

表4.2.2 测定实际电压源外特性数据

（R_1+R_2）/Ω	800	700	600	500	400	300	200
U/V							
I/mA							

2．测定电流源的外特性

按图 4.2.4 接线，I_S 为直流恒流源，将其输出调节为 10mA，令 R_0 分别为 1kΩ 和 ∞（接入和断开），调节电位器 R_L（0～800Ω），测出这两种情况下的直流数字电压表和直流数字毫安表的读数。自拟数据表格，记录实验数据。

3．测定电源等效变换的条件

先按图 4.2.5（a）所示的线路接线，记录线路中直流数字电压表和直流数字毫安表的读数。然后利用图 4.2.5（a）中右侧的元件和仪表，按图 4.2.5（b）所示的线路接线。调节恒流源的输出电流 I_S，使直流数字电压表和直流数字毫安表的读数与图 4.2.5（a）的读数相等，记录 I_S，验证等效变换条件的正确性。

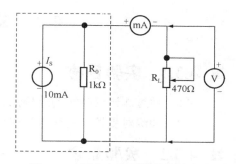

图 4.2.4　测定电流源的外特性电路

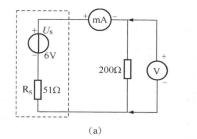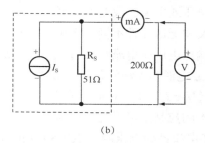

（a）　　　　　　　　　　　　　（b）

图 4.2.5　测定电源等效变换电路

4.2.5　实验注意事项

（1）在测定实际电压源外特性时，不要忘记测量空载时的电压值，测定电流源外特性时，不要忘记测量短路时的电流值，注意恒流源负载电压不要超过 20V，负载不要开路。

（2）换接线路时，必须关闭电源开关。

（3）直流仪表的接入应注意极性与量程。

4.2.6　预习思考题

（1）通常直流稳压电源的输出端不允许短路，直流恒流源的输出端不允许开路，为什么？

（2）电压源与电流源的外特性为什么呈下降变化趋势，稳压电源和恒流源的输出在任何负载下是否都保持定值？

4.2.7　实验报告

（1）根据实验数据绘制电源的 4 条外特性曲线，验证电压源与电流源等效变换的条件。

（2）误差计算及误差分析。

（3）实验结果及讨论。

4.3　受控源特性的研究

▶ 4.3.1　实验目的

（1）通过测试受控源的外特性及其转移参数，进一步理解受控源的物理概念。

（2）加深对受控源的认识和理解。

▶ 4.3.2　实验原理

（1）电源有独立电源（如电池、发电机等）与非独立电源（或称受控源）之分。

独立电源与受控源的不同点是，独立电源的电势 E_S 或电激流 I_S 是某一固定的数值或时间的某一函数，它不随电路其余部分状态的改变而改变。受控源的电势或电激流则随电路中另一支路电压或电流的改变而改变。

受控源又与无源元件不同，无源元件两端的电压和它自身的电流有一定的函数关系，而受控源的输出电压或电流则与另一支路（或元件）的电流或电压有某种函数关系。

（2）独立电源与无源元件是二端器件，受控源则是四端器件或称双口元件。受控源有一对输入端（U_1、I_1）和一对输出端（U_2、I_2），输入端可以控制输出端电压或电流的大小。施加于输入端的控制量可以是电压也可以是电流，因而有两种受控电压源[电压控制电压源（VCVS）和电流控制电压源（CCVS）]和两种受控电流源[电压控制电流源（VCCS）和电流控制电流源（CCCS）]。受控源的示意图如图 4.3.1 所示。

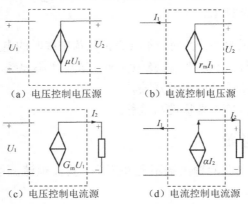

（a）电压控制电压源　　　　（b）电流控制电压源

（c）电压控制电流源　　　　（d）电流控制电流源

图 4.3.1　受控源的示意图

（3）当受控源的输出电压（或电流）与控制支路的电压（或电流）成正比时，称该受控源是线性的。

理想受控源的控制支路中只有一个独立变量（电压或电流），另一个独立变量等于零，即从输入口看，理想受控源是短路（输入电阻 $R_1=0$，因而 $U_1=0$）或者开路（输入电导 $G_1=0$，因而输入电流 $I_1=0$）；从输出口看，理想受控源是一个理想电压源或者一个理想电流源。

（4）受控源的控制端与受控端的关系式称为转移函数。4 种受控源的转移函数参量的定义如下。

① 电压控制电压源：$U_2=f(U_1)$，$\mu=U_2/U_1$ 称为转移电压比（或电压增益）。

② 电流控制电压源：$U_2=f(I_1)$，$r_m=U_2/I_1$ 称为转移电阻。

③ 电压控制电流源：$I_2=f(U_1)$，$G_m=I_2/U_1$ 称为转移电导。

④ 电流控制电流源：$I_2=f(I_1)$，$\alpha=I_2/I_1$ 称为转移电流比（或电流增益）。

4.3.3　实验设备

（1）可调直流稳压源（0~30V）1 块。

（2）可调恒流源（0~500mA）1 块。

（3）直流数字电压表（0~200V）1 块。

（4）直流数字毫安表（0~200mA）1 块。

（5）可变电阻箱（DGJ-05，0~99999.9Ω）1 块。

（6）受控源实验电路板（DGJ-08）1 块。

4.3.4　实验内容

（1）测量电压控制电压源的转移特性 $U_2=f(U_1)$ 及负载特性 $U_2=f(I_L)$，实验线路如图 4.3.2 所示。

① 不接毫安表，固定 $R_L=2k\Omega$，调节直流稳压源输出电压 U_1，测量 U_1 及相应的 U_2 值，记于表 4.3.1 中。在方格纸上绘出电压转移特性曲线 $U_2=f(U_1)$，并在其线性部分求出转移电压比 μ。

表 4.3.1　测量电压控制电压源的转移特性

U_1/V	0	1	2	3	5	7	8	9	μ
U_2/V									

② 接入毫安表，保持 $U_1=2V$，调节可变电阻箱的阻值 R_L，测量 U_2 及 I_L，并将测量数据记于表 4.3.2 中。在方格纸上绘出负载特性曲线 $U_2=f(I_L)$。

表 4.3.2　测量电压控制电压源的负载特性

R_L/Ω	50	70	100	200	300	400	500	∞
U_2/V								
I_L/mA								

（2）测量电压控制电流源的转移特性 $I_L=f(U_1)$ 及负载特性 $I_L=f(U_2)$，实验线路如图 4.3.3 所示。

① 调节可变电阻箱的阻值使 $R_L=2k\Omega$，调节直流稳压源的输出电压 U_1，测出相应的 I_L 值，并将测量数据记于表 4.3.3 中。在方格纸上绘出转移特性曲线 $I_L=f(U_1)$，并由其线性部分求出转移电导 G_m。

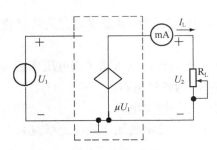
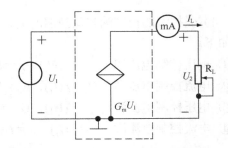

图 4.3.2 测量电压控制电压源特性图   图 4.3.3 测量电压控制电流源特性图

表 4.3.3 测量电压控制电流源的转移特性

U_1/V	0.1	0.5	1.0	2.0	3.0	3.5	3.7	4.0	G_m
I_L/mA									

② 保持 $U_1=2$V，令 R_L 的阻值从大到小变化，测出相应的 I_L 及 U_2，并将测量数据记于表 4.3.4 中，在方格纸上绘出负载特性曲线 $I_L=f(U_2)$。

表 4.3.4 测量电压控制电流源的负载特性

R_L/kΩ	5	4	2	1	0.5	0.4	0.3	0.2	0.1	0
I_L/mA										
U_2/V										

（3）测量电流控制电压源的转移特性 $U_2=f(I_1)$ 与负载特性 $U_2=f(I_L)$，实验线路如图 4.3.4 所示。

① 固定 $R_L=2$kΩ，调节恒流源的输出电流 I_S，按表 4.3.5 所列 I_1 值测出 U_2，并将测量数据记于表 4.3.5 中。在方格纸上绘出转移特性曲线 $U_2=f(I_1)$，并由其线性部分求出转移电阻 r_m。

表 4.3.5 测量电流控制电压源的转移特性

I_1/mA	0.1	1.0	3.0	5.0	7.0	8.0	9.0	9.5	r_m
U_2/V									

② 保持 $I_s=2$mA，按表 4.3.6 所列 R_L 值测出 U_2 及 I_L，并将测量数据记于表 4.3.6 中，在方格纸上绘出负载特性曲线 $U_2=f(I_L)$。

表 4.3.6 测量电流控制电压源的负载特性

R_L/kΩ	0.5	1	2	4	6	8	10
U_2/V							
I_L/mA							

（4）测量电流控制电流源的转移特性 $I_L=f(I_1)$ 及负载特性 $I_L=f(U_2)$，实验线路如图 4.3.5 所示。

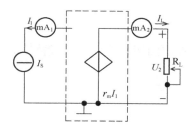 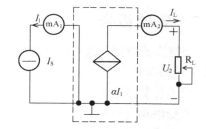

图 4.3.4　测量电流控制电压源特性图　　　　图 4.3.5　测量电流控制电流源特性图

① 参考（3）中的②测量 I_L 的值，并将测量数据记于表 4.3.7 中，在方格纸上绘出转移特性曲线 $I_L = f(I_1)$，并由其线性部分求出转移电流比 α。

表 4.3.7　测量电流控制电流源的转移特性

I_1/mA	0.1	0.2	0.5	1	1.5	2	2.2	α
I_L/mA								

② 保持 $I_S = 1\text{mA}$，令 R_L 取表 4.3.8 所列值，测出 I_L，并将测量数据记于表 4.3.8 中，在方格纸上绘出负载特性曲线 $I_L = f(U_2)$。

表 4.3.8　测量电流控制电流源的负载特性

R_L/kΩ	0	0.2	0.4	0.6	0.8	1	2	5	10	20
I_L/mA										
U_2/V										

4.3.5　实验注意事项

（1）每次组装线路，必须事先断开供电电源，但不必关闭电源总开关。

（2）在使用恒流源供电的实验中，不能使恒流源的负载开路。

（3）如果只有电压控制电流源和电流控制电压源两种线路，要做电压控制电压源或电流控制电流源实验，需要利用电压控制电流源和电流控制电压源两线路进行适当连接，或者利用 DGJ-08 挂箱上的线路。

4.3.6　预习思考题

（1）受控源和独立电源相比有何异同点？4 种受控源的代号、电路模型、控制量与被控量的关系如何？

（2）4 种受控源中的 r_m、G_m、α 和 μ 的意义是什么？如何测得？

（3）若受控源控制量的极性反向，试问其输出极性是否发生变化？

（4）受控源的控制特性是否适合于交流信号？

（5）如何由基本的电流控制电压源和电压控制电流源获得电流控制电流源和电压控制电压源，它们的输入输出如何连接？

4.3.7　实验报告

（1）根据实验数据，在方格纸上分别绘出 4 种受控源的转移特性和负载特性曲线，并求出相应的转移参量。

（2）误差计算及误差分析。

（3）实验结果及讨论。

4.4　RC 一阶电路实验

4.4.1　实验目的

（1）测定 RC 一阶电路的零输入响应、零状态响应及完全响应。

（2）学习电路时间常数的测量方法。

（3）掌握有关微分电路和积分电路的概念。

（4）掌握用示波器观测波形的方法。

4.4.2　实验原理

（1）动态网络的过渡过程是十分短暂的单次变化过程，如果用普通示波器观察过渡过程并测量有关的参数，就必须使这种单次变化的过程重复出现。为此，我们将信号发生器输出的方波来模拟阶跃激励信号，即将方波输出的上升沿作为零状态响应的正阶跃激励信号；将方波的下降沿作为零输入响应的负阶跃激励信号。如果选择方波的重复周期远大于电路的时间常数 τ，那么电路在这样的方波序列脉冲信号的激励下，其响应就与直流电接通和断开的过渡过程基本相同。

（2）图 4.4.1 所示的 RC 一阶电路的零输入响应和零状态响应分别按指数规律衰减和增长，其变化的快慢取决于电路的时间常数 τ。

（3）时间常数 τ 的测定方法。用示波器测量零输入响应的波形，如图 4.4.1（a）所示。根据一阶微分方程的求解得知 $U_C = U_m e^{-t/RC} = U_m e^{-t/\tau}$。当 $t = \tau$ 时，$U_C(\tau) = 0.368 U_m$，此时所对应的时间就等于 τ。也可以用零状态响应波形增加到 $0.632 U_m$ 所对应的时间测得，如图 4.4.1（c）所示。

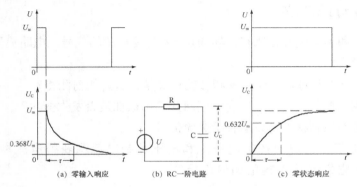

(a) 零输入响应　　　(b) RC 一阶电路　　　(c) 零状态响应

图 4.4.1　RC 一阶电路

（4）微分电路和积分电路是 RC 一阶电路中较典型的电路，它对电路元件参数和输入信号的周期有着特定的要求。一个简单的 RC 串联电路，在方波序列脉冲的重复激励下，当满足 $\tau = RC \ll \dfrac{T}{2}$ 时（T 为方波脉冲的重复周期），将 R 两端的电压作为响应输出，则该电路就是一个微分电路。因为此时电路的输出信号电压与输入信号电压的微分成正比，如图 4.4.2（a）所示，利用微分电路可以将方波转变成尖脉冲。

若将图 4.4.2（a）中的 R 与 C 的位置调换一下，如图 4.4.2（b）所示，将 C 两端的电压作为响应输出，当电路的参数满足 $\tau = RC \gg \dfrac{T}{2}$ 时，该 RC 电路称为积分电路。因为此时电路的输出信号电压与输入信号电压的积分成正比，利用积分电路可以将方波转变成三角波。

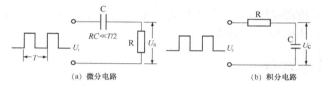

（a）微分电路　　　　　　　　　　（b）积分电路

图 4.4.2　微分电路和积分电路

从输入输出信号的波形来看，上述两个电路均起着波形变换的作用，请在实验过程中仔细观察并记录。

4.4.3　实验设备

（1）函数信号发生器 1 块。

（2）双踪示波器 1 块。

（3）动态电路实验板（DGJ-03）1 块。

4.4.4　实验内容

实验线路板的器件组合如图 4.4.3 所示，请认清电阻、电容元件的布局及其标称值，以及各开关的位置等。

（1）从电路板上选 $R = 10\text{k}\Omega$、$C = 6800\text{pF}$ 组成图 4.4.2（b）所示的积分电路。U_i 为脉冲信号发生器输出的 $U_m = 3\text{V}$、$f = 1\text{kHz}$ 的方波电压信号。通过两根同轴电缆线，将激励源 U_i 和响应 U_C 的信号分别连接至示波器的两个输入口 Y_A 和 Y_B。这时可在示波器的屏幕上观察到激励与响应的变化规律，请测算出时间常数 τ，并在方格纸上按 1∶1 的比例描绘波形。

少量地改变电容值或电阻值，定性地观察对响应的影响，记录观察到的现象。

（2）令 $R = 10\text{k}\Omega$、$C = 0.1\mu\text{F}$，观察并描绘响应的波形，继续增大电容器的值，定性地观察对响应的影响。

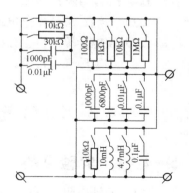

图 4.4.3　实验线路板的器件组合

（3）令 $R=100\Omega$、$C=0.01\mu F$，组成图 4.4.2（a）所示的微分电路。在同样的方波激励信号（$U_m=3V$，$f=1kHz$）的作用下，观测并描绘激励与响应的波形。

改变电阻的值，定性地观察对响应的影响，并做记录。当 R 增至 $1M\Omega$ 时，输入输出波形在本质上有什么区别？

➡ 4.4.5　实验注意事项

（1）调节电子仪器各旋钮时，动作不要过快、过猛。实验前，需要熟读双踪示波器的使用说明书。观察双踪示波器时，要特别注意相应开关、旋钮的操作与调节。

（2）信号源的接地端与示波器的接地端要连在一起（称共地），以防外界干扰而影响测量的准确性。

（3）双踪示波器的辉度不应过亮，尤其是光点长期停留在荧光屏上不动时，应将辉度调低，以延长双踪示波器的使用寿命。

➡ 4.4.6　预习思考题

（1）预习要求：熟读仪器使用说明，准备方格纸。

（2）什么样的电信号可作为 RC 一阶电路零输入响应、零状态响应和完全响应的激励源？

（3）已知 RC 一阶电路 $R=10k\Omega$、$C=0.1\mu F$，试计算时间常数 τ，并根据 τ 的物理意义，拟定测量 τ 的方案。

（4）什么是微分电路和积分电路？它们必须具备什么条件？它们在方波序列脉冲的激励下，输出信号波形的变化规律如何？这两种电路有何功能和作用？

➡ 4.4.7　实验报告

（1）根据实验观测结果，在方格纸上绘出 RC 一阶电路充放电时 U_C 的变化曲线，由曲线测得 τ 值，并与参数值的计算结果比较。

（2）归纳、总结微分电路和积分电路的形成条件，阐明波形变换的特征。

（3）误差计算及误差分析。

（4）实验结果及讨论。

4.5　RLC 元件在正弦交流电路中的特性实验

➡ 4.5.1　实验目的

（1）验证电阻、感抗、容抗与频率的关系，测定 R-f、X_L-f 及 X_C-f 特性曲线。

（2）理解 R、L、C 元件端电压与电流间的相位关系。

➡ 4.5.2　实验原理

（1）在正弦交变信号作用下，R、L、C 元件在电路中的抗流作用与信号的频率有关，它们的阻抗频率特性 R-f、X_L-f 及 X_C-f 曲线如图 4.5.1 所示。

（2）元件阻抗频率特性的测量电路如图 4.5.2 所示。图 4.5.2 中的 r 是提供测量回路电流用的标准小电阻，因为 r 的阻值远小于被测元件的阻抗值，所以可以认为 AB 之间的电压就是被测元件 R、L 或 C 两端的电压，流过被测元件的电流可由 r 两端的电压除以 r 的阻值获得。

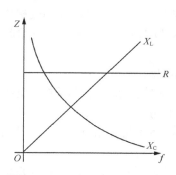

图 4.5.1　R-f、X_L-f、X_C-f 曲线

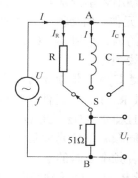

图 4.5.2　元件阻抗频率特性的测量电路

若用双踪示波器同时观察 r 与被测元件两端的电压，则可根据荧光屏上显示的被测元件两端的电压和流过该元件电流的波形，测出电压与电流的幅值及它们之间的相位差。

将元件 R、L、C 串联或并联相接，亦可用同样的方法测得 $Z_{串}$ 与 $Z_{并}$ 的阻抗频率特性 Z-f，根据电压、电流的相位差可判断 $Z_{串}$ 与 $Z_{并}$ 是感性负载还是容性负载。

元件的阻抗角（相位差 φ）随输入信号频率的变化而改变，将各个不同频率下的相位差画在以频率 f 为横坐标、阻抗角 φ 为纵坐标的坐标纸上，并用光滑的曲线连接这些点，即得到阻抗角的频率特性曲线。

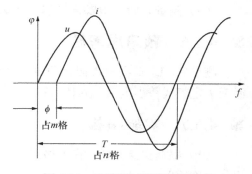

图 4.5.3　双踪示波器测量阻抗角

用双踪示波器测量阻抗角的方法如图 4.5.3 所示。从荧光屏上数得一个周期占 n 格，相位差占 m 格，则实际的相位差 φ（阻抗角）为

$$\varphi = m \times \frac{360°}{n}$$

4.5.3　实验设备

（1）函数信号发生器。

（2）交流毫伏表（0~600V）。

（3）双踪示波器。

（4）频率计。

（5）实验线路元件（DGJ-05，R=1kΩ，r=51Ω，C=0.01μF，L 约 10mH）。

➥ 4.5.4 实验内容

（1）测量 R、L、C 元件的阻抗频率特性。

通过电缆线将函数信号发生器输出的正弦信号接至图4.5.2所示的电路，作为激励源 U，并用交流毫伏表测量电压值，使激励电压的有效值 $U=3V$，并保持不变。

信号源的输出频率分别取 0.5kHz、1kHz、1.5kHz、2kHz 和 2.5kHz，并使开关 S 分别接通 R、L、C 元件。用交流毫伏表测量 U_r，并将测量数据记录在自己设计的表格中，并计算各频率点时的 I_R、I_L 和 I_C（U_r/r）及 $R=U/I_R$、$X_L=U/I_U$ 和 $X_C=U/I_C$ 的值。分别绘制各阻抗模与频率的曲线图。

注：在接通 C 时，信号源的频率应控制在 200~2500Hz。

（2）测量 R、L、C 元件的阻抗角（相位差）与频率的关系。信号源的输出频率分别取 0.5kHz、1kHz、1.5kHz、2kHz 和 2.5kHz，并使开关 S 分别接通 R、L、C 元件，用双踪示波器观察不同频率下各元件阻抗角的变化情况，按图 4.5.3 将 n 和 m 记录在自己设计的表格中，计算各频率点时的 φ。

（3）测量 R、L、C 元件串联的阻抗角频率特性。重复（1）和（2），测量并绘制阻抗模与频率、阻抗角与频率的曲线图。

➥ 4.5.5 实验注意事项

（1）交流毫伏表属于高阻抗电表，测量前必须先调零。

（2）测量 φ 时，双踪示波器的 "V/div" 和 "t/div" 的微调旋钮应旋置 "校准位置"。

➥ 4.5.6 预习思考题

测量 R、L、C 元件的阻抗角时，为什么要将它们与一个小电阻串联？可否用一个小电感或大电容代替小电阻？为什么？

➥ 4.5.7 实验报告

（1）根据实验数据，在方格纸上绘制 R、L、C 元件的阻抗频率特性曲线，从中可得出什么结论？

（2）根据实验数据，在方格纸上绘制 R、L、C 元件串联或并联的阻抗频率特性曲线。

（3）误差计算及误差分析。

（4）实验结果及讨论。

4.6 正弦稳态交流电路相量的研究

➥ 4.6.1 实验目的

（1）研究正弦稳态交流电路中电压、电流相量之间的关系。

（2）掌握荧光灯线路的接线方法。

（3）理解电路功率因数提高的方法。

⬎ 4.6.2　实验原理

（1）在单相正弦交流电路中，用交流电流表测得各支路的电流值，用交流电压表测得回路各元件两端的电压值，它们之间的关系满足相量形式的基尔霍夫定律，即 $\sum I = 0$ 和 $\sum U = 0$。

（2）如图 4.6.1 所示的 RC 串联电路，在正弦稳态信号 U 的激励下，U_R 与 U_C 保持 $90°$ 的相位差，即当 R 值改变时，U_R 的相量轨迹是一个半圆。

U、U_C 与 U_R 三者形成一个直角形的电压三角形，如图 4.6.2 所示。R 值改变时，可改变 φ 值也会改变，从而达到移相的目的。

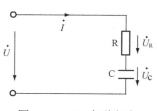
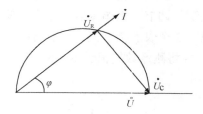

图 4.6.1　RC 串联电路　　　　　　图 4.6.2　电压三角形

（3）荧光灯线路如图 4.6.3 所示，图中 A 是荧光灯，L 是镇流器，S 是启辉器，C 是补偿电容器，用以提高电路的功率因数（$\cos\varphi$ 值）。有关荧光灯的工作原理请自行翻阅有关资料。

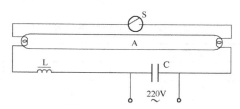

图 4.6.3　荧光灯线路图

⬎ 4.6.3　实验设备

（1）交流电压表（0~500V）1 块。

（2）交流电流表（0~5A）1 块。

（3）功率表（DGJ-07）1 块。

（4）荧光灯组件（220V，30W）。

（5）电容器（DGJ-04）。

（6）白炽灯及灯座（DGJ-04，220V，15W）1~3 块。

（7）电流插座（DGJ-04）3 块。

⬎ 4.6.4　实验内容

（1）按图 4.6.1 电路所示接线。R 为 220V、15W 的荧光灯，电容器规格为 4.7μF/450V。经指导教师检查合格后，接通实验台电源，将自耦调压器的输出值（U）调至 220V。将测

量数据 U、U_R、U_C 记录于表 4.6.1 中，验证电压三角形关系。

表 4.6.1　RC 串联电路测量数据

测　量　值			计　算　值		
U/V	U_R/V	U_C/V	U'（与 U_R、U_C 组成直角三角形） $(U'=\sqrt{U_R^2+U_C^2})$ / V	$\Delta U=U'-U$/V	$\Delta U/U$/%

（2）荧光灯线路接线与测量。按图 4.6.4 所示电路接线，经指导教师检查合格后接通实验台电源，调节自耦调压器的输出，使其输出电压缓慢增大，直到荧光灯将启辉器点亮为止，记下 3 个表的指示值。然后将电压调至 220V，测量功率 P，电流 I，电压 U、U_L、U_A 等值，并将测量数据记于表 4.6.2 中，验证电压、电流相量关系。

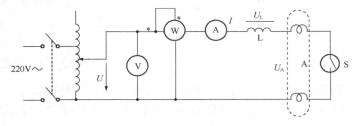

图 4.6.4　荧光灯线路接线与测量图

表 4.6.2　荧光灯线路参数测量

	测　量　数　值				计算值	
	P/W	$\cos\varphi$	I/A	U/V	$Z=R+jX_L/\Omega$	$\cos\varphi$
启辉值						
正常工作值						

（3）电路功率因数的提高。按图 4.6.5 所示组成实验线路，经指导老师检查合格后，接通实验台电源，将自耦调压器的输出调至 220V，记录功率表、电压表读数。通过电流表和 3 个电流插座分别测得 3 条支路的电流，改变电容值（取 10~12 组数据），测量相应电量，将测量数据记于表 4.6.3 中。

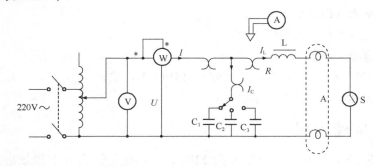

图 4.6.5　提高功率因数电路图

表 4.6.3　提高功率因数电路测量数据

电容值/μF	测 量 数 值						计 算 值	
	P/W	cosφ	U/V	I/A	I_L/A	I_C/A	I/A	cosφ
0								
1								
……								
4.7								

▶ 4.6.5　实验注意事项

（1）本实验电路的电压为交流市电 220V，务必注意用电和人身安全，功率表要正确接入电路。

（2）线路接线正确，荧光灯不能启辉时，应检查启辉器及其接触是否良好。

▶ 4.6.6　预习思考题

（1）参阅课外资料，了解荧光灯的启辉原理。

（2）在日常生活中，当荧光灯上缺少了启辉器时，人们常用一根导线将启辉器的两端短接，然后迅速断开，以点亮荧光灯（DGJ-04 实验挂箱上有短接按钮，可用它代替启辉器进行实验）；或用一只启辉器点亮多只同类型的荧光灯，这是为什么？

（3）为了提高电路的功率因数，通常在感性负载上并联电容器，此时增加一条电流支路，试问电路的总电流是增大还是减小？此时感性元件上的电流和功率是否改变？

（4）提高线路功率因数为什么只采用并联电容器法，而不采用串联电容器法？所并联的电容器是否越大越好？

▶ 4.6.7　实验报告

（1）完成数据表格中的计算。

（2）根据实验数据分别绘出电压、电流相量图，验证相量形式的基尔霍夫定律。

（3）讨论提高电路功率因数的意义和方法。

（4）误差计算及误差分析。

（5）实验结果及讨论。

4.7　三相电路实验

▶ 4.7.1　实验目的

（1）掌握三相负载 Y 形联结、△ 形联结的方法，验证这两种接法下线、相电压及线、相电流之间的关系。

（2）掌握用一瓦特表法、二瓦特表法测量三相电路有功功率与无功功率的方法。

↘ 4.7.2 实验原理

（1）三相负载可接成 Y 形或 △ 形。当对称三相负载为 Y 形联结时，线电压 U_L 是相电压 U_p 的 $\sqrt{3}$ 倍，线电流 I_L 等于相电流 I_p，即 $U_L = \sqrt{3} U_p$，$I_L = I_p$。在这种情况下，中性线的电流 $I_0 = 0$，因此可以省去中性线。当对称三相负载进行 △ 形联结时，有 $I_L = \sqrt{3} I_p$，$U_L = U_p$。

（2）不对称三相负载进行 Y 形联结时，必须采用三相四线制接法，即 Y_o 接法。而且中性线必须牢固联结，以保证不对称三相负载的每相电压维持对称不变。中性线断开，会使三相负载电压不对称，进而使负载阻抗大的一相的相电压过高，进而使负载损坏；而负载阻抗小的一相的相电压将过低，进而使负载不能正常工作。对于三相照明负载，无条件地一律采用 Y_o 接法。

（3）当不对称三相负载进行 △ 形联结时，$I_L \neq \sqrt{3} I_p$，但只要电源的线电压 U_L 对称，加在三相负载上的电压就是对称的，对各相负载工作没有影响。

（4）对于三相 Y 形联结的负载，可用一只功率表测量各相的有功功率 P_1、P_2、P_3，则三相负载的总有功功率 $\sum P = P_1 + P_2 + P_3$。这就是一瓦特表法，如图 4.7.1 所示。若三相负载是对称的，则只需要测量一相的功率，再乘以 3 即可得到三相的有功功率。

（5）在三相三线制供电系统中，不论三相负载是否对称，也不论负载是 Y 形联结还是 △ 形联结，都可用二瓦特表法测量三相负载的总有功功率，测量线路如图 4.7.2 所示。当相位差 $\varphi > 60°$ 时，若负载为感性或容性，则线路中的一只功率表指针将反偏（数显功率表将出现负读数），这时应将功率表电流线圈的两个端子调换（不能调换电压线圈端子），其读数应记为负值，而三相总功率 $\sum P = P_1 + P_2$（P_1、P_2 本身不含任何意义）。

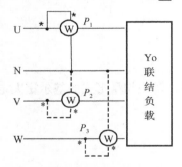

图 4.7.1　三相四线制 Y_o 接法有功功率测量图

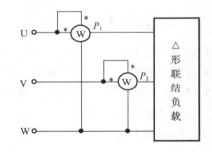

图 4.7.2　三相三线制有功功率测量图

除图 4.7.2 中的 I_U、U_{UW} 与 I_V、U_{VW} 接法外，还有 I_V、U_{VU} 与 I_W、U_{WU} 及 I_U、U_{UV} 与 I_W、U_{WV} 两种接法。

（6）对于三相三线制供电的三相对称负载，可用一瓦特表法测得三相负载的总无功功率 Q，测试原理线路如图 4.7.3 所示。

图 4.7.3 中功率表读数的 $\sqrt{3}$ 倍,即对称三相电路总的无功功率。除了图 4.7.3 给出的一种连接法(I_U、U_{VW}),还有另外两种连接法,即(I_V、U_{UW})或(I_W、U_{UV})。

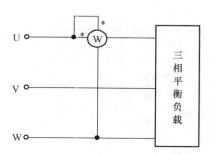

图 4.7.3　无功功率测试原理线路图

➡ 4.7.3　实验设备

（1）交流电压表（0~500V）1 块。

（2）交流电流表（0~5A）1 块。

（3）万用表 1 块。

（4）三相自耦调压器 1 块。

（5）三相灯组负载（DGJ-04，220V，15W 白炽灯）9 块。

（6）电流插座（DGJ-04）3 块。

（7）单相功率表（DGJ-07）2 块。

（8）三相电容负载（DGJ-05，1μF，2.2μF，4.7μF/500V）各 3 块。

➡ 4.7.4　实验内容

1．三相灯组负载 Y 形联结（三相四线制供电）

按图 4.7.4 所示线路连接实验电路,即三相灯组负载经三相自耦调压器接通三相对称电源。将三相调压器的旋柄置于输出电压为 0V 的位置(逆时针旋到底),经指导教师检查合格后,方可开启实验台电源,然后调节调压器的输出,使输出的三相线电压为 220V。按下述内容完成各项实验,分别测量三相灯组负载的线电压、相电压、线电流、相电流、中性线电流、电源与负载中点间的电压。将所测得的数据记于表 4.7.1 中,并观察各相灯组亮暗的变化程度,特别要注意观察中线的作用。

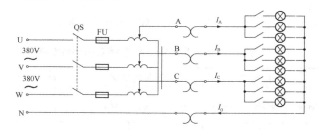

图 4.7.4　三相灯组负载 Y 形联结电路图

表 4.7.1　三相灯组负载 Y 形联结电路测量参数

测量数据 实验内容 （负载情况）	开灯盏数			线电流/A			线电压/V			相电压/V			中线电流 I_0/A	中点电压 U_{N0}/V
	A 相	B 相	C 相	I_A	I_B	I_C	U_{AB}	U_{BC}	U_{CA}	U_{A0}	U_{B0}	U_{C0}		
Y₀接平衡负载	3	3	3											

续表

测量数据 实验内容 （负载情况）	开灯盏数			线电流/A			线电压/V			相电压/V			中线电 流 I_0/A	中点 电压 U_{N0}/V
	A相	B相	C相	I_A	I_B	I_C	U_{AB}	U_{BC}	U_{CA}	U_{A0}	U_{B0}	U_{C0}		
Y接平衡负载	3	3	3											
Y₀接不平衡负载	1	2	3											
Y接不平衡负载	1	2	3											
Y₀接B相断开	1		3											
Y接B相断开	1		3											
Y接B相短路	1		3											

2．负载△形联结（三相三线制供电）

按图 4.7.5 所示电路改接线路，经指导教师检查合格后接通三相电源，并调节调压器，使其输出线电压为 220V，并按表 4.7.2 所列的内容进行测试。

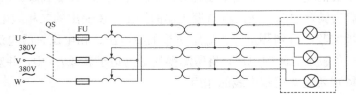

图 4.7.5 三相负载△形联结电路图

表 4.7.2 三相负载△形联结电路测量参数

测量数据 实验内容 （负载情况）	开灯盏数			线电压/相电压/V			线电流/A			相电流/A		
	A-B相	B-C相	C-A相	U_{AB}	U_{BC}	U_{CA}	I_A	I_B	I_C	I_{AB}	I_{BC}	I_{CA}
三相平衡	3	3	3									
三相不平衡	1	2	3									

3．用一瓦特表法测定三相对称 Y₀接及不对称 Y₀接负载的总功率 $\sum P$

按图 4.7.6 所示线路接线，线路中的电流表和电压表用以监视该相的电流和电压。经指导教师检查合格后，接通三相电源，调节调压器输出，使输出线电压为 220V，按表 4.7.3 所列的要求进行测量及计算。

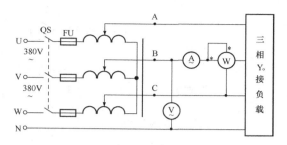

图 4.7.6　一瓦特表法测定有功功率电路图

表 4.7.3　一瓦特表法测定有功功率数据

测量数据实验内容	开 灯 盏 数			测 量 数 据			计 算 值
（负载情况）	A 相	B 相	C 相	P_A/W	P_B/W	P_C/W	$\sum P$ /W
Y_0接对称负载	3	3	3				
Y_0接不对称负载	1	2	3				

4．用二瓦特表法测定三相负载的总功率

（1）按图 4.7.7 所示线路接线，将三相灯组负载按 Y 形联结。经指导教师检查合格后，接通三相电源，调节调压器的输出线电压为 220V，按表 4.7.4 所列的内容进行测量。

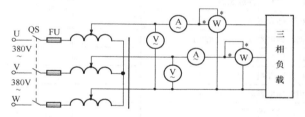

图 4.7.7　二瓦特表法测定有功功率电路图

（2）将三相灯组负载改成△形接法，重复（1）的测量步骤，将数据记于表 4.7.4 中。

表 4.7.4　二瓦特表法测定有功功率数据

测量数据实验内容	开 灯 盏 数			测 量 数 据		计 算 值
（负载情况）	A 相	B 相	C 相	P_1/W	P_2/W	$\sum P$ /W
Y 接平衡负载	3	3	3			
Y 接不平衡负载	1	2	3			
△ 接不平衡负载	1	2	3			
△ 接平衡负载	3	3	3			

（3）将两只瓦特表依次按另外两种接法接入线路，重复（1）与（2）的测量（表格自拟）。

5．用一瓦特表法测定三相对称 Y 形负载的无功功率。

按图 4.7.8 所示的电路接线。

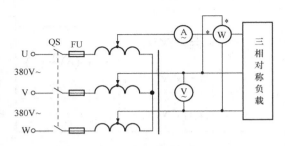

图 4.7.8   无功功率测量电路图

（1）每相负载均由白炽灯和电容器并联而成，由开关控制其接入与否。检查接线无误后，接通三相电源，将调压器的输出线电压调到 220V，读取 3 块表的读数，并计算无功功率 $\sum Q$，将测量值记于表 4.7.5 中。

表 4.7.5   无功功率测量数据

接法	负载情况	测量值		计算值	
		U/V	I/A	Q/var	$\sum Q = \sqrt{3}\,Q$
I_U, U_{VW}	① 三相对称灯组（每相开 3 盏）				
	② 三相对称电容器（每相 4.7μF）				
	③ （1）、（2）的并联负载				
I_V, U_{VW}	① 三相对称灯组（每相开 3 盏）				
	② 三相对称电容器（每相 4.7μF）				
	③ （1）、（2）的并联负载				
I_W, U_{VW}	① 三相对称灯组（每相开 3 盏）				
	② 三相对称电容器（每相 4.7μF）				
	③ （1）、（2）的并联负载				

（2）分别按 I_V、U_{UW} 和 I_W、U_{UV} 接法，重复（1）的测量，并比较各自的 $\sum Q$ 值。

4.7.5   实验注意事项

（1）本实验使用三相交流市电，线电压为 380V，应穿绝缘鞋进入实验室。实验时要注意人身安全，不可触及导电部件，防止意外事故发生。

（2）每次接线完毕，同组同学应自查一遍，经指导教师检查合格后，方可接通电源，必须严格遵守先断电、再接线、后通电；先断电、后拆线的实验操作原则。

（3）在对 Y 形负载进行短路实验时，必须先断开中线，以免发生短路事故。

（4）为避免烧坏灯泡，DGJ-04 实验挂箱内设有过压保护装置。当任一相电压大于 245V 时，将发生声光报警并跳闸。因此，在做 Y 形联结不平衡负载或缺相实验时，所加线电压应以最高相电压小于 240V 为宜。

4.7.6   预习思考题

（1）三相负载根据什么条件进行 Y 形或 △ 形联结？

（2）复习三相交流电路有关内容，试分析三相 Y 形联结不对称负载在无中线情况下，某相负载开路或短路时会出现什么情况？如果接上中线，情况又如何？

（3）本次实验中为什么要通过三相调压器将 380V 的市电线电压降为 220V 的线电压？

（4）复习二瓦特表法测量三相电路有功功率的原理。

（5）复习一瓦特表法测量三相对称负载无功功率的原理。

（6）测量功率时为什么在线路中接入电流表和电压表？

➤ 4.7.7　实验报告

（1）用实验测得的数据验证对称三相电路中的"$\sqrt{3}$"关系。

（2）用实验数据和观察到的现象，总结在三相四线制供电系统中中线的作用。

（3）不对称 Δ 形联结的负载，能否正常工作？实验是否能证明这一点？

（4）根据不对称负载 Δ 形联结时的相电流值绘制相量图，求出线电流值，并将该值与实验测得的线电流进行比较并分析。

（5）误差计算及误差分析。

（6）实验结果及讨论。

4.8　RLC 串联谐振电路研究

➤ 4.8.1　实验目的

（1）学习用实验方法绘制 RLC 串联电路的幅频特性曲线。

（2）理解电路发生谐振的条件、特点，掌握电路品质因数（电路 Q 值）的物理意义及测定方法。

➤ 4.8.2　实验原理

（1）在图 4.8.1 所示的 RLC 串联电路中，当正弦交流信号源的频率 f 发生改变时，电路中的感抗、容抗也随之改变，电路中的电流也随 f 而变。取电阻 R 上的电压 U_o 作为响应，当输入电压 U_i 的幅值保持不变时，在不同频率的信号的激励下，测出 U_o 的值，然后以 f 为横坐标，以 U_o/U_i 为纵坐标（因为 U_i 不变，所以也可以直接以 U_o 为纵坐标），绘出光滑的曲线。该曲线即幅频特性曲线，亦称谐振曲线（见图 4.8.2）。

（2）$f = f_0 = \dfrac{1}{2\pi\sqrt{LC}}$，幅频特性曲线尖峰所在的频率点称为谐振频率。此时 $X_L = X_C$，电路呈现纯阻性，电路阻抗的模为最小。在输入电压 U_i 为定值时，电路中的电流达到最大值，且与输入电压 U_i 同相位。从理论上讲，此时 $U_i = U_R = U_o$，$U_L = U_C = QU_i$，其中 Q 为电路的品质因数。

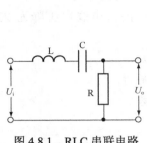

图 4.8.1　RLC 串联电路

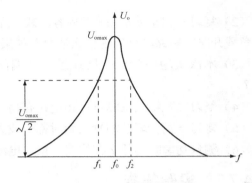

图 4.8.2　幅频特性曲线

（3）电路的品质因数 Q 值的两种测量方法如下。

① 根据公式 $Q=\dfrac{U_{\mathrm{L}}}{U_{\mathrm{o}}}=\dfrac{U_{\mathrm{C}}}{U_{\mathrm{o}}}$ 测定，U_{C} 与 U_{L} 分别为谐振时电容器和电感线圈上的电压。

② 先测量谐振曲线的通频带宽度 $\Delta f = f_2 - f_1$，再根据 $Q=\dfrac{f_0}{f_2-f_1}$ 求出 Q 值，其中 f_0 为谐振频率，是 f_2 和 f_1 失谐时输出电压的幅度下降到最大值的 $1/\sqrt{2}$（约 0.707）时的上、下频率点。Q 值越大，曲线越尖锐，通频带越窄，电路的选择性越好。

在使用恒压源供电时，电路的品质因数、选择性与通频带只取决于电路本身的参数，而与信号源无关。

4.8.3　实验设备

（1）函数信号发生器 1 块。

（2）交流毫伏表（0~600V）1 块。

（3）双踪示波器 1 块。

（4）频率计 1 块。

（5）谐振电路实验电路板（DGJ-03；$R=200\Omega$，$1\mathrm{k}\Omega$；$C=0.01\mu\mathrm{F}$，$0.1\mu\mathrm{F}$；$L\approx30\mathrm{mH}$）1 块。

4.8.4　实验内容

（1）按图 4.8.3 电路组成监视、测量电路。先选用 C_1、R_1，用交流毫伏表测电压，用双踪示波器监视信号源输出。令信号源输出电压峰峰值为 4V，并保持不变。

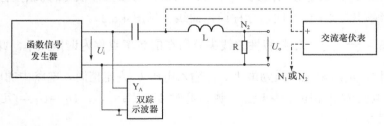

图 4.8.3　RLC 串联电路谐振特性测试

（2）找出电路的谐振频率 f_0。其方法是，将毫伏表接在 R（200Ω）两端，令信号源的频率由小逐渐变大（注意要维持信号源的输出幅度不变），当 U_o 为最大时，频率计上的频率值即电路的谐振频率 f_0，并测量 U_C 与 U_L 的值（注意及时更换毫伏表的量程）。

（3）在谐振点两侧，按频率递增或递减 500Hz 或 1kHz，依次各取 8 个测量点，逐点测出 U_o、U_L、U_C 的值，并将测量数据记于表 4.8.1 中。

表 4.8.1　谐振曲线测量数据一

F/kHz																	
U_o/V																	
U_L/V																	
U_C/V																	
U_{iP-P}=4V，C=0.01μF，R=200Ω，f_0= ，f_2-f_1= ，Q=																	

（4）将电阻改为 1kΩ，重复（2）、（3）的测量过程，并将测量数据记于表 4.8.2 中。

表 4.8.2　谐振曲线测量数据二

F/kHz																	
U_o/V																	
U_L/V																	
U_C/V																	
U_{iP-P}=4V，C=0.01μF，R=1kΩ，f_0= ，f_2-f_1= ，Q=																	

（5）选用 C_2，重复（2）~（4）过程（自制表格）。

4.8.5　实验注意事项

（1）选择测试频率点时，应在靠近谐振频率附近多取几个点。在变换频率测试前，应调整信号输出幅度（用双踪示波器监视输出幅度），使电压峰峰值维持在 4V。

（2）测量 U_C 和 U_L 数值前，应将交流毫伏表的量程改大，而且在测量 U_L 与 U_C 时交流毫伏表的"＋"端应接电容器与电感线圈的公共点，其接地端应分别触及电感线圈和电容器的近地端 N_2 和 N_1。

（3）实验中，信号源的外壳应与交流毫伏表的外壳绝缘（不共地）。若使用浮地式交流毫伏表测量，效果更佳。

4.8.6　预习思考题

（1）根据实验线路板给出的元件参数值，估算电路的谐振频率。

（2）改变电路的哪些参数可以使电路发生谐振，电路中电阻的阻值是否影响谐振频率值？

（3）如何判别电路是否发生谐振?测试谐振点的方案有哪些?

（4）电路发生串联谐振时，为什么输入电压不能太大，如果信号源给出 3V 的电压，电路谐振时，用交流毫伏表测 U_L 和 U_C，应该选择多大的量程？

（5）要提高 RLC 串联电路的品质因数，电路参数应如何改变？

（6）本实验在谐振时，对应的 U_L 与 U_C 是否相等？如有差异，原因何在？

➷ 4.8.7 实验报告

（1）根据测量数据，绘出不同 Q 值时 3 条幅频特性曲线，即 $U_o=f(f)$，$U_L=f(f)$，$U_C=f(f)$。

（2）计算通频带与 Q 值，说明不同的 R 值对电路通频带与品质因数的影响。

（3）对两种不同的测量 Q 值的方法进行比较。谐振时，比较输出电压 U_o 与输入电压 U_i 是否相等。

（4）误差计算及误差分析。

（5）实验结果及讨论。

第二篇　电子技术实验与设计

电子技术实验与设计的主要内容包括为模拟电路实验与设计、数字电路实验与设计、高频电路实验。

模拟电路实验与设计的主要目的和任务：以晶体管、场效应管等电子器件为基础，以单元电路[3]、集成电路的分析和设计[4]为主导，研究各种不同电路的结构、工作原理、参数分析及应用；通过验证实验、设计综合实验及研究性实验，学生深入理解课程的基本理论、基本知识和基本方法，培养学生实事求是的科学态度和良好的科学素质，为学生进一步学习数字电路、高频电路等课程打下基础；学生通过实验，掌握电子线路及电子器件的测试方法，掌握电路的焊接、安装与调试技术，掌握模拟电路的设计方法和技巧[5]等。

数字电路实验与设计的主要目的和任务：通过实验能将学到的数字电路分析和设计的理论应用于实践；学生通过验证、巩固和补充课堂讲授的理论知识，自行设计电路，安装、调试电路，排除电路故障，培养使用仪器的能力和电路设计、调试和参数测试的能力，提高运用理论知识解决实际问题的能力[6]。数字电路实验课包括硬件实验和 EDA 实验两大部分。硬件实验主要使学生学会使用与数字电路实验有关的仪器，将数字电路分析和设计的理论应用于实践，设计电路，安装、调试电路，这种"固定功能集成块+连线"的实验方法是基于传统电子系统设计的方法。EDA[7]实验是以计算机为操作平台，以 MAX+plus II 软件为操作工具，以 PLD 为实现电子设计自动化[8]的硬件基础，是基于芯片的设计方法。

高频电路的实验主要目的和任务：依据高频电路[9]课程教学的基本要求，按高频电路课程的基本原理设计实验；实验内容的安排根据理论教学次序进行；有验证性实验，但更注重设计性实验；实验内容注重基本技能训练，充分发挥学生的创造性和主动性。

第5章　模拟电路实验与设计

5.1　常用仪器的使用及元器件的测试

▶ 5.1.1　实验目的

（1）学习电子电路实验中常用的电子仪器——示波器、函数信号发生器、直流稳压电源、交流毫伏表、频率计等的主要技术指标、性能及正确使用方法。

（2）初步掌握用双踪示波器观察正弦信号波形和读取波形参数的方法。

（3）学习使用万用表判别二极管、三极管管脚的方法及判断它们的好坏的方法。

▶ 5.1.2　实验原理

在模拟电子电路实验中，经常使用的电子仪器有示波器、函数信号发生器、直流稳压电源、交流毫伏表及频率计等。它们和万用表一起，可以完成对模拟电子电路的静态和动态工作情况的测试。

实验中要对各种电子仪器进行综合使用，可按照信号流向，以连线简捷、调节顺手、观察与读数方便等原则进行合理布局，各仪器与被测实验装置之间的布局与连接如图 5.1.1 所示。接线时应注意，为防止外界干扰，各仪器的公共接地端应连接在一起，称为共地。信号源和交流毫伏表的引线通常用屏蔽线或专用电缆线，示波器接线使用专用电缆线，直流稳压电源的接线用普通导线。

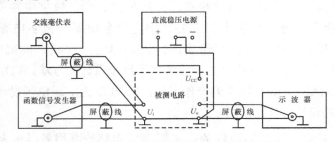

图 5.1.1　模拟电子电路中常用电子仪器布局图

1．示波器

示波器是一种用途很广的电子测量仪器。它既能直接显示电信号的波形，又能对电信号进行各种参数的测量，在本书 1.3 节和 1.4 节中介绍过其结构、工作原理和使用方法，请同学们参考相关内容。

2．函数信号发生器

函数信号发生器按需要可输出正弦波、方波、三角波 3 种信号波形，最大输出电压峰峰值可达 20V。通过输出衰减开关和输出幅度调节旋钮，可使输出电压在毫伏级到伏级范围内连续调节。函数信号发生器的输出信号频率可以通过频率分挡开关进行调节。函数信号发生器作为信号源，它的输出端不允许短路。

3．交流毫伏表（晶体管毫伏表和数字式毫伏表）

交流毫伏表只能在其工作频率范围之内，用来测量正弦交流电压的有效值。为了防止测量时过载而损坏，测量前一般先把量程开关置于量程较大位置上，然后在测量中逐挡减小量程。

4．用万用表判断二极管的极性和质量

见第 1 章相关内容。

5．用万用表判断三极管的管脚

见第 1 章相关内容。

5.1.3 实验设备

（1）函数信号发生器。
（2）双踪示波器。
（3）交流毫伏表、万用表。
（4）二极管、三极管。

5.1.4 实验内容

1．用双踪示波器和交流毫伏表测量信号参数

调节函数信号发生器有关旋钮，使输出频率分别为 100Hz、1kHz、10kHz、100kHz，有效值均为 1V（交流毫伏表测量值）的正弦波信号。

调节双踪示波器"扫描速率"旋钮及"Y 轴灵敏度"旋钮，测量信号源输出电压频率及峰峰值，记入表 5.1.1。

表 5.1.1 用双踪示波器测量正弦交流信号参数测试数据表

信号频率	双踪示波器测量值		信号电压毫伏	双踪示波器测量值	
	周期/ms	频率/Hz	表读数/V	峰峰值/V	有效值/V
1kHz					
10kHz					

2．测量两波形间相位差

（1）观察双踪显示波形"交替"与"断续"两种显示方式的特点。

Y1、Y2 均不加输入信号，输入耦合方式置"GND"挡位，"扫描速率"开关置较低挡位（如 0.5s/div 挡）和较高挡位（如 5μs/div 挡），把显示方式开关分别置"交替"和"断续"位置，观察两条扫描基线的显示特点，记录测量数据于表 5.1.1。

（2）用双踪示波器显示测量的两波形间相位差。

① 按图 5.1.2 连接实验电路，将函数信号发生器的输出电压调至频率为 1kHz，幅值为 2V 的正弦波，经 RC 移相网络获得频率相同但相位不同的两路信号 U_i 和 U_R，分别加到双踪示波器的 Y1 和 Y2 输入端。为便于稳定波形，比较两波形相位差，应使内触发信号取自被设定作为测量基准的一路信号。

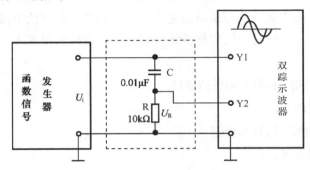

图 5.1.2　两波形间相位差测量电路

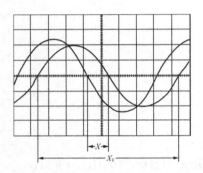

图 5.1.3　双踪示波器显示两相位
　　　　 不同的正弦波

② 把显示方式开关置"交替"挡位，将 Y1 和 Y2 输入耦合方式开关置"⊥"挡位，调节 Y1、Y2 的（↑↓）移位旋钮，使两条扫描基线重合。

③ 将 Y1、Y2 输入耦合方式开关置"AC"挡位，调节触发电平、"扫描速率"旋钮及 Y1、Y2 灵敏度旋钮位置，使在荧屏上显示出易于观察的两个相位不同的正弦波形 U_i 和 U_R，如图 5.1.3 所示。根据两波形在水平方向差距 X 及信号周期 X_T，可求得两波形相位差为

$$\theta = \frac{X}{X_T} \times 360^\circ$$

式中，X_T 为一周期所占格数；X 为两波形在 X 轴方向差距格数。记录两波形相位差于表 5.1.2。

表 5.1.2　用双踪示波器测量两正弦交流信号相位差测试数据表

一周期格数	两波形 X 轴差距格数	相 位 差	
		实 测 值	计 算 值
$X_T=$	$X=$	$\theta=$	$\theta=$

为了读数和计算方便，可适当调节"扫描速率"开关及微调旋钮，使波形一周期占整数格。

（3）用万用表判断二极管的管脚、质量。

（4）用万用表判断三极管的管脚、管型。

➥ 5.1.5　实验报告

（1）整理实验数据，并完成实验报告。

（2）回答以下问题。

① 如何操纵双踪示波器有关旋钮，以便从显示屏上观察到稳定、清晰的波形？

② 使用双踪示波器显示波形，并要求比较相位时，为在显示屏上得到稳定波形，应怎样选择下列开关的位置？

a.显示方式选择（Y1、Y2、Y1＋Y2、交替、断续）；

b.触发方式（常态、自动）；

c.触发源选择（内、外）；

d.内触发源选择（Y1、Y2、交替）。

（3）函数信号发生器有哪几种输出波形？它的输出端能否短接？若用屏蔽线作为输出引线，则屏蔽层一端应该接在哪个接线柱上？

（4）交流毫伏表是用来测量正弦波电压还是非正弦波电压的？它的表头指示值是被测信号的什么数值？它是否可以用来测量直流电压的大小？

5.2　单级放大电路

➥ 5.2.1　实验目的

（1）学会调试放大电路静态工作点的方法，分析静态工作点对放大器性能的影响。

（2）掌握放大器电压放大倍数、输入电阻、输出电阻及最大不失真输出电压的测试方法。

（3）熟悉常用电子仪器及模拟电路实验设备的使用。

➥ 5.2.2　实验原理

图 5.2.1 所示为单管共发射极放大器实验电路。它的偏置电路是采用 R_{B1} 和 R_{B2} 组成的分压电路，并在发射极中接有电阻 R_E，以稳定放大器的静态工作点。在放大器的输入端加入输入信号 U_i 后，在放大器的输出端便可得到一个与 U_i 相位相反、幅值被放大了的输出信号 U_o，从而实现电压放大。

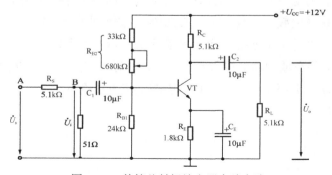

图 5.2.1　单管共射极放大器实验电路

81

在图 5.2.1 所示的电路中，当流过偏置电阻 R_{B1} 和 R_{B2} 的电流远大于三极管 VT 的基极电流 I_B 时（一般 5~10 倍），它的静态工作点可用下式估算，即

$$U_B \approx \frac{R_{B1}}{R_{B1} + R_{B2}} U_{CC}$$

$$I_E = \frac{U_B - U_{BE}}{R_E} \approx I_C$$

$$U_{CE} = U_{CC} - I_C（R_C + R_E）$$

电压放大倍数为

$$A_U = -\beta \frac{R_C \ /\!/ \ R_L}{r_{be}}$$

输入电阻为

$$R_i = R_{B1} \ /\!/ \ R_{B2} \ /\!/ \ r_{be}$$

输出电阻为

$$R_o \approx R_C$$

放大电路的测量和调试一般包括放大器静态工作点的测量与调试、消除干扰与自激振荡及放大器各项动态参数的测量与调试等。

1．放大器静态工作点的测量与调试

1）静态工作点的测量

测量放大器的静态工作点，应在输入信号 $U_i = 0$ 的情况下进行，即将放大器输入端与地端短接，然后选用量程合适的直流电压表，分别测量三极管各电极对地的电位 U_B、U_C 和 U_E。计算出 $U_{BE} = U_B - U_E$，$U_{CE} = U_C - U_E$。

2）静态工作点的调试

放大器静态工作点的调试是指对三极管集电极电流 I_C（或 U_{CE}）的调整与测试。

静态工作点是否合适，对放大器的性能和输出波形都有很大影响。例如，工作点偏高，放大器在加入交流信号后易产生饱和失真，此时 U_o 的负半周将被削底，如图 5.2.2（a）所示；工作点偏低则易产生截止失真，即 U_o 的正半周被缩顶（一般截止失真不如饱和失真明显），如图 5.2.2（b）所示。这些情况都不符合不失真放大的要求，因此在选定工作点后还必须进行动态调试，即在放大器的输入端加入一定的输入电压 U_i，检查输出电压 U_o 的大小和波形是否满足要求。若不满足，则应调节静态工作点的位置。

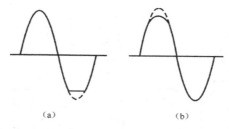

图 5.2.2 静态工作点对 U_o 波形失真的影响

改变电路参数 U_{CC}、R_C、R_B（R_{B1}、R_{B2}）都会引起静态工作点的变化，如图 5.2.3 所示。但通常多采用调节偏置电阻 R_{B2} 的方法来改变静态工作点。例如，减小 R_{B2}，可使静态工作点提高等。

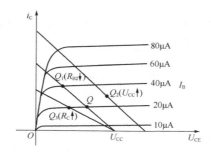

图 5.2.3 电路参数对静态工作点的影响

注意，上面所说的工作点"偏高"或"偏低"不是绝对的，应该是相对信号的幅度而言。例如，输入信号幅度很小，即使工作点较高或较低也不一定会出现失真。因此，确切地说，产生波形失真是因信号幅度与静态工作点设置配合不当所致。若需要满足较大信号幅度的要求，静态工作点最好尽量靠近交流负载线的中点。

2．放大器动态指标测试

放大器动态指标包括电压放大倍数、输入电阻、输出电阻、最大不失真输出电压（动态范围）和通频带等。

1）电压放大倍数 A_U 的测量

调整放大器到合适的静态工作点，然后加入输入电压 U_i，在输出电压 U_o 不失真的情况下，用交流毫伏表测出 U_i 和 U_o 的有效值，则

$$A_U = \frac{U_o}{U_i}$$

注：观察 U_i 和 U_o 波形，若同相 U_o 取正，若反相 U_o 取负。

2）输入电阻 R_i 的测量

为了测量放大器的输入电阻，按图 5.2.4 所示电路在被测放大器的输入端与信号源之间串联已知电阻 R，在放大器正常工作的情况下，用交流毫伏表测出 U_s 和 U_i，根据输入电阻的定义可得

$$R_i = \frac{U_i}{I_i} = \frac{U_i}{\dfrac{U_R}{R}} = \frac{U_i}{U_s - U_i}R$$

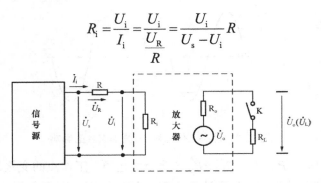

图 5.2.4 　输入电阻、输出电阻测量电路图

3）输出电阻 R_o 的测量

按图 5.2.4 所示电路，在放大器正常工作的条件下，测出输出端不接负载 R_L 的输出电压 U_o 和接入负载后的输出电压 U_L，根据

$$U_L = \frac{R_L}{R_o + R_L}U_o$$

即可求出

$$R_o = \left(\frac{U_o}{U_L} - 1\right)R_L$$

在测试中应注意，必须保持 R_L 接入前后输入信号的大小不变。

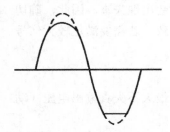

图 5.2.5 　静态工作点正常，
输入信号太大引起的失真

4）最大不失真输出电压 U_{OPP} 的测量

如上所述，为了得到最大动态范围，应将静态工作点调在交流负载线的中点。为此在放大器正常工作的情况下，逐步增大输入信号的幅度，并同时调节 R_{B2}（改变静态工作点），用双踪示波器观察 U_o。当输出波形同时出现图 5.2.5 所示的削底和缩顶现象时，说明静态工作点已经调在交流负载线的中点。

然后反复调整输入信号，使波形输出幅度最大，且无明显失真时，用交流毫伏表测出 U_o（有效值），则动态范围等于 $2\sqrt{2}U_o$，或由双踪示波器直接读出 U_{OPP}。

↴ 5.2.3　实验设备

（1）+12V 直流电源。

（2）函数信号发生器。

（3）双踪示波器。

（4）交流毫伏表。

（5）万用表。

➥ 5.2.4 实验内容

实验电路如图 5.2.1 所示。为防止干扰，各实验仪器的公共端必须连在一起，同时信号源、交流毫伏表和双踪示波器的引线应采用专用电缆线或屏蔽线，若使用屏蔽线，则屏蔽线的外包金属网应接在公共接地端上。

1．调试、测试静态工作点

接通 +12V 电源、调节 R_{B2}（680kΩ 电位器），使静态工作点合适。（如何判断调节好的静态工作点合适？方法是用双踪示波器观察输出电压信号能放大，波形不失真，同时保证静态工作点发射结正偏、集电结反偏。）

用直流电压表测量 U_B、U_E、U_C 的值，记入表 5.2.1。

表 5.2.1 静态工作点测量数据表

测　量　值			计　算　值	
U_B/V	U_E/V	U_C/V	U_{BE}/V	U_{CE}/V

2．测量电压放大倍数

在放大器输入端加入频率为 1kHz 的正弦信号 U_s，调节函数信号发生器的输出旋钮使放大器输入电压 $U_i \approx 10\text{mV}$（注意不是图 5.2.1 的 A 点电位，而是 B 点的电位），同时用双踪示波器观察放大器输出电压 U_o 的波形，在波形不失真的条件下用交流毫伏表测量下述两种情况下的 U_o 值，并用双踪示波器观察 U_o 和 U_i 的相位关系，记入表 5.2.2。

表 5.2.2 电压放大倍数测量数据表（U_i＝10mV）

R_C/kΩ	R_L/kΩ	U_o/V	A_U	观察记录一组 U_o 和 U_i 波形
5.1	∞			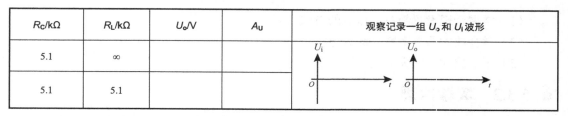
5.1	5.1			

3．测量输入电阻和输出电阻

使 $R_C = 5.1\text{k}\Omega$，$R_L = 5.1\text{k}\Omega$，输入 $f = 1\text{kHz}$ 的正弦信号，在输出电压 U_o 不失真的情况下，用交流毫伏表测出 U_s、U_i 和 U_L，记入表 5.2.3。

保持 U_s 不变，断开 R_L，测量输出电压 U_o，记入表 5.2.3。

表 5.2.3 输入电阻、输出电阻测量数据表（R_C＝5.1kΩ，R_L＝5.1kΩ）

U_s/mV	U_i/mV	R_i/kΩ		U_L/V	U_o/V	R_o/kΩ	
		测量值	计算值			测量值	计算值

4．最大不失真输出电压 U_{OPP} 的测量

用双踪示波器观察 U_o，当输出波形同时出现图 5.2.5 所示的削底和缩顶现象时，说明静态工作点已经调在交流负载线的中点。用交流毫伏表测出 U_o（有效值），用双踪示波器直接读出 U_{OPP}。

5.2.5 实验报告

（1）列表整理测量结果，并把实测的静态工作点、电压放大倍数、输入电阻、输出电阻的值与理论计算值比较（取一组数据进行比较），分析产生误差的原因。

（2）讨论静态工作点变化（如 R_{B2} 变化或 R_C 变化）对放大器输出波形、放大器电压放大倍数、输入电阻、输出电阻的影响。

（3）误差计算及误差分析。

（4）实验结果及讨论。

（5）分析讨论以下问题。

① 能否用直流电压表直接测量三极管的 U_{BE}？为什么实验中要采用先测 U_B、U_E，再间接算出 U_{BE} 的方法？

② 当调节偏置电阻 R_{B2}，使放大器输出波形出现饱和或截止失真时，三极管的管压降 U_{CE} 怎样变化？

5.3 两级放大电路

5.3.1 实验目的

（1）掌握合理设置静态工作点的方法。

（2）学会放大器频率特性测试方法。

（3）了解放大器的失真及消除方法。

5.3.2 实验原理

（1）对于两级放大电路,习惯上规定第 1 级是从信号源到第 1 个三极管 VT_1 的集电极，第 2 级是从第 2 个三极管 VT_2 的基极到负载，这样两级放大器的电压总增益 A_U 为

$$A_U = \frac{U_{o2}}{U_{i1}} = \frac{U_{o2}}{U_{i2}} \cdot \frac{U_{o1}}{U_{i1}} = A_{U1} \cdot A_{U2}$$

其中，电压均为有效值，且 $U_{o1}=U_{i2}$。由此可见，两级放大器电压总增益是单级放大器电压增益的乘积，由此结论可推广到多级放大器。

当忽略信号源内阻 R_S 和偏流电阻 R_b 的影响时，放大器的中频电压增益为

$$A_{U1} = \frac{U_{o1}}{U_S} = \frac{U_{o1}}{U_{i1}} = -\frac{R_i}{R_S + R_i} \cdot \frac{\beta_1 R'_{L1}}{r_{be1}} = -\frac{R_i}{R_S + R_i} \cdot \beta_1 \frac{R_{C1} // r_{be2}}{r_{be1}}$$

$$A_{U2} = \frac{U_{o2}}{U_{i2}} = \frac{U_{o2}}{U_{o1}} = -\frac{\beta_2 R'_{L2}}{r_{be2}} = -\beta_2 \frac{R_{C2} // R_L}{r_{be2}}$$

$$A_U = A_{U1} \cdot A_{U2} = \frac{R_i}{R_S + R_i} \beta_1 \frac{R_{C1} // r_{be2}}{r_{be1}} \cdot \beta_2 \frac{R_{C2} // R_L}{r_{be2}}$$

注意，A_{U1}、A_{U2} 都是考虑了下一级输入电阻（或负载）的影响，因此第 1 级输出电压即为第 2 级的输入电压，而不是第 1 级的开路输出电压。当第 1 级增益已经计入下级输入电阻的影响后，在计算第 2 级增益时，就不必再考虑前一级的输出阻抗，否则计算就重复了。

（2）两级放大电路的输入电阻等于第 1 级放大电路的输入电阻。

（3）两级放大电路的输出电阻等于最后一级（本实验为第 2 级）放大电路的输出电阻。

5.3.3　实验内容

实验电路如图 5.3.1 所示。

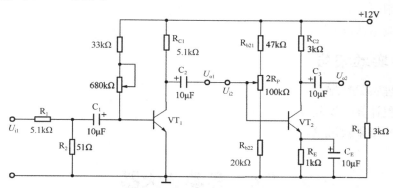

图 5.3.1　两级交流放大电路图

1．设置静态工作点

（1）按图接线，注意接线应尽可能短。

（2）静态工作点设置，要求第 2 级在输出波形不失真的前提下输出幅值尽量大，第 1 级为增加信噪比点尽可能低。

（3）在输入端加上频率为 1kHz、幅度为 1mV 的交流信号，（一般采用实验箱上加衰减的办法，即信号源用一个较大的信号。例如，100mV，在实验板上经 100∶1 衰减电阻降为 1mV。）调整工作点使输出信号不失真。

注：若发现有寄生振荡，可采用以下措施消除：①重新布线，尽可能走线短；②可在三极管 E、B 两极加几皮法到几百皮法的电容；③信号源与放大器用屏蔽线连接。

2．两级交流放大电路测试

（1）测试静态工作点。测试静态工作点时应断开输入信号，将相关数据记入表 5.3.1。

（2）测试电压放大倍数。①不接负载，分别测量第 1 级、第 2 级电压放大倍数 A_{V1}、A_{V2}。②接入负载电阻 R_L=3kΩ，分别测量第 1 级、第 2 级电压放大倍数 A_{V1}、A_{V2}。将相关数据记入表 5.3.1。

表 5.3.1　两级交流放大电路测试数据表

	静态工作点						输入/输出电压/mV			电压放大倍数		
	第 1 级			第 2 级						第 1 级	第 2 级	整体
	U_{C1}	U_{B1}	U_{E1}	U_{C2}	U_{B2}	U_{E2}	U_i	U_{o1}	U_{o2}	A_U	A_U	A_U
空载												
负载												

（3）测输入电阻 R_i。参考实验"5.2 单级放大电路"中输入电阻测量方法。

（4）测输出电阻 R_o。参考实验"5.2 单级放大电路"中输出电阻测量方法。

➤ 5.3.4　实验设备

（1）示波器。

（2）低频信号发生器。

（3）万用表。

（4）交流毫伏表。

➤ 5.3.5　实验报告

（1）整理实验数据。

（2）误差计算及误差分析。

（3）实验结果及讨论。

5.4　差动放大器

➤ 5.4.1　实验目的

（1）熟悉差动放大器的工作原理。

（2）掌握差动放大器的基本测试方法。

➤ 5.4.2　实验原理

差动放大电路是由两个对称的单管放大电路组成的，如图 5.4.1 所示。差动放大电路具有较大的抑制零点漂移的能力。静态时，因为电路对称，两个三极管的集电极电流相等，管压降也相等，所以总的输出变化电压 $\Delta U_o = 0$。当有信号输入时，在两个三极管 VT_1 和 VT_2 的基极加入两个大小相等方向相反的差模信号电压，即

$$\Delta U_{i1} = \Delta U_{i2} = \frac{1}{2}\Delta U_i$$

差动放大器总输出电压的变化为

$$\Delta U_o = \Delta U_{o1} - \Delta U_{o2}$$

其中，$\Delta U_{o1} = -A_{U1} \times \left(\dfrac{1}{2}\Delta U_i\right)$，$\Delta U_{o2} = -A_{U2} \times \left(\dfrac{1}{2}\Delta U_i\right)$，$A_{U1}$、$A_{U2}$ 为 VT_1 和 VT_2 组成的单管放大器的电压放大倍数，所以有

$$\Delta U_O = -\frac{1}{2}A_{U1} \cdot \Delta U_i - \frac{1}{2}A_{U2} \cdot \Delta U_i = -\frac{1}{2}\left(A_{U1} + A_{U2}\right) \cdot \Delta U_i$$

当电路完全对称时，$A_{U1} = A_{U2}$，则 $\Delta U_o = -A_U \Delta U_i$，即 $A_U = \dfrac{\Delta U_o}{\Delta U_i} = \dfrac{\Delta U_{o1}}{\Delta U_{i1}} = \dfrac{\Delta U_{o2}}{\Delta U_{i2}}$，由此可见差动放大器的差模电压放大倍数与单管放大器相同。

实际上，要求电路参数完全对称是不可能的，实际中采用图 5.4.1 所示的电路。

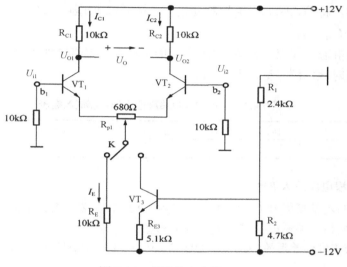

图 5.4.1　差动放大电路

图中的 VT_3 用作电流源，使其集电极电流 I_{C3} 基本上不随 U_{CE3} 而改变。其抑制零漂的原理为，假设温度升高，静态电流 I_{C1}、I_{C2} 都增大，I_{C3} 也增大，引起 R_{E1} 上压降增大，但 U_{B3} 是固定不变的，于是迫使 U_{BE3} 下降，I_{B3} 随着下降，并抑制了 I_{C3} 的增大，因为 $I_{C3} = I_{C1} + I_{C2}$，同样，I_{C2} 和 I_{C1} 也受到抑制，这就达到了抑制零漂的目的。

为了表征差动放大器对共模信号的抑制能力，引入共模抑制比 K_{CMR}，其定义为放大器对差模信号的放大倍数 A_d 与共模信号的放大倍数 A_c 的比值，即

$$K_{CMR} = \left|\frac{A_d}{A_c}\right|$$

或

$$K_{CMR} = 20\lg\left|\frac{A_d}{A_c}\right|$$

5.4.3 实验设备

（1）通用示波器。

（2）低频信号发生器。

（3）交流毫伏表。

（4）万用表。

5.4.4 实验内容

差动放大电路如图 5.4.1 所示。本实验将开关 K 扳至右端，即使 K 与 T_3 的集电极相连。

1．测量静态工作点

（1）调零。将输入端 b_1、b_2 短路并接地，接通直流电源，调节电位器 R_{p1} 使双端输出电压 $U_o=0V$ 或 $U_{o1}=U_{o2}$。

（2）测量静态工作点。在图 5.4.1 所示的差动放大电路原理图中，测量三极管 VT_1、VT_2、VT_3 各极对地电压，记入表 5.4.1。

表 5.4.1 差动放大电路静态工作点测试数据表

对地电压	U_{C1}	U_{C2}	U_{C3}	U_{B1}	U_{B2}	U_{B3}	U_{E1}	U_{E2}	U_{E3}
测量值/V									

2．测量差模电压放大倍数

在输入端加入差模信号 $U_{i1}=\pm0.1V$、$U_{i2}=-0.1V$，按表 5.4.2 测量数据并记录，由测量数据计算出单端和双端输出的差模电压放大倍数。

注：先调好 DC 信号源的 OUT1 和 OUT2，使其分别为+0.1V 和-0.1V，再接入 U_{i1} 和 U_{i2}。

表 5.4.2 差动放大电路放大倍数测试数据表

差模输入（$U_{i1}=\pm0.1V$、$U_{i2}=-0.1V$）						共模输入（$U_{i1}=\pm0.1V$）						共模抑制比
测 量 值			计 算 值			测 量 值			计 算 值			计 算 值
U_{C1}/V	U_{C2}/V	$U_{o双}/V$	A_{d1}	A_{d2}	A_d	U_{C1}/V	U_{C2}/V	$U_{o双}/V$	A_{C1}	A_{C2}	A_C	K_{CMR}

3．测量共模电压放大倍数

在输入端加共模信号，即将输入端 b_1、b_2 短接，$U_{i1}=+0.1V$，按表 5.4.2 测量数据并记录，由测量数据计算出单端和双端输出的共模电压放大倍数和共模抑制比。

4．在实验板上组成单端输入的差动放大电路进行实验

（1）在图 5.4.1 中将 b_2 接地，组成单端输入差动放大器，从 b_1 端输入直流信号 $U_i=+0.1V$，测量单端及双端输出，记录电压值记入表 5.4.3。计算单端输入时的单端及双端输出的差模电压放大倍数，并与双端输入时的单端及双端差模电压放大倍数进行比较。

（2）从 b_1 端加入正弦交流信号 $U_i=0.05V$，$f=1kHz$，分别测量、记录单端及双端输出差模电压，记入表 5.4.4，并计算单端及双端的差模放大倍数。

注：输入交流信号时，用示波器监视 U_{C1}、U_{C2} 波形，若有失真现象，可减小输入电压值，使 U_{C1}、U_{C2} 均不失真为止。

表 5.4.3　单端输入的差动放大电路测试数据表一

差模输入信号	差模输出电压值/V			双端输出电压放大倍数	单端输出电压放大倍数
	U_{C1}	U_{C2}	U_o		
直流+0.1V					

表 5.4.4　单端输入的差动放大电路测试数据表二

差模输入信号	差模输出电压值/V			双端输出电压放大倍数	单端输出电压放大倍数
	U_{C1}	U_{C2}	U_o		
正弦信号（50mV，1kHz）					

▶ 5.4.5　实验报告

（1）根据实测数据计算图 5.4.1 所示电路的静态工作点。

（2）计算各种接法的 A_d、A_c 和 K_{CMR} 值。

（3）误差计算及误差分析。

（4）实验结果及讨论。

5.5　负反馈放大电路

▶ 5.5.1　实验目的

（1）掌握电压串联、电压并联、电流串联和电流并联 4 种组态的基本特点。

（2）学会用集成运算放大器构成电压并联负反馈和电压串联负反馈电路的设计方法和调试方法。

（3）测试 A_{uf}、R_{if}、R_{of} 和上限频率 f_{Hf}。

▶ 5.5.2　实验题目

（1）利用 μA741 设计一个电压并联负反馈电路，要求：$A_{uf} = -10$，$R_{if} = 10k\Omega$。

（2）利用 μA741 设计一个电压串联负反馈电路，要求：$A_{uf} = 100$，$R_{if} \geqslant 100k\Omega$。

▶ 5.5.3　实验内容

（1）利用所学知识，设计所给题目的电路及选择参数。

（2）焊接或组装电路并调试。

（3）测量 A_{uf}、R_{if}、R_{of} 和上限频率 f_{Hf}，并与估算值比较；若有误差，分析产生误差的原因，并找出解决办法。

➥ 5.5.4　设计总结报告

设计总结报告，内容应包括以下几项。

（1）电路图。

（2）原理分析。

（3）设计方法（选择电路、确定电阻参数）。

（4）集成运算放大器选择。

（5）电路调试及测试数据分析、误差计算及误差分析、实验结果及讨论。

➥ 5.5.5　设计提示

（1）电压并联负反馈放大电路参考图 5.5.1。

（2）电压串联负反馈放大电路参考图 5.5.2。

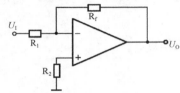

图 5.5.1　电压并联负反馈放大电路　　　　图 5.5.2　电压串联负反馈放大电路

（3）集成运算放大器 μA741 参数为

A_d=86~106dB；r_{id}=1000kΩ；r_o=200Ω，B_w=f_H=7Hz；f_T=1.4MHz，K_{CMR}=90dB；U_{io}=2mV；

$\Delta U_{io}/\Delta T$=20mV/℃；I_{io}=20nA；$\Delta I_{io}/\Delta T$=5pA/℃；SR=0.4V/μs。

（4）集成块 μA741 引脚号为

1、5 为调整端；

2 为反相输入端；

3 为同相输入端；

4 为负电源端；

6 为输出端；

7 为正电源端；

8 为悬空端。

注：集成运算放大器也可选用 LM358。

5.6　比例求和运算电路

➥ 5.6.1　实验目的

（1）掌握比例、求和电路的设计方法。

（2）通过实验，了解影响比例、求和运算精度的因素，进一步熟悉电路的特点和性能。

5.6.2　实验题目

（1）设计一个数学运算电路，实现下例运算关系，设计要求如下。

$$U_o=3U_{i1}+2U_{i2}-U_{i3}$$

其中，U_{i1} 为 200~800mV；U_{i2} 为 500~1000mV；U_{i3} 为 200~500mV。

（2）设计一个由两个集成运算放大器组成的交流放大器，设计要求如下。

输入阻抗：10kΩ。

电压增益：100 倍。

频率响应：20Hz~100 kHz。

最大不失真输出电压：6~7V。

5.6.3　实验内容

1．数学运算电路

（1）根据设计题目要求，选定电路，确定集成运算放大器的型号，并进行参数设计。

（2）根据设计方案焊接或组装电路。

（3）用所给定范围的输入信号，测出输出电压 U_o，并与理论计算值比较，计算误差。

2．交流放大电路

（1）根据设计题目要求，选定电路，确定集成运算放大器的型号，并进行参数设计。

（2）根据设计方案焊接或组装电路。

（3）测量放大器的输入阻抗、电压增益、上限频率、下限频率和最大不失真输出电压。如果测量值不满足设计要求，要进行相应的调整，直至达到设计要求为止。

5.6.4　设计总结报告

设计总结报告，报告应包括以下几项内容。

（1）电路图。

（2）原理分析。

（3）设计方法（选择电路、确定电阻参数）。

（4）集成运算放大器选择。

（5）电路调试及测试数据分析、误差计算及误差分析、实验结果及讨论。

5.6.5　设计提示

（1）数学运算电路参考图如图 5.6.1 所示。

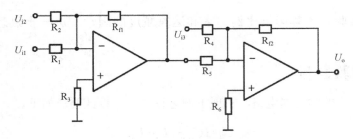

图 5.6.1　数学运算电路参考图

（2）交流放大电路参考图如图 5.6.2 所示。

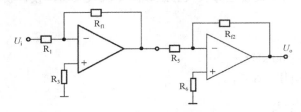

图 5.6.2　交流放大电路参考图

5.7　有源滤波电路

5.7.1　实验目的

（1）通过实验，学习有源滤波器的设计方法，体会调试方法在电路设计中的重要性。

（2）了解品质因数 Q 对滤波器的影响。

5.7.2　实验题目

（1）设计一个有源二阶低通滤波器，已知条件和设计要求如下。

截止频率：$f_o=40\text{Hz}$。

通带增益：$A_{up}=1$。

品质因数：$Q=0.707$ 和 $Q=0.5$。

（2）设计一个有源二阶高通滤波器，已知条件和设计要求如下。

截止频率：$f_o=80\text{Hz}$。

通带增益：$A_{up}=1$。

品质因数：$Q=0.707$ 和 $Q=0.5$。

5.7.3　实验内容

（1）写出设计报告，报告应包括设计原理、设计电路及选择电路元件参数。

（2）焊接或组装电路并调试设计的电路，检验电路是否满足设计指标，若不满足，则改变电路参数值。

（3）测量电路的幅频特性曲线，研究品质因数对滤波器频率特性的影响。

提示：改变电路参数，使品质因数变化，重复测量电路的幅频特性曲线，进行比较，得出结论。

5.7.4 设计总结报告

设计总结报告，报告应包括以下几项报告内容。

（1）电路图。

（2）原理分析。

（3）设计方法（选择电路、确定电阻参数）。

（4）集成运算放大器选择。

（5）电路调试及测试数据分析、误差计算及误差分析、实验结果及讨论。

5.7.5 设计提示

1.二阶压控电压源低通滤波器的设计

（1）二阶压控电压源低通滤波器电路如图 5.7.1 所示。

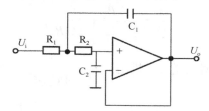

图 5.7.1 二阶压控电压源低通滤波器电路

（2）电路传递函数和特性分析。

二阶压控电压源低通滤波器频率响应表达式为

$$\dot{A}_\mathrm{u} = \frac{A_\mathrm{up}}{1 - \left(\dfrac{f}{f_\mathrm{o}}\right)^2 + \mathrm{j}\dfrac{1}{Q} \cdot \dfrac{f}{f_\mathrm{o}}}$$

根据参数，可推出公式为

$$f_\mathrm{o} = \frac{1}{2\pi\sqrt{R_1 R_2 C_1 C_2}}$$

$$\frac{1}{Q} = \sqrt{\frac{C_2 R_2}{C_1 R_1}} + \sqrt{\frac{C_2 R_1}{C_1 R_2}}$$

设 $R_1 = R_2 = R = 20\mathrm{k}\Omega$，根据上述公式推出：$C_1 = \dfrac{Q}{\pi R f_\mathrm{o}}$，$C_2 = \dfrac{1}{4\pi Q R f_\mathrm{o}}$，求出 C_1 和 C_2。

（3）设计方法如下。

① 选择电路。

② 根据已知条件确定电路元件参数。

③ 集成运算放大器的选择。

④ 焊接、调试电路。

2. 二阶压控电压源高通滤波器的设计[10]

（1）二阶压控电压源高通滤波器电路如图 5.7.2 所示。

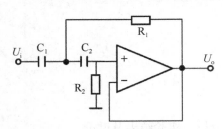

图 5.7.2　二阶压控电压源高通滤波器电路

（2）电路传递函数和特性分析。

二阶压控电压源高通滤波器频率响应表达式为

$$\dot{A}_u = \frac{A_{up}}{1 - \left(\dfrac{f_o}{f}\right)^2 + j\dfrac{1}{Q}\cdot\dfrac{f_o}{f}}$$

根据参数可推出公式为

$$f_o = \frac{1}{2\pi\sqrt{R_1 R_2 C_1 C_2}}$$

$$\frac{1}{Q} = \sqrt{\frac{C_2 R_2}{C_1 R_1}} + \sqrt{\frac{C_2 R_1}{C_1 R_2}}$$

设 $C_1 = C_2 = C = 0.1\mu F$，根据上述公式推出：$R_1 = \dfrac{1}{4\pi f_o Q C}$，$R_2 = \dfrac{Q}{\pi f_o C}$，求出 R_1 和 R_2。

（3）设计方法如下。

① 选择电路。

② 根据已知条件确定电路元件参数。

③ 集成运算放大器的选择。

④ 电路焊接、调试。

5.8　波形产生电路

5.8.1　实验目的

（1）设计 RC 正弦波振荡电路、方波—三角波发生电路。

（2）通过设计性实验，掌握波形发生电路设计与实验调整相结合的设计方法。

5.8.2　实验题目

（1）设计一个振荡频率 $f_o = 160Hz$ 的 RC 正弦波振荡电路，自选集成运算放大器。

（2）设计一个用集成运算放大器构成的方波—三角波发生电路，已知条件和设计要求如下。

方波调节范围：±5V 左右。

振荡频率范围：100Hz~1kHz。

三角波调节范围：±(2~4)V。

集成运算放大器：选用 μA741 或自选。

5.8.3　实验内容

1．RC 正弦波振荡电路

（1）写出设计预习报告，报告内容包括设计原理、设计电路及选择电路元件参数。

（2）焊接或组装电路并调试设计的电路，使电路产生振荡输出。

（3）当输出波形稳定且不失真时，测量输出电压的频率和幅值，检验该电路是否满足设计指标，若不满足，则改变电路参数值。

2．方波—三角波发生电路

（1）写出设计预习报告，报告内容包括设计原理、设计电路及选择电路元件参数。

（2）焊接或组装电路并调试设计的电路，使其正常工作。

（3）用双踪示波器观察并测绘方波和三角波波形。

（4）测量方波的幅值和频率，测量三角波的频率、幅值及输出电压范围。

检验电路是否满足设计指标。在调整三角波幅值时，注意波形有什么变化，并简单说明变化的原因。

5.8.4　设计总结报告

设计总结报告，报告内容应包括以下几项。

（1）电路图。

（2）原理分析。

（3）设计方法（选择电路、确定电阻参数）。

（4）集成运算放大器选择。

（5）电路调试及测试数据、数据处理、误差计算及误差分析、实验结果及讨论。

5.8.5　设计提示

1．波形发生电路的设计可以按照以下几个步骤进行

（1）根据已知的电路设计指标，选择电路结构。

（2）计算和确定电路中的元件参数。

（3）选择集成运算放大器。

（4）调试电路，以满足设计要求。

2．RC 正弦波振荡电路设计

RC 正弦波振荡电路参考图 5.8.1。

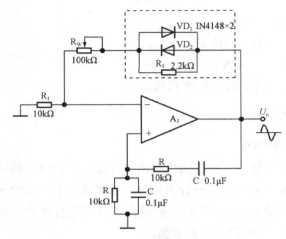

图 5.8.1　RC 正弦波振荡电路

3．方波—三角波发生电路设计

方波—三角波发生电路参考图 5.8.2。

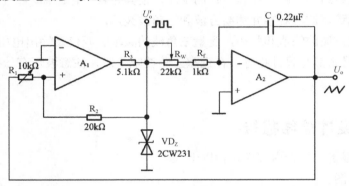

图 5.8.2　方波—三角波发生电路

5.9　集成功率放大电路

➡ 5.9.1　实验目的

（1）通过设计性实验，掌握集成功率放大器外围电路元件参数的选择和集成功率放大器的应用方法。

（2）熟练掌握电路的调整和指标测试方法，为今后应用集成功率放大器打下良好的基础。

➡ 5.9.2　实验题目

设计一个 OTL 低频集成功率放大器，设计要求为：负载电阻 $R_L=8\Omega$；最大不失真输出功率 $P_{om}\geqslant0.5W$；电压放大倍数可调，调节范围为 20~200 倍或小于 20 倍。

5.9.3 实验内容

（1）写出设计预习报告，报告内容包括设计原理、设计电路及选择电路元件参数。

（2）组装和调试设计的电路，验证设计指标。

（3）若测得的 P_{om} 和 A_u 不满足设计要求，则需要重新设计直到满足设计要求为止。

5.9.4 设计总结报告

设计总结报告内容应包括以下几项。

（1）电路图。

（2）原理分析。

（3）设计方法（选择电路、确定电阻参数）。

（4）集成功率放大器选择。

（5）电路调试及测试数据、数据处理、误差计算及误差分析、实验结果及讨论。

5.9.5 设计提示

1．集成功率放大电路的设计步骤

（1）根据已知的电路设计指标，选择电路结构。

（2）计算和确定电路中的元件参数。

（3）选择集成运算放大器。

（4）调试电路，以满足设计要求。

2．LM386 引脚及功能

LM386 引脚及功能如图 5.9.1 所示。

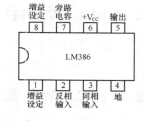

图 5.9.1　LM386 引脚及功能

3．LM386 内部电路

LM386 内部电路如图 5.9.2 所示。

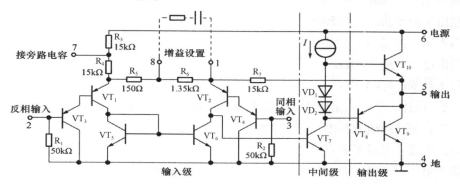

图 5.9.2　LM386 内部电路

4．集成功率放大电路设计

集成功率放大电路如图 5.9.3 所示。注意调整引脚"1"与引脚"5"的 RC 支路参数电压放大倍数为小于 20 倍；调整引脚"1"与引脚"8"的 RC 支路参数电压放大倍数为 20~200 倍。

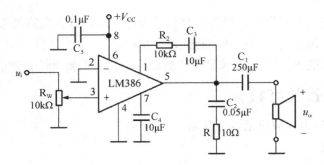

图 5.9.3　集成功率放大电路

注：OCL 集成功率放大器可选用 TDA2030，相关资料请同学们上网查阅。

5.10　集成直流稳压电源

↘ 5.10.1　实验目的

（1）掌握串联型集成直流稳压电源的设计原理、计算方法和器件选择。

（2）掌握电路安装、调试及稳压电源指标测试。

↘ 5.10.2　实验题目

（1）设计一个集成直流稳压电源，设计要求如下。

输出直流电压：$U_o = \pm 12\text{V}$。

输入电流：$I_{omax} \leqslant 300\text{mA}$。

输出保护电流：400~500mA。

输入电压：220V，$f = 50\text{Hz}$。

输出电阻：$R_o < 0.1\Omega$。

稳压系数：$S_r \leqslant 0.01$。

（2）设计一个可调集成直流稳压电源，设计要求如下。

可调直流稳压电源范围：1.5~12V。

输出电流有电流扩展功能。

输入电压：220V，$f = 50\text{Hz}$。

输出电阻：$R_o < 0.1\Omega$。

稳压系数：$S_r \leqslant 0.01$。

↘ 5.10.3　实验内容

（1）写出设计预习报告，报告包括设计原理、设计电路及选择电路中元器件的型号、标称值和额定值。

（2）焊接或组装电路并调试设计的电路，拟定实验步骤、测试设计指标。

（3）若测试结果不满足设计指标，重新调整电路参数，使之达到实验要求。

5.10.4 设计总结报告

设计总结报告，报告内容应包括以下几项。

（1）电路图。

（2）原理分析。

（3）设计方法（选择电路、确定电阻参数）。

（4）集成运算放大器选择。

（5）电路调试及测试数据、数据处理、误差计算及误差分析、实验结果及讨论。

5.10.5 设计提示

1．集成直流稳压电源的设计步骤

（1）根据已知的电路设计指标，选择电路结构。

（2）计算和确定电路中的元件参数。

（3）选择集成块 W7812、W7912、LM317 和 LM337。

（4）调试电路，以满足设计要求。

2．W7812、W7912、LM317 和 LM337 引脚图

W7812、W7912、LM317 和 LM337 引脚图如图 5.10.1
所示。

图 5.10.1 W7812、W7912、LM317 和 LM337 引脚图

W7812：1 为输入端；2 为接地端；3 为输出端。

W7912：2 为输入端；1 为接地端；3 为输出端。

LM317：3 为输入端；1 为接地端；2 为输出端。

LM337：2 为输入端；1 为接地端；3 为输出端。

3．集成直流稳压电源电路图[11]（电压不可调）

±12V 集成直流稳压电源电路如图 5.10.2 所示。

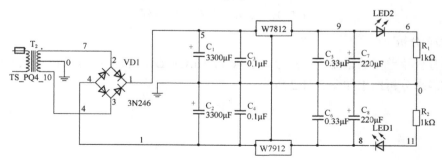

图 5.10.2 ±12V 集成直流稳压电源电路图

若要设计固定正电源可用 78 系列集成运算放大器，要设计固定负电源可用 79 系列集成运算放大器。请同学们设计+5V、−5V 集成直流稳压电源。

注：可调集成直流稳压电源的制作可用 LM317 设计正电源，用 LM337 设计负电源。

5.11 共基极放大电路 Multisim 仿真实验

➤ 5.11.1 实验目的

（1）掌握放大器静态工作点的调试及其对放大性能的影响。

（2）比较共射极放大电路与共基极放大电路，加深对放大电路的理解。

➤ 5.11.2 实验设备

（1）Multisim12.0 版本以上仿真软件。

（2）器件：电阻、有极性电容、三极管、信号发生器、直流电源及双踪示波器。

➤ 5.11.3 实验内容

1．电路绘制

按图 5.11.1 绘制好电路，安装信号发生器、交流电压表和双踪示波器。

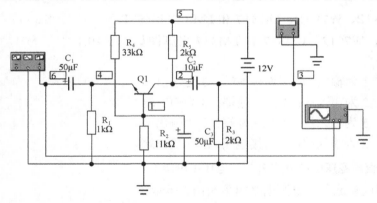

图 5.11.1　共基极基本放大电路图

2．静态分析

选择分析菜单中的直流工作点分析选项（Analysis/DC Operating Point），共基极基本放大电路的静态分析结果如图 5.11.2 所示。

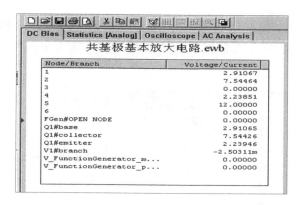

图 5.11.2 共基极基本放大电路的静态分析结果

分析结果表明三极管 Q1 工作在线性放大工作区。

3．动态分析

用仪器库的函数发生器为电路提供正弦输入信号 V_i（幅值为 5mV，频率为 10kHz），用双踪示波器可观察共基极基本放大电路的输入/输出电压波形如图 5.11.3 所示，图 5.11.3 中 VA 表示输入电压（电路中的节点 4），VB 表示输出电压（电路中的节点 3），由波形图可观察到电路的输入、输出电压信号同相位。

由图 5.11.3 可得 A_v=382.38mV/4.99mV≈76.63。

理论计算：

$$I_{EQ}=(U_{BQ}-U_{BEQ})/R_1=(2.91-0.68)\text{V}/1\text{k}\Omega=2.23\text{mA}$$

$$r_{be}=300\Omega+(1+\beta)\times26\text{mV}/I_{EQ}=300\Omega+(1+200)\times26\text{mV}/2.23\text{mA}≈2643\Omega$$

$$A_v=\beta R_L'/r_{be}=200\times1\text{k}\Omega/2.643\text{k}\Omega≈75.67 \quad (R_L' \text{是} R_C \text{与} R_L \text{的并联阻值})$$

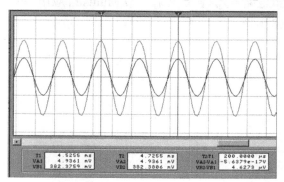

图 5.11.3 共基极基本放大电路的输入/输出电压波形

结论：共基极基本放大电路的输入与输出电压同相，并具有电压放大功能，计算的理论值和仿真实验测得的结果基本相等。

4．频率响应分析

选择分析菜单中的交流频率分析项（Analysis/AC Frequency Analysis），在"AC Analysis"

对话框中进行如下设定：扫描起始频率为 1Hz，终止频率为 1GHz，扫描形式为十进制，纵向刻度为线性，节点 3 作为输出节点，共基极基本放大电路的频率响应如图 5.11.4 所示。

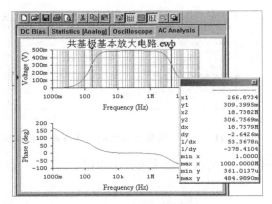

图 5.11.4　共基极基本放大电路的频率响应

5.11.4　实验报告及要求

（1）分析实验中遇到的问题及解决方法。

（2）整理实验数据并说明实验中出现的各种现象，得出有关的结论。

（3）画出必要的波形及曲线。

（4）参照本仿真实验，设计共集电极仿真放大电路，并完成静态分析、动态分析和频率响应分析。

注：学生学习模拟电路，必须掌握 Multisim 仿真电路图的绘制、静态和动态仿真分析。

请同学们参考《模拟电路》教材各章最后一节 Multisim 应用举例和各章仿真电路习题，至少完成 10 个仿真电路实验。

第6章　数字电路实验与设计

6.1　门电路逻辑功能及测试

➤ 6.1.1　实验目的

（1）熟悉门电路逻辑功能。

（2）熟悉数字电路学习机及示波器的使用方法。

➤ 6.1.2　实验原理

门电路是开关电路的一种，它具有一个或多个输入端，只有一个输出端，当一个或多个输入端有信号时其输出端才有信号。门电路在满足一定条件时，按一定规律输出信号，起着开关的作用。基本门电路有与门、或门、非门 3 种，也可将其组合构成其他门，如与非门、或非门等。

图 6.1.1 所示为与非门电路原理图，其基本功能是，在输入全为高电平时输出才为低电平。输出与输入的逻辑关系为 $Y=\overline{ABCD}$ 。

平均传输延迟时间 $\bar{t}_{pd}$ 是衡量门电路开关速度的参数。它是指输出波形边沿的 $0.5U_m$ 点相对于输入波形对应边沿的 $0.5U_m$ 点的时间延迟。

如图 6.1.2 所示，门电路的导通延迟时间为 t_{pdL}，截止延迟时间为 t_{pdH}。平均传输延迟时间为 $\bar{t}_{pd}=(t_{pdL}+t_{pdH})/2$。

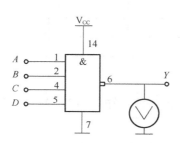

图 6.1.1　与非门电路原理图

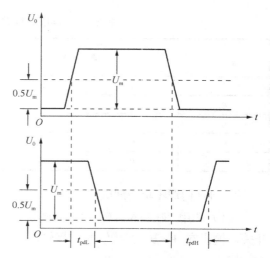

图 6.1.2　门电路的导通延迟时间与截止延迟时间

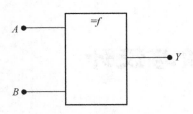

图 6.1.3　异或门电路原理图

图 6.1.3 所示为异或门电路原理图，其基本功能是，当两个输入端相异（一个为"0"，另一个为"1"）时，输出为"1"；当两个输入端相同时，输出为"0"，即 $Y = A \oplus B = \overline{A}B + A\overline{B}$。

6.1.3　实验设备

（1）双踪示波器。

（2）器件：74LS00 二输入四与非门 2 片；74LS20 四输入双与非门 1 片；74LS86 二输入四异或门 1 片；74LS04 六反相器 1 片。

6.1.4　预习要求

（1）复习门电路工作原理及相应逻辑表达式。

（2）熟悉所用集成电路的引线位置及各引线用途。

（3）了解双踪示波器的使用方法。

6.1.5　实验内容

实验前按学习机使用说明先检查学习机电源是否正常。按设计的实验接线图接好连线，特别注意 V_{CC} 及地线不能接错。然后选择实验需要用的集成电路，线路接好后经实验指导教师检查无误方可通电实验。在实验过程中若要改动接线必须先断开电源，接好线后再通电。

1．与非门电路逻辑功能测试

（1）选用 74LS20 四输入双与非门 1 片，插入面包板，按图 6.1.1 接线。输入端接 S_1、S_2（电平开关输出插口），输出端接发光二极管（$D_1 \sim D_8$ 任意一个）用于显示电平。

（2）将电平开关按表 6.1.1 所示要求放置，分别测试输出电压及逻辑状态。

表 6.1.1　74LS20 四输入双与非门测试数据表

输　　入				输　　出	
				Y	电压/V
1	1	1	1		
0	1	1	1		
0	0	1	1		
0	0	0	1		
0	0	0	0		

2．异或门逻辑功能测试

（1）选用 74LS86 二输入四异或门 1 片，按图 6.1.4 接线。输入端 1、2、4、5 接电平开关，输出端 A、B、Y 接发光二极管用于显示电平。

（2）将电平开关按表 6.1.2 所示要求放置，将测试结果填入表 6.1.2 中。

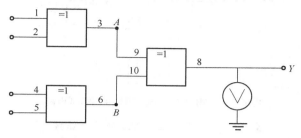

图 6.1.4　74LS86 二输入四异或门电路

表 6.1.2　74LS86 二输入四异或门电路测试数据表

输　　入		输　　出			
		A	B	Y	电压/V
0　0	0　0				
1　0	0　0				
1　1	0　0				
1　1	1　0				
1　1	1　1				
0　1	0　1				

3．逻辑电路的逻辑关系

（1）选用 74LS00 二输入四与非门 1 片，按图 6.1.5 接线，将输入输出逻辑关系填入表 6.1.3 中。

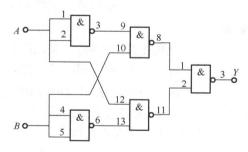

图 6.1.5　74LS00 二输入四与非门测试电路图一

表 6.1.3　74LS00 二输入四与非门测试数据表一

输　　入		输　　出
A	B	Y
0	0	
0	1	
1	0	
1	1	

选用 74LS00 二输入四与非门，按图 6.1.6 接线，将输入输出逻辑关系填入表 6.1.4 中。

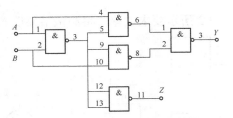

图 6.1.6　74LS00 二输入四与非门测试电路图二

表 6.1.4　74LS00 二输入四与非门测试数据表二

输　　入		输　　出	
A	B	Y	Z
0	0		
0	1		
1	0		
1	1		

（2）写出图 6.1.5 和图 6.1.6 两个电路的逻辑表达式。

4．逻辑门传输延迟时间的测量

先用 74LS04 六反相器（非门）按图 6.1.7 接线，输入 80kHz 连续脉冲，用双踪示波器测量输入、输出相位差，计算每个门的平均传输延迟时间 $\bar{t}_{pd}$。

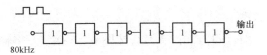

图 6.1.7　逻辑门传输延迟时间的测量图

5．利用与非门控制输出

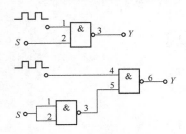

图 6.1.8　与非门控制输出

选用 1 片 74LS00 二输入四与非门按图 6.1.8 接线，S 端接任一电平开关，用双踪示波器观察 S 端对输出脉冲的控制作用。

6．用与非门组成其他门电路并测试验证

（1）组成或非门。用 1 片 74LS00 二输入四与非门组成或非门，其逻辑表达式为

$$Y = \overline{A+B} = \overline{A} \cdot \overline{B}$$

请同学们画出相应电路图，将测试结果填入表 6.1.5 中。

表 6.1.5　与非门组成或非门测试数据表

输　　入		输　　出
A	B	Y
0	0	
0	1	
1	0	
1	1	

（2）组成异或门。

① 将异或门的逻辑表达式转化为与非门的逻辑表达式。

② 画出逻辑电路图。

③ 测试并将结果填入表 6.1.6 中。

表 6.1.6　与非门组成异或门测试数据表

输　　入		输　　出
A	B	Y
0	0	
0	1	
1	0	
1	1	

➥ 6.1.6　实验报告

（1）按各步骤要求填表并画出逻辑图。

（2）回答下列问题。

① 怎样判断门电路逻辑功能是否正常？

② 与非门一个输入接连续脉冲，其余端处于什么状态时允许脉冲通过？处于什么状态时禁止脉冲通过？

③ 异或门又称可控反相门，为什么？

6.2　用小规模芯片设计组合逻辑电路

➥ 6.2.1　实验目的

（1）学习并掌握小规模芯片（SSI）实现各种组合逻辑电路的方法。

（2）学习利用仪器检测故障并排除故障。

➥ 6.2.2　实验原理

（1）组合逻辑电路在某一时刻的输出状态只取决于同一时刻的输入状态，与电路原来的状态无关。组合逻辑电路的设计方法是根据实际逻辑问题，求出所要求的逻辑功能，并化简为最简单的逻辑电路。

（2）组合逻辑电路的设计步骤。

① 逻辑抽象：根据实际逻辑问题的因果关系确定输入、输出变量，并定义逻辑状态的含义。

② 根据逻辑描述列出真值表。

③ 根据真值表写出逻辑表达式。

④ 根据器件的类型，简化和变换逻辑表达式。

⑤ 画出逻辑图。

6.2.3　实验设备

（1）数字电路学习机 1 台。

（2）74LS20 四输入双与非门 3 片。

（3）74LS04 六反相器 1 片。

（4）CD4011 四二输入与非门 2 片。

（5）CD4012 双四输入与非门 2 片。

（6）CD4049 六反相器 1 片。

6.2.4　实验内容

（1）用 TTL 与非门和反相器实现"用 3 个开关控制一个灯的电路"。要求改变任何一个开关状态，都能控制灯由亮到灭或由灭到亮。试用 74LS20 四输入双与非门和 74LS04 六反相器及开关来实现该功能，并测试其功能。

（2）用 CMOS 与非门实现"判断输血者与受血者的血型符合规定的电路"，测试其功能，要求如下。人类有 4 种基本血型，即 A 型、B 型、AB 型、O 型。输血者与受血者的血型必须符合下述原则：O 型血可以输给任意血型的人，但 O 型血的人只能接受 O 型血；AB 型血只能输给 AB 型血的人，但 AB 型血的人能够接受所有血型的血；A 型血能输给 A 型与 AB 型血的人，而 A 型血的人只能接受 A 型与 O 型血；B 型血能输给 B 型与 AB 型血的人，而 B 型血的人只能接受 B 型与 O 型血。

试设计一个检验输血者与受血者血型是否符合上述规定的逻辑电路，如果输血者的血型符合规定电路，则输出高电平（提示：电路只需要 4 个输入端，它们组成一组二进制数码，每组数码代表一对输血者与受血者的血型对）。约定"00"代表 O 型，"01"代表 A 型，"10"代表 B 型，"11"代表 AB 型。

（3）用 TTL 与非门和反相器实现一组逻辑电路，其功能自行选定。

6.2.5　预习要求

（1）提前预习实验内容、步骤及相关知识。

（2）自行设计电路，画出接线图（用指定器件设计）。

（3）规定测试逻辑功能方案，画出必要的表格。

6.2.6　实验报告

（1）按要求设计并画出逻辑图。

（2）测试电路并与设计要求对比，验证功能能否实现。

（3）实验结果及讨论。

6.3　用中规模芯片设计组合逻辑电路

↘ 6.3.1　实验目的

（1）学习并掌握用中规模芯片（MSI）实现各种组合逻辑电路的方法。

（2）学习芯片使能端的功能、用法。

↘ 6.3.2　实验原理

用集成译码器和数据选择器设计组合逻辑电路。

↘ 6.3.3　实验设备

（1）数字电路学习机 1 台。

（2）74LS138 3-8 线译码器 2 片。

（3）74LS00 二输入四与非门 1 片。

（4）74LS153 双四选一数据选择器 1 片。

（5）74LS04 六反相器 1 片。

（6）74LS283 四位二进制全加器 1 片。

（7）74LS20 四输入双与非门 3 片。

↘ 6.3.4　实验内容

（1）用 74LS138 3-8 线译码器和与非门实现两个二位二进制数乘法运算电路，测试其功能。用 74LS153 双四选一数据选择器和与非门实现全减器的电路，测试其功能。

（2）选择一个组合逻辑电路，可用译码器、数据选择器或四位二进制全加器及必要电路实现。

↘ 6.3.5　预习要求

（1）提前预习实验内容、步骤及相关知识。

（2）自行设计电路。列写必要的真值表、逻辑表达式，画出接线图。

↘ 6.3.6　实验报告

（1）按要求设计并画出逻辑图。

（2）测试电路并与设计要求对比，验证功能能否实现。

（3）实验结果及讨论。

6.4 八路抢答器设计

➥ 6.4.1 实验目的

（1）学习并掌握用中规模芯片（MSI）实现各种组合逻辑电路的方法。

（2）学习芯片使能端的功能、用法。

（3）学习 PCB 布线及实际电路安装调试方法。

➥ 6.4.2 实验原理

用集成优先编码器、七段显示译码器、数码显示器、门电路、开关等设计组合逻辑电路。

➥ 6.4.3 实验设备

（1）万用表 1 台。

（2）74HC148 8-3 线优先编码器 1 片。

（3）CD4511 七段显示译码器 1 片。

（4）数码显示器（共阴）1 块。

（5）门电路若干。

（6）电阻、电容、二极管（1N4148）、导线若干。

（7）万能板 1 块。

➥ 6.4.4 实验内容

用 74HC148 8-3 线优先编码器、CD4511 七段显示译码器、数码显示器、门电路、开关等设计八路抢答器并安装调试好。

➥ 6.4.5 预习要求

（1）提前预习实验内容、步骤及相关知识。

（2）自行设计电路。列写必要的真值表、逻辑表达式，画出接线图。

➥ 6.4.6 实验报告

（1）按要求设计并画出逻辑图。

（2）测试电路并与设计要求对比，验证功能能否实现。

（3）实验结果及讨论。

6.5　时序逻辑电路设计

↘ 6.5.1　实验目的

（1）掌握边沿 DKFF 的功能及动作特点。

（2）掌握用边沿 DKFF 设计同步时序电路的方法。

（3）熟悉集成计数器的逻辑功能和各控制端的作用，弄清同步清零和异步清零的区别。

（4）熟悉集成计数器的级联扩展。

（5）掌握用中规模集成电路计数器设计和实现任意进制计数器的方法。

↘ 6.5.2　实验原理

时序逻辑电路由组合电路和存储电路组成，电路存在反馈，可分为同步和异步时序逻辑电路。同步时序逻辑电路中存储电路里所有触发器有一个统一的时钟源，它们的状态在同一时刻更新。同步时序逻辑电路的设计方法如下。

（1）根据给定的逻辑功能建立原始状态图和原始状态表。

（2）状态化简，求出最简状态图。

（3）状态编码（状态分配）。

（4）选择触发器的类型。

（5）求出电路的激励方程和输出方程。

（6）画出逻辑图并检查电路的自启动能力。

↘ 6.5.3　实验设备

（1）数字电路实验逻辑箱 1 台。

（2）74LS175 四 D 触发器 1 片。

（3）74LS20 四输入双与非门 2 片。

（4）74LS04 六反相器 1 片。

（5）74LS00 二输入四与非门 1 片。

（6）74LS160 同步十进制计数器芯片 2 片。

（7）74LS10 三输入与非门 1 片。

↘ 6.5.4　实验内容

（1）由 74LS175 四 D 触发器组成环形计数器，实现同步时序逻辑电路功能。要求环形计数器具有自启动功能，即无论原状态如何，经过数个 CP 脉冲后，电路总能进入有效循环。

（2）用 74LS160 同步十进制计数器芯片实现三十六进制计数器，要求分别使用异步

清除 $\overline{R}_D$ 端，同步置位 $\overline{LD}$ 端和进位 C 端，测试其功能。

（3）选择一个时序电路，自行设计。

6.5.5　预习要求

（1）提前预习实验内容、步骤及相关知识。

（2）课前按实验内容及步骤完成题目设计，画出实验电路图，将主要设计过程填写在实验报告中。

（3）确定验证方案。

6.5.6　实验报告

（1）按要求设计并画出逻辑图。

（2）测试电路并与设计要求对比，验证功能能否实现。

（3）实验结果及讨论。

6.6　组合逻辑 3-8 译码器的设计（EDA）

6.6.1　实验目的

（1）初步了解 Quartus II 原理图输入设计的全过程。

（2）通过设计一个简单的 3-8 译码器，掌握根据原理图设计组合逻辑电路的方法。

（3）掌握组合逻辑电路的静态测试方法。

6.6.2　实验原理

3-8 译码器为三输入，八输出。当输入信号按二进制的方式表示值为 N 时，标号为 N 的输出端输出高电平表示有信号产生，否则标号为 N 的输出端输出低电平表示无信号产生。因为 3 个输入端能产生的组合状态有 8 种，所以输出端在每种组合中仅有 1 位为高电平的情况下，能表示所有的输入组合，其真值表如表 6.6.1 所示。

表 6.6.1　3-8 译码器的真值表

输　入			输　　出							
C	B	A	D_7	D_6	D_5	D_4	D_3	D_2	D_1	D_0
0	0	0	0	0	0	0	0	0	0	1
0	0	1	0	0	0	0	0	0	1	0
0	1	0	0	0	0	0	0	1	0	0
0	1	1	0	0	0	0	1	0	0	0
1	0	0	0	0	0	1	0	0	0	0
1	0	1	0	0	1	0	0	0	0	0
1	1	0	0	1	0	0	0	0	0	0
1	1	1	1	0	0	0	0	0	0	0

译码器不需要像编码器那样用一个输出端指示输出是否有效，但可以在输入端中加入 1 个输出使能端，用来指示是否将当前的输入进行有效的译码。当使能端指示输入信号无效或不用对当前信号进行译码时，输出端全为高电平，表示无任何信号。由于初次实验，本例设计中没有考虑使能输入端，同学们自己设计时可以考虑加入使能输入端后该电路如何设计。

6.6.3　实验内容

在本实验中，用 3 个按动开关来表示 3-8 译码器的 3 个输入（A、B、C）；用 8 个 LED 灯来表示 3-8 译码器的 8 个输出（$D_0 \sim D_7$）。通过输入不同的值来观察输入的结果与 3-8 译码器的真值表（见表 6.6.1）是否一致。开发板中的按动开关与 FPGA 的接口电路如图 6.6.1 所示，当按动开关按下时其输出为低电平，反之输出为高电平。按动开关与 FPGA 的管脚连接表如表 6.6.2 所示。

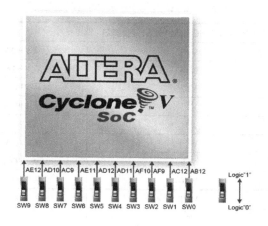

图 6.6.1　开发板中的按动开关与 FPGA 的接口电路

表 6.6.2　按动开关与 FPGA 的管脚连接表

信 号 名 称	对应 FPGA（EP5CSEMA5F31）管脚名	信 号 说 明
SW0	AB12	从 SW0 输出到 FPGA 的 AB12
SW1	AC12	从 SW1 输出到 FPGA 的 AC12
SW2	AF9	从 SW2 输出到 FPGA 的 AF9
SW3	AF10	从 SW3 输出到 FPGA 的 AF10
SW4	AD11	从 SW4 输出到 FPGA 的 AD11
SW5	AD12	从 SW5 输出到 FPGA 的 AD12
SW6	AE11	从 SW6 输出到 FPGA 的 AE11
SW7	AC9	从 SW7 输出到 FPGA 的 AC9
SW8	AD10	从 SW8 输出到 FPGA 的 AD10
SW9	AE12	从 SW9 输出到 FPGA 的 AE12

LED 灯与 FPGA 的接口电路如图 6.6.2 所示，当 FPGA 与其对应的端口为高电平时 LED

灯亮，反之 LED 灯灭。LED 灯与 FPGA 的管脚连接表如表 6.6.3 所示。

图 6.6.2　LED 灯与 FPGA 的接口电路

表 6.6.3　LED 灯与 FPGA 的管脚连接表

信 号 名 称	对应 FPGA（EP5CSEMA5F31）管脚名	说　　明
LEDR0	V16	从 FPGA 的 V16 输出至 LEDR0
LEDR1	W16	从 FPGA 的 W16 输出至 LEDR1
LEDR2	V17	从 FPGA 的 V17 输出至 LEDR2
LEDR3	V18	从 FPGA 的 V18 输出至 LEDR3
LEDR4	W17	从 FPGA 的 W17 输出至 LEDR4
LEDR5	W19	从 FPGA 的 W19 输出至 LEDR5
LEDR6	Y19	从 FPGA 的 Y19 输出至 LEDR6
LEDR7	W20	从 FPGA 的 W20 输出至 LEDR7
LEDR8	W21	从 FPGA 的 W21 输出至 LEDR8
LEDR9	Y21	从 FPGA 的 Y21 输出至 LEDR9

6.6.4　实验步骤

下面将通过这个实验，介绍 Quartus II 的项目文件的生成、编译、管脚分配及时序仿真等的操作过程。

1．建立工程文件

（1）选择"开始"→"程序"→"Altera"→"Quartus II15.1"菜单，运行 Quartus II 软件，或者双击桌面上的 Quartus II 图标运行 Quartus II 软件，如图 6.6.3 所示。如果是第一次打开 Quartus II 软件可能会有其他提示信息，用户可以根据自己的实际情况进行设定后进入图 6.6.3 所示界面。

（2）选择"File"→"New"菜单，选择"New Quartus Prime Project"选项新建一个工程，如图 6.6.4 所示。

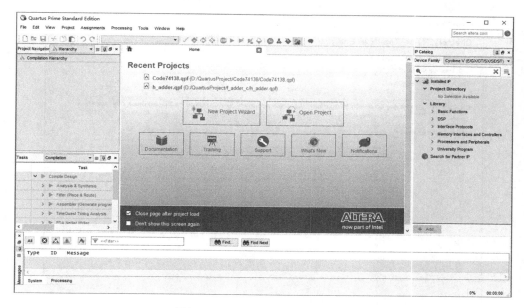

图 6.6.3　Quartus II 软件运行界面

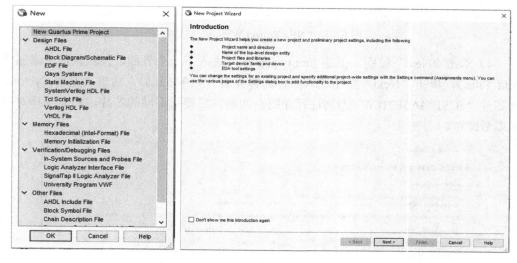

图 6.6.4　新建工程对话框

（3）单击图 6.6.4 中的"Next"按钮进入工程目录，"New Project Wizard"对话框如图 6.6.5 所示。第 1 个输入框为工程目录输入框，用户可以通过输入 D：/QuartusProject/decoder 等工作路径（只能用英文）来设定工程目录。设定好工作路径后，所有的生成文件都将放入这个工程目录。第 2 个输入框为工程名称输入框，如 decoder。第 3 个输入框为顶层实体名称输入框（在一般情况下工程名称与顶层实体名称相同）。

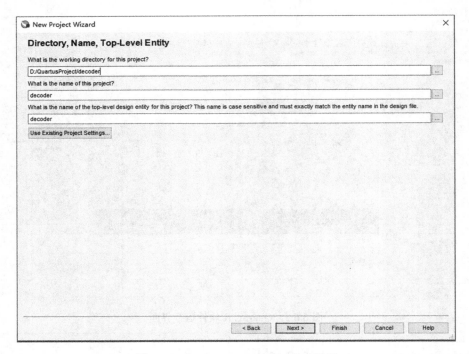

图 6.6.5 "New Project Wizard"对话框

（4）单击"Next"按钮，创建 Empty project，进入下一个界面，按默认选项添加文件（Add Files），单击"Next"按钮进入器件选择界面（见图 6.6.6），这里以选用 Cyclone V系列芯片"5CSEMA5F31C6"为例进行介绍。如果以后使用不同的芯片，那么选择对应的芯片型号即可。

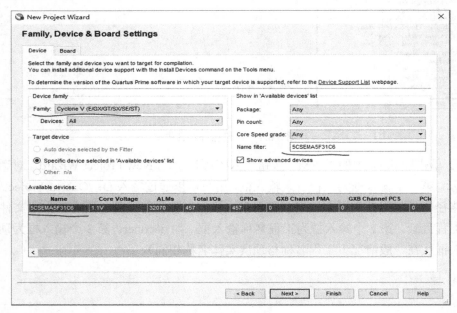

图 6.6.6 器件选择界面

单击"Next"按钮完成器件的选取,进入"EDA Tool Settings"界面,选择"Verilog HDL",如图 6.6.7 所示。

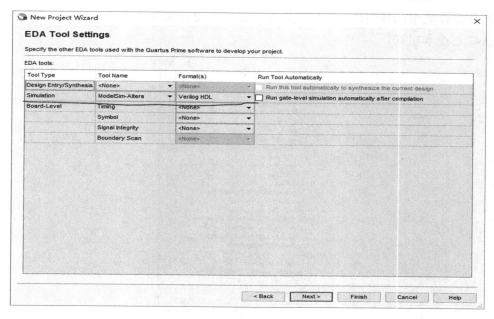

图 6.6.7　"EDA Tool Settings"界面

(5) 按默认选项,单击"Next"按钮出现新建工程的所有的设定信息,如图 6.6.8 所示,单击"Finish"按钮完成新建工程的建立。

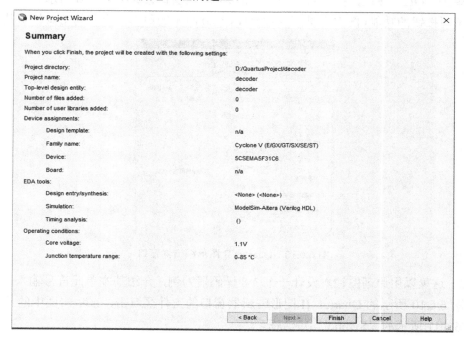

图 6.6.8　新建工程信息

2．建立图形设计文件

（1）在创建好工程文件后，选择"File"→"New"菜单，出现如图 6.6.9 所示的新建设计文件类型选择窗口。这里我们以建立图形设计文件为例进行说明，其他设计输入方法与之基本相同。

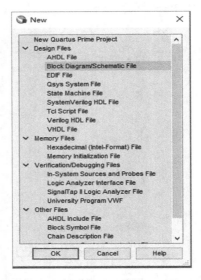

图 6.6.9　新建设计文件类型选择窗口

（2）在如图 6.6.9 所示的窗口中选择"Design Files"下的"Block Diagram/Schematic File"，单击"OK"按钮，打开 Quartus II 图形编辑器窗口，如图 6.6.10 所示。图 6.6.10 中标明了常用按钮的功能（图中为早期版本界面，16.0 版本的原理图界面的工具栏与其类似）。

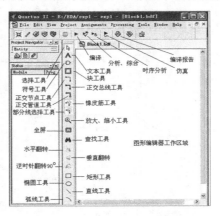

图 6.6.10　Quartus II 图形编辑器窗口

（3）这里以用原理图输入设计一个 3-8 译码器为例，介绍基本单元符号输入方法的步骤。在图 6.6.10 所示的 Quartus II 图形编辑器窗口的工件区双击，或单击图中的 按钮，弹出图 6.6.11 所示的"Symbol"对话框。

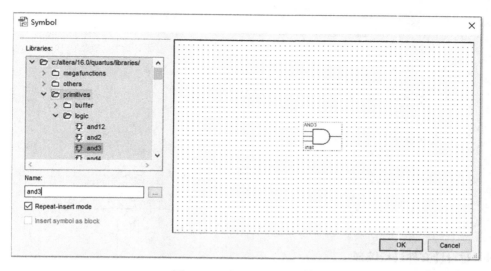

图 6.6.11　"Symbol"对话框

（4）单击单元库前面的"＞"号，展开单元库，用户单击需要的图元或符号，该符号即可显示在右边的符号显示窗口，用户也可以在"Name"输入框里输入需要的符号名称，如 and3（三输入与门），单击"OK"按钮，选择的符号即可显示在图形编辑器的工作区域。

（5）参考图 6.6.12，将要选择的器件符号放置在图形编辑器的工作区域，用正交节点工具将器件连接起来，然后定义端口的名称。在这个例子里，定义 3 个输入为 A、B、C，定义 8 个输出为 D_0、D_1、D_2、D_3、D_4、D_5、D_6、D_7。用户也可以根据自己的习惯来定义这些端口的名称。

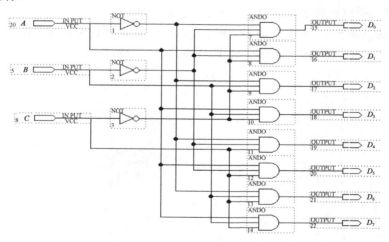

图 6.6.12　设计文件的输入

（6）完成图形编辑的输入工作后，需要保存设计文件或重新命名设计文件。"另存为"对话框如图 6.6.13 所示，选择好文件保存目录，并在文件名输入框中输入设计文件名。

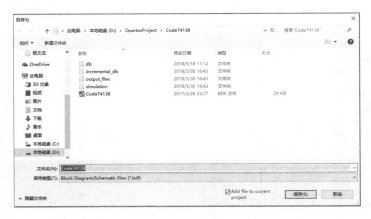

图 6.6.13　"另存为"对话框

3．对设计文件进行编译

Quartus Ⅱ 编译器窗口包含了对设计文件处理的全过程。图 6.6.14 中的第 1 个按钮是全编译，第 2 个按钮是语法编译，第 3 个按钮是语法编译及综合。一般先选择第 2 个按钮查看文件是否有语法错误，没有错误再进行全编译。如果文件有错误，在软件的下方会提示错误的原因和位置，以便于用户进行修改直到设计文件无错。在整个编译完成后，软件会提示编译成功。

图 6.6.14　　Quartus Ⅱ 编译按钮

4．管脚分配

在前面选好一个合适的目标器件（本实验中选择的是 5CSEMA5F31C6），完成设计的分析综合过程，得到工程的数据文件以后，需要对设计中的输入、输出引脚指定到具体的器件管脚号码，指定管脚号码称为管脚分配或管脚锁定。

单击"Assignments"菜单下面的"Pin Planner"按钮（也可直接单击工具栏上的引脚分配按钮　　　），出现图 6.6.15 所示的所选目标芯片的管脚分布图。

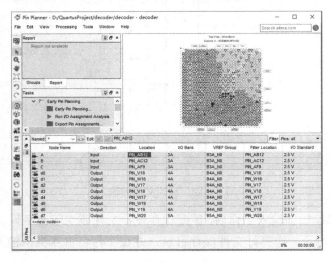

图 6.6.15　所选目标芯片的管脚分布图

依照表 6.6.2 和表 6.6.3 所示的硬件与 FPGA 的管脚连接表，在"Location"中输入或选择对应的引脚号。

在图 6.6.15 中，A、B、C 标出的管脚为已被分配锁定的管脚。值得注意的是，当管脚分配完之后一定要再进行一次全编译，以使分配的管脚有效。

图 6.6.16　新建文件界面

5．对设计文件进行仿真

（1）创建一个仿真波形文件，在 Quartus II 软件中选择"File"→"New"菜单，打开新建文件界面。如图 6.6.16 所示，选取"Verification/Debugging Files"标签页，从中选取"University Program VWF"，单击"OK"按钮，则打开一个空的波形编辑器窗口，如图 6.6.17 所示。

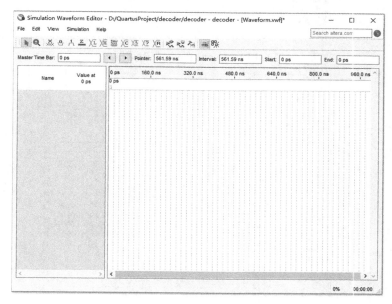

图 6.6.17　波形编辑器窗口

（2）设置仿真结束时间，波形编辑器默认的仿真结束时间为 1μs，根据仿真需要，可以自由设置仿真的结束时间。选择 Quartus II 软件的"Edit"→"End Time"菜单，弹出仿真结束时间对话框，在"Time"输入框中输入仿真结束时间，单击"OK"按钮完成设置。

（3）加入输入、输出端口，在波形编辑器窗口左边的端口名列表区右击，在弹出的菜单中选择"Insert Node or Bus"命令，在弹出的"Insert Node or Bus"对话框（见图 6.6.18）中单击"Node Finder"按钮，打开"Node Finder"对话框（见图 6.6.19）。

在"Node Finder"对话框中，单击"Filter"的下拉列

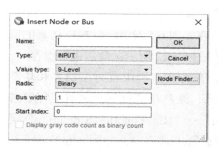

图 6.6.18　"Insert Node or Bus"对话框

表，从中选择"Pins: all"，在"Named"输入框中输入"*"，单击"List"按钮，"Nodes Found"选项卡显示出所有信号的名称，单击 ⏩ 按钮则在"Selected Nodes"选项卡中显示出被选择的端口名称。单击"OK"按钮，完成设置，回到图 6.6.18 所示的"Insert Node or Bus"对话框，单击"OK"按钮，所有的输入、输出端口都将在端口名列表区内显示出来，如图 6.6.20 所示。

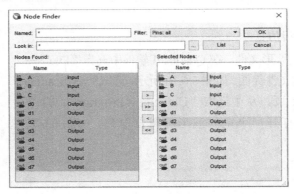

图 6.6.19　"Node Finder"对话框

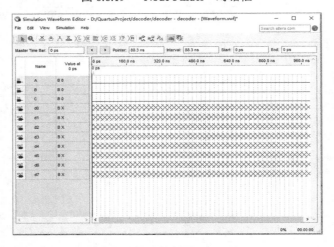

图 6.6.20　在波形编辑器中加入端口

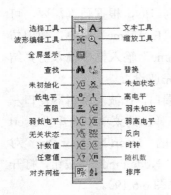

图 6.6.21　波形编辑器工具栏

（4）编辑输入端口波形，即指定输入端口的逻辑电平变化，在图 6.6.20 所示的波形编辑器窗口中，选择要输入波形的输入端口，如 A，在端口名显示区左边的波形编辑器工具栏中有要输入的各种波形，其按钮说明如图 6.6.21 所示。根据仿真的需要输入波形，完成后的界面如图 6.6.22 所示，最后进行保存。

（5）指定仿真器设置。在仿真过程中有时序仿真和功能仿真之分，这里介绍功能仿真。注意在进行仿真之前工程要进行全编译。选择"Simulation"→"Run Function Sinulation"菜单或者单击 按钮，打开仿真器工具窗口，如图 6.6.23 所示。仿真结束，弹出仿真波形，如图 6.6.24 所示。

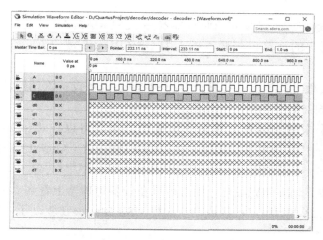

图 6.6.22　编辑输入端口波形

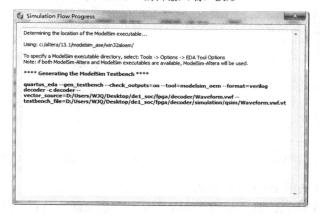

图 6.6.23　仿真器工具窗口

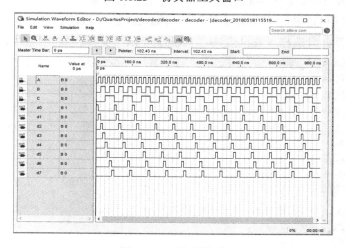

图 6.6.24　仿真波形

6．从设计文件到目标器件的加载

完成对器件的加载有两种形式，一种是对目标器件的文件进行加载，另一种是对目标器件的配置芯片进行加载。这里介绍对目标器件 5CSEMA5F31C6 进行加载的方法。

（1）首先将用户的计算机与开发板上的 USB Blsater 接口（JTAG）通过下载线连接起来。

（2）开启开发板上的电源并打开计算机的 Windows 设备管理器，用户将发现一个未知的装置（见图 6.6.25）。

（3）选择这个未知的装置并更新它的驱动。用户可以在"\<Quartus II 安装路径>\drivers\USB Blaster II"文件夹下找到这个装置的驱动（ex：C：Altera15.1\Quartus\drivers\USB Blaster II\）。

（4）当驱动被正确安装完成后，用户可以在设备管理器上看到"Altera USB-Blaster II（Unconfigured）"，这表示用户已经成功安装好 USB Blaster II 驱动了，如图 6.6.26 所示。

图 6.6.25　USB Blaster 接口　　　　　图 6.6.26　成功安装 USB Blaster II 驱动

（5）Quartus II 内的 Programmer 为.sof 文件进入 FPGA 的主要工具，和以往 FPGA 开发板的不同之处为 DE-SoC 开发板的 JTAG Chain 会出现两个装置：FPGA 和 HPS（Hard Processor System），HPS 是在 SoC FPGA 中才会出现的装置。

用户将计算机和 DE-SoC 开发板上的 USB Blaster 接口（JTAG）通过 USB 下载线连接。打开 Quartus II 软件并且选择"Tools"→"Programmer"菜单，将出现图 6.6.27 所示的窗口。

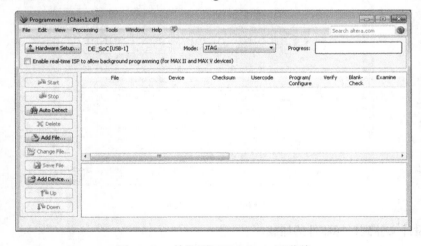

图 6.6.27　检测到 USB Blaster 下载线

（6）确认"Hardware Setup"按钮旁是否出现 USB-1。若呈现"No Hardware"状态，请单击"Hardware Setup"按钮。在"Hardware Setup"窗口下，单击"Currently selected hardware"下拉列表出现 USB-1，如图 6.6.28 所示，单击"Close"按钮离开。

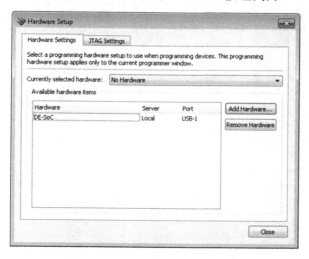

图 6.6.28　检测到 USB-1 下载线

（7）单击"Auto Detect"按钮，如图 6.6.29 所示。

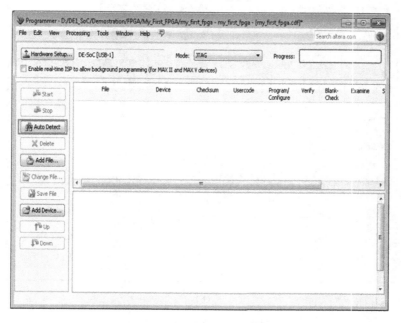

图 6.6.29　检测 JTAG Chain 上的器件

（8）出现图 6.6.30 所示的界面，选择正确的芯片型号（本例为 5CSEMA5），确定器件界面。

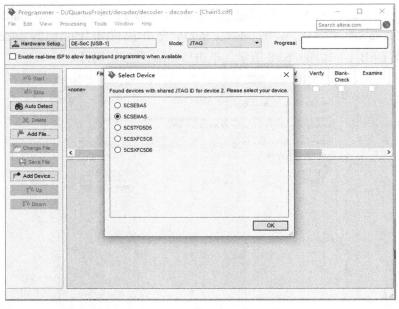

（a）

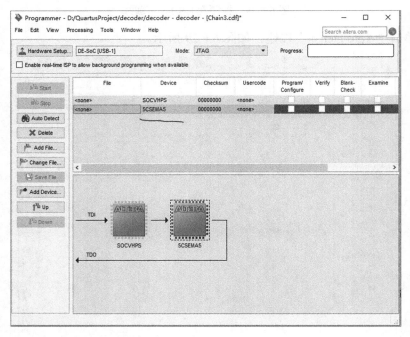

（b）

图 6.6.30　检测到 FPGA

（9）选择 5CSEMA5 器件（该芯片还集成了 SoC 芯片，此处不选它），单击"Change File"按钮选择对应的程序文件，将进入"Select New Programming File"对话框（见图 6.6.31）。选择"Program/Configure"复选框，然后单击"Open"按钮后，.sof 文件将会被加载到 FPGA 中。

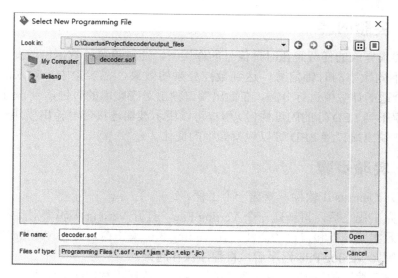

图 6.6.31 下载 .sof 文件

6.6.5 实验现象与结果

文件加载到目标器件后，拨动按动开关，LED 灯会按表 6.6.1 所示的真值表对应点亮。

实验注意事项：若用原理图输入法和 Verilog HDL 语言两种方法进行设计，一定要建两个不同的工程，并放在不同的目录中，且目录路径中不要出现中文字符。

6.6.6 实验报告

（1）熟悉和理解 Quartus II 软件的使用方法，写出重要的实验步骤。
（2）测试电路并与设计要求对比，验证功能能否实现。
（3）实验结果及讨论。

6.7 数控分频器的设计（EDA）

6.7.1 实验目的

（1）学习数控分频器的设计、分析和测试方法。
（2）了解和掌握分频电路实现的方法。
（3）掌握 EDA 技术的层次化设计方法。

6.7.2 实验原理

数控分频器的功能是当输入端给定不同的输入数据时，将对输入的时钟信号有不同的分频比，数控分频器是用计数值可并行预置的加法计数器来设计完成的。方法是将计数溢出位与预置数加载输入信号端相连接。

⤷ 6.7.3　实验内容

本实验要求完成的任务是在时钟信号的作用下，通过设置计数值，改变分频比，使输出端口输出不同频率的时钟信号，达到数控分频的效果。在实验中，输入的时钟信号为50MHz，取合适的计数值进行分频，在输出端口输出对应频率的时钟信号。例如，1Hz（频率过高将观察不到 LED 灯的闪烁快慢）用户可以用示波器连接信号输出模块观察频率的变化，也可以在输出端口接 LED 灯以观察频率的变化。

⤷ 6.7.4　实验步骤

（1）打开 Quartus II 软件，新建一个工程。

（2）建完工程之后，再新建一个 Verilog File，打开 Verilog 编辑器对话框。

（3）按照实验原理和自己的想法，在 Verilog File 编辑窗口编写 Verilog File 程序。

（4）编写完 Verilog File 程序后，将程序保存起来。

（5）对自己编写的 Verilog File 程序进行编译并仿真，对程序的错误进行修改。

（6）编译仿真无误后，依照按键开关、LED 灯与 FPGA 的管脚连接表进行管脚分配，如表 6.7.1 所示。

表 6.7.1　端口管脚分配表

端　口　名	使用模块信号	对应 FPGA 管脚	说　　明
clk_sys	数字信号源	PIN_AF14	时钟为 50MHz，设计分频电路得 1Hz
rst_n	按键开关 KEY0	PIN_AA14	复位信号
clk_div	LED 灯 LEDR0	PIN_V16	分频信号输出

（7）用下载电缆通过 JTAG 口将对应的.sof 文件加载到 FPGA 中，观察实验结果是否与自己的编程思想一致。

⤷ 6.7.5　实验现象与结果

以设计的参考示例为例，改变计数值，LED 灯闪烁的快慢会按一定的规则发生改变。

⤷ 6.7.6　实验报告

（1）根据输入不同的分频数值绘出仿真波形，并进行说明。

（2）将实验原理、设计过程、编译仿真波形与分析结果及硬件测试结果记录下来。

6.8　计数器及时序电路设计

⤷ 6.8.1　实验目的

（1）了解二进制计数器的工作原理。

（2）进一步熟悉 Quartus II 软件的使用方法和 Verilog HDL 语言。

（3）了解时钟在编程过程中的作用。

➡ 6.8.2　实验原理

二进制计数器中应用最多、功能最全且含异步清零和同步使能的加法计数器的具体工作过程如下。

在时钟上升沿的情况下，检测使能端是否允许计数，若允许计数（定义使能端高电平有效）则开始计数，否则一直检测使能端信号。在计数过程中再检测复位信号是否有效（低电平有效），当复位信号起作用时，使计数值清零，继续进行检测和计数，其工作时序如图 6.8.1 所示。

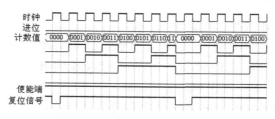

图 6.8.1　计数器的工作时序

➡ 6.8.3　实验内容

本实验要求完成的任务是在时钟信号的作用下，通过使能端和复位信号来完成加法计数器的计数。实验中时钟信号使用数字时钟源模块的 1Hz 信号（利用板载 50MHz 分频），用一位按动开关 SW1 表示使能端信号，用按键开关 KEY1 表示复位信号，用 LED 模块的 LED1~LED4 来表示计数的二进制结果。实验中，LED 灯亮表示对应的位为"1"，LED 灯灭表示对应的位为"0"。通过输入不同的值模拟计数器的工作时序，观察计数的结果。开发板中的按动开关与 FPGA 接口电路、LED 灯与 FPGA 的接口电路，以及按动开关、LED 灯与 FPGA 的管脚连接在 6.6 节进行了详细说明，这里不再赘述。数字时钟输出与 FPGA 的管脚连接表如表 6.8.1 所示。

表 6.8.1　数字时钟输出与 FPGA 的管脚连接表

信 号 名 称	对应 FPGA 管脚名	说　　　明
clk	PIN_AF14	数字时钟信号送至 FPGA 的 AF14

按键开关模块的电路原理如图 6.8.2 所示，表 6.8.2 是按键开关的输出与 FPGA 的管脚连接表。

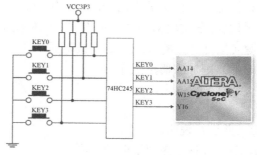

图 6.8.2　按键开关模块的电路原理

表 6.8.2　按键开关的输出与 FPGA 的管脚连接表

信 号 名 称	对应 FPGA 管脚名	说　　明
KEY0	PIN_AA14	S1 信号输出至 FPGA 的 AA14
KEY1	PIN_AA15	S2 信号输出至 FPGA 的 AA15
KEY2	PIN_W15	S3 信号输出至 FPGA 的 W15
KEY3	PIN_Y16	S4 信号输出至 FPGA 的 Y16

6.8.4　实验步骤

（1）打开 Quartus II 软件，新建一个工程。

（2）建完工程之后，再新建一个 Verilog File，打开 Verilog 编辑器对话框。

（3）按照实验原理和自己的想法，在 Verilog File 编辑窗口编写 Verilog File 程序。

（4）编写完 Verilog File 程序后，保存起来。

（5）对自己编写的 Verilog File 程序进行编译并仿真，对程序的错误进行修改。

（6）编译仿真无误后，依照按动开关、LED 灯与 FPGA 的管脚连接表进行管脚分配。端口管脚分配表如表 6.8.3 所示。

表 6.8.3　端口管脚分配表

端 口 名	使用模块信号	对应 FPGA 管脚	说　　明
clk_sys	数字信号源	PIN_AF14	时钟为 50MHz，设计分频电路得 1Hz
cnt_en	按动开关 SW0	PIN_AB12	使能信号
rst_n	按键开关 KEY1	PIN_AA15	复位信号
o_led[0]	LED 灯 LEDR0	PIN_V16	计数输出
o_led[1]	LED 灯 LEDR1	PIN_W16	
o_led[2]	LED 灯 LEDR2	PIN_V17	
o_led[3]	LED 灯 LEDR3	PIN_V18	
c_led	LED 灯 LEDR4	PIN_W17	COUT 为进位信号

（7）用下载电缆通过 JTAG 口将对应的.sof 文件加载到 FPGA 中，观察实验结果是否与自己的编程思想一致。

6.8.5　实验现象与结果

当设计文件加载到目标器件后，将数字信号源的时钟设为 50MHz，使按动开关 SW0 置为高电平，四位 LED 灯会按照实验原理依次被点亮。当加法器加到 9 时，LED4（进位信号）被点亮。当复位键（按键开关的 KEY1 键）按下后，计数被清零。若按动开关 SW0 置为低电平（按动开关向下）则加法器不工作。

6.8.6　实验报告

（1）绘出仿真波形，并进行说明。

（2）写出在 Verilog 编程过程中需要说明的规则。

（3）将实验原理、设计过程、编译仿真波形与分析结果及硬件测试结果记录下来。

（4）改变时钟频率，观察实验现象会有什么改变，试解释这一现象。

6.9　多功能数字钟的设计

6.9.1　实验目的

（1）了解数字时钟的工作原理。

（2）进一步熟悉用 Verilog HDL 语言编写驱动七段数码管显示的代码。

（3）掌握 Verilog 编程中的一些小技巧。

6.9.2　实验原理

多功能数字钟应该具有显示时-分-秒、整点报时、小时和分钟可调等基本功能。首先要知道时钟的工作原理，整个时钟的工作应该是在 1Hz 信号的作用下进行，这样每来一个时钟信号，秒数增加 1，当秒数从 59 跳转到 00 时，分钟数增加 1，同时当分钟数从 59 跳转到 00 时，小时数增加 1，但需要注意的是，小时数的范围是 0~23。

在实验中为了显示方便，分钟和秒钟显示的范围都是 0~59，因此可以用两个数码管分别显示十位和个位。对于小时，因为它的范围是 0~23，同样用两个数码管分别显示十位和个位。

对于整点报时功能，用户可以根据系统的硬件结构和自身的具体要求来设计。本实验的设计任务是当进行整点的倒计时 5s 时，通过 LED 灯闪烁和喇叭发声进行整点报时提示。

6.9.3　实验内容

本实验的任务是设计一个多功能数字钟，要求显示格式为时-分-秒，整点报时，报时时间为 5s，即从整点前 5s 开始进行报时提示，喇叭开始发声，直到过整点时，在整点前 5s LED 灯开始闪烁，过整点后，停止闪烁。系统时钟选择 50MHz 时钟，要得到 1Hz 时钟信号，必须对系统时钟进行 50 000 000 次分频。调整时间的按键为 KEY2 和 KEY3，KEY3 用来调节小时，每按下一次，小时增加一小时；KEY2 用来调整分钟，每按下一次，分钟增加一分钟。另外，用按键开关 KEY0 作为系统时钟的复位键，复位后全部显示 00-00-00。实验箱中用到的数字时钟模块、按键开关、LED、数码管与 FPGA 的接口电路，以及数字时钟源、按键开关、LED、数码管与 FPGA 的管脚连接在以前的实验中都进行了详细说明，这里不再赘述。

6.9.4　实验步骤

（1）打开 Quartus II 软件，新建一个工程。

（2）完成工程新建后，再新建一个 Verilog File，打开 Verilog 编辑器对话框。

（3）按照实验原理和自己的想法，在 Verilog File 编辑窗口编写 Verilog File 程序。

（4）编写完 Verilog File 程序后，将程序保存起来。

（5）对自己编写的 Verilog File 程序进行编译并仿真，对程序的错误进行修改。

（6）编译仿真无误后，依照按键开关、数码管、LED 灯与 FPGA 的管脚连接表进行管脚分配，表 6.9.1 是示例程序的端口管脚分配表。分配完成后，再进行一次全编译，以使管脚分配生效。

表 6.9.1　示例程序的端口管脚分配表

端　口　名	使用模块信号	对应 FPGA 管脚	说　　明
Clk_sys	数字信号源	PIN_AF14	时钟为 50MHz
Key_en	使能时间调整	PIN_AB12	使能
Key_h	按键开关 KEY3	PIN_Y16	调整小时
Key_m	按键开关 KEY2	PIN_W15	调整分钟
Rst_n	按键开关 KEY0	PIN_AA14	复位
BEEP	喇叭模块	PIN_AC23	整点发声
LED0	LED 灯模块 LEDR0	PIN_V16	整点闪烁
LED1	LED 灯模块 LEDR1	PIN_W16	
LED2	LED 灯模块 LEDR2	PIN_V17	
LED3	LED 灯模块 LEDR3	PIN_V18	
HEX0[0]	数码管模块 A 段	PIN_AE26	时间显示
HEX0[1]	数码管模块 B 段	PIN_AE27	
HEX0[2]	数码管模块 C 段	PIN_AE28	
HEX0[3]	数码管模块 D 段	PIN_AG27	
HEX0[4]	数码管模块 E 段	PIN_AF28	
HEX0[5]	数码管模块 F 段	PIN_AG28	
HEX0[6]	数码管模块 G 段	PIN_AH28	
HEX1[0]	数码管模块 A 段	PIN_AJ29	
HEX1[1]	数码管模块 B 段	PIN_AH29	
HEX1[2]	数码管模块 C 段	PIN_AH30	
HEX1[3]	数码管模块 D 段	PIN_AG30	
HEX1[4]	数码管模块 E 段	PIN_AF29	
HEX1[5]	数码管模块 F 段	PIN_AF30	
HEX1[6]	数码管模块 G 段	PIN_AD27	
HEX2[0]	数码管模块 A 段	PIN_AB23	
HEX2[1]	数码管模块 B 段	PIN_AE29	
HEX2[2]	数码管模块 C 段	PIN_AD29	
HEX2[3]	数码管模块 D 段	PIN_AC28	
HEX2[4]	数码管模块 E 段	PIN_AD30	
HEX2[5]	数码管模块 F 段	PIN_AC29	
HEX2[6]	数码管模块 G 段	PIN_AC30	
HEX3[0]	数码管模块 A 段	PIN_AD26	

续表

端 口 名	使用模块信号	对应 FPGA 管脚	说 明
HEX3[1]	数码管模块 B 段	PIN_AC27	
HEX3[2]	数码管模块 C 段	PIN_AD25	
HEX3[3]	数码管模块 D 段	PIN_AC25	
HEX3[4]	数码管模块 E 段	PIN_AB28	
HEX3[5]	数码管模块 F 段	PIN_AB25	
HEX3[6]	数码管模块 G 段	PIN_AB22	
HEX4[0]	数码管模块 A 段	PIN_AA24	
HEX4[1]	数码管模块 B 段	PIN_Y23	
HEX4[2]	数码管模块 C 段	PIN_Y24	
HEX4[3]	数码管模块 D 段	PIN_W22	
HEX4[4]	数码管模块 E 段	PIN_W24	时间显示
HEX4[5]	数码管模块 F 段	PIN_V23	
HEX4[6]	数码管模块 G 段	PIN_W25	
HEX5[0]	数码管模块 A 段	PIN_V25	
HEX5[1]	数码管模块 B 段	PIN_AA28	
HEX5[2]	数码管模块 C 段	PIN_Y27	
HEX5[3]	数码管模块 D 段	PIN_AB27	
HEX5[4]	数码管模块 E 段	PIN_AB26	
HEX5[5]	数码管模块 F 段	PIN_AA26	
HEX5[6]	数码管模块 G 段	PIN_AA25	

（7）用下载电缆通过 JTAG 口将对应的.sof 文件加载到 FPGA 中，观察实验结果是否与自己的编程思想一致。

6.9.5 实验现象与结果

当设计文件加载到目标器件后，系统的输入时钟为 50MHz，数码管开始显示时间，从 00-00-00 开始。在整点的前 10s，偶数秒喇叭开始发声进行报时，在整点的前 5s，LED 灯模块的 LEDR0~LEDR3 开始闪烁。一旦超过整点，喇叭停止发声，LED 灯停止闪烁。按下按键开关 KEY1 和 KEY2，小时和分钟开始步进，进行时间调整。按下按键开关 KEY0，显示恢复到 00-00-00，重新开始显示时间。

6.9.6 实验报告

（1）绘出仿真波形，并进行说明。

（2）将实验原理、设计过程、编译仿真波形与分析结果及硬件测试结果记录下来。

（3）在此实验的基础上试用其他方法来实现数字时钟的功能，并增加其他功能。

6.10 自激多谐振荡器

6.10.1 实验目的

（1）掌握使用门电路构成脉冲信号产生电路的基本方法。

（2）掌握影响输出脉冲波形参数的定时元件数值的计算方法。

（3）学习石英晶体稳频原理和使用石英晶体构成振荡器的方法。

6.10.2 实验原理

与非门作为一个开关倒相器件，可用以构成各种脉冲波形的产生电路。电路的基本工作原理是利用电容器的充放电，当输入电压达到与非门的阈值电压 U_T 时，门的输出状态发生变化。因此，电路输出的脉冲波形参数直接取决于电路中阻容元件的数值。

1．非对称型多谐振荡器

如图 6.10.1 所示，与非门 3（接成非门）用于输出波形整形。

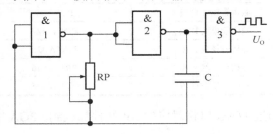

图 6.10.1　非对称型多谐振荡器

非对称型多谐振荡器的输出波形是不对称的，当用 TTL 与非门组成时，输出脉冲宽度为

$$t_{w1}=RC, \quad t_{w2}=1.2RC, \quad T=2.2RC$$

调节 R 和 C 的大小，可以改变输出信号的振荡频率，通常改变 C 实现输出频率的粗调，改变 R 实现输出频率的细调。

2．对称型多谐振荡器

对称型多谐振荡器如图 6.10.2 所示，由于电路完全对称，电容器的充放电时间常数相同，故输出为对称方波。改变 R 和 C 的大小，可以改变输出信号的振荡频率。与非门 3（接成非门）用于输出波形整形。

一般取 $R \leqslant 1k\Omega$，当 $R=1k\Omega$，C 为 100pF~100μF 时，f 为几赫兹至几兆赫兹，脉冲宽度 $t_{w1}=t_{w2}=0.7RC$，$T=1.4RC$。

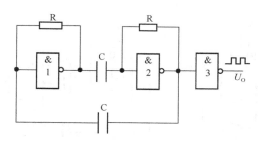

图 6.10.2 对称型多谐振荡器

3．带 RC 电路的环形振荡器

带 RC 电路的环形振荡器如图 6.10.3 所示。与非门 4（接成非门）用于输出波形整形，R 为限流电阻，一般取 100Ω，电位器 RP 的阻值要求不大于 $1k\Omega$，电路利用电容器 C 的充放电过程控制 D 点电压 U_D，从而控制与非门的自动启闭，形成多谐振荡。电容器 C 的充电时间 t_{w1}、放电时间 t_{w2} 和总的振荡周期 T 分别为 $t_{w1}\approx0.94RC$，$t_{w2}\approx1.26RC$，$T\approx2.2RC$。调节 R 和 C 的大小可改变电路输出的振荡频率。

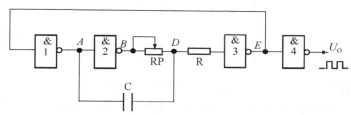

图 6.10.3 带 RC 电路的环形振荡器

以上这些电路的状态转换都发生在与非门输入电压达到门的阈值电压 U_T 的时刻。在 U_T 附近，电容器的充放电速度已经缓慢，而且 U_T 本身也不够稳定，易受温度、电源电压变化等因素的影响。因此，电路输出频率的稳定性较差。

4．石英晶体稳频的多谐振荡器

当要求多谐振荡器的工作频率稳定性很高时，上述几种多谐振荡器的精度已不能满足要求，为此常用石英晶体作为信号频率的基准。石英晶体与门电路构成的多谐振荡器常用来为微型计算机等提供时钟信号。

图 6.10.4 所示为常用的晶体振荡电路，图 6.10.4（a）和图 6.10.4（b）为 TTL 器件组成的晶体振荡电路；图 6.10.4（c）为 CMOS 器件组成的晶体振荡电路，一般用于电子表中，其中晶体的 f_0 为 32 768Hz。

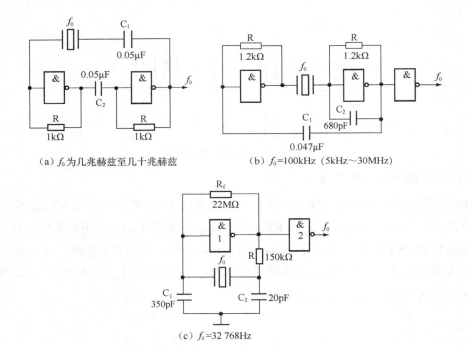

（a）f_0为几兆赫兹至几十兆赫兹　　　　（b）$f_0=100kHz$（5kHz～30MHz）

（c）$f_0=32\ 768Hz$

图 6.10.4　常用的晶体振荡电路

在图 6.10.4（c）中，门 1 用于振荡；门 2 用于缓冲整形；R_f 是反馈电阻，其阻值大小通常为几十兆欧，一般选 22MΩ；R 起稳定振荡作用，其阻值通常取十千欧至几百千欧；C_1 是频率微调电容器；C_2 用于温度特性校正。

➥ 6.10.3　实验设备

（1）+5V 直流电源。

（2）双踪示波器。

（3）数字频率计。

（4）与非门 74LS00（或 CC4011），晶振 32 768Hz，电位器、电阻器、电容器若干。

➥ 6.10.4　实验内容

（1）用与非门 74LS00 按图 6.10.1 构成非对称型多谐振荡器，其中 RP 为 10kΩ 的电位器，C 为 0.01μF 的电容器。

（2）用双踪示波器观察输出波形及电容器 C 两端的电压波形，并列表记录。

（3）调节电位器观察输出波形的变化，测出上、下限频率。

（4）用一只 100μF 的电容器跨接在与非门 74LS00 的引脚 14 与的引脚 7 的最近处，观察输出波形的变化及电源上纹波信号的变化，并记录。

（5）用与非门 74LS00 按图 6.10.2 接线，取 $R=1kΩ$，$C=0.047μF$，用双踪示波器观察输出波形，并记录。

（6）用与非门 74LS00 按图 6.10.3 接线，其中用一个阻值为 510Ω 的电位器 RP 与一个 1kΩ 的电阻器串联，取 $R=100\Omega$，$C=0.1\mu F$。

（7）当 RP 调到最大时，观察并记录 A、B、D、E 及 O 各点电压的波形，测出 U_O 的周期 T 和负脉冲宽度（电容器 C 的充电时间）并与理论计算值比较。改变 RP 的值，观察输出信号 U_O 波形的变化情况。

（8）按图 6.10.4（c）接线，晶振选用电子表晶振 32 768Hz，与非门选用 CC4011，用双踪示波器观察输出波形，用频率计测量输出信号频率，并记录。

6.10.5　实验报告

（1）画出实验电路，整理实验数据，并将其与理论值进行比较。
（2）用方格纸画出实验观测到的工作波形图，对实验结果进行分析。

6.11　555 定时器及其应用

6.11.1　实验目的

（1）熟悉 555 时基集成电路的电路结构、工作原理及特点。
（2）掌握 555 时基集成电路的基本应用。

6.11.2　实验原理

555 时基集成电路称为集成定时器，是一种数字、模拟混合型的中规模集成电路，其应用十分广泛。该电路使用灵活、方便，只需要外接少量的阻容元件就可以构成单稳、多谐和施密特触发器，因而广泛用于信号的产生、变换、控制与检测。它的内部电压标准使用了 3 个 5kΩ 的电阻器，故取名 555 电路，其电路类型有双极型和 CMOS 型两大类，两者的工作原理和结构相似。几乎所有双极型产品型号最后 3 位数码都是 555 或 556，所有的 CMOS 型产品型号最后 4 位数码都是 7555 或 7556，两者的逻辑功能和引脚排列完全相同，易于互换。555 和 7555 是单定时器，556 和 7556 是双定时器。双极型的电源电压是+5V~+15V，最大负载电流可达 200mA，CMOS 型的电源电压是+3V~+18V，最大负载电流在 4mA 以下。

1．555 电路的工作原理

555 定时器内部框图如图 6.11.1 所示。它含有两个电压比较器、一个基本 RS 触发器、一个放电管 Td。电压比较器的参考电压由 3 个 5kΩ 的电阻器构成分压，它们分别使低电平比较器 V_{r1} 的同相输入端和高电平比较器 V_{r2} 的反相输入端的参考电平为 $2V_{CC}/3$ 和 $V_{CC}/3$。V_{r1} 和 V_{r2} 的输出端控制 RS 触发器状态和放电管开关状态。当输入信号输入且超过 $2V_{CC}/3$ 时，触发器复位，555 的输出端引脚 3 输出低电平，同时放电，放电管导通；当输入信号自引脚 2 输入并低于 $V_{CC}/3$ 时，触发器置位，555 的引脚 3 输出高电平，同时充电，放电管截止。

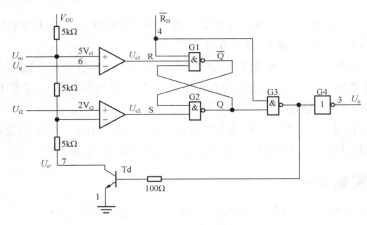

图 6.11.1　555 定时器内部框图

$\overline{R}_D$ 是异步置零端，当其为 0 时，555 输出低电平，该端通常为开路或接 V_{CC}。控制电压端（引脚 5）通常输出 $\frac{2}{3}V_{CC}$ 作为比较器 V_{r1} 的参考电平，当引脚 5 外接一个输入电压时，就改变了比较器的参考电平，从而实现对输出的另一种控制。在不接外加电压时，通常接一个 $0.01\mu F$ 的电容器到地，起滤波作用，以消除外来的干扰，确保参考电平稳定。Td 为放电管，当 Td 导通时，将给接于引脚 7 的电容器提供低阻放电电路。

2．555 定时器的典型应用

1）构成单稳态触发器

图 6.11.2 为由 555 定时器和外接定时元件 R、C 构成的单稳态触发器。D 为钳位二极管，稳态时 555 电路输入端处于电源电平，内部放电管 Td 导通，输出端输出低电平。当有一个外部负脉冲触发信号加到输入端，并使 2 端电位瞬时低于 $\frac{1}{3}V_{CC}$ 时，单稳态电路就开始一个稳态过程，电容器 C 开始充电，U_C 按指数规律增长。当电容器 C 充电到 $\frac{2}{3}V_{CC}$ 时，输出 U_o 从高电平返回低电平，放电管 Td 重新导通，电容器 C 上的电荷很快经放电管放电，暂态结束，恢复稳定，为下一个触发脉冲的到来做好准备。单稳态触发器波形图如图 6.11.3 所示。

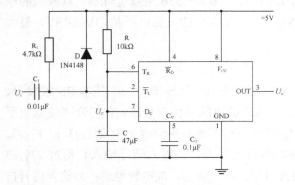

图 6.11.2　555 定时器构成的单稳态触发器

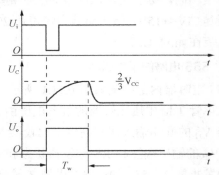

图 6.11.3　单稳态触发器波形图

暂态的持续时间 T_w（延时时间）取决于外接定时元件 R、C 值的大小，即 $T_w=1.1RC$。通过改变 R、C 的大小，可使延时时间在几微秒和几十分钟之间变化。当这种单稳态电路作为计时器时，可直接驱动小型继电器，并可采用复位端接地的方法来终止暂态，重新计时。

2）构成多谐振荡器

如图 6.11.4 所示，555 定时器和外接定时元件 R_1、R_2、C 构成多谐振荡器，引脚 2 与引脚 6 直接相连。电路没有稳态，仅存在两个暂态，电路不需要外接触发信号，利用电源通过 R_1、R_2 向 C 充电，以及 C 通过 R_2 向放电端 D_C 放电，使电路产生振荡。电容器 C 在 $\frac{2}{3}V_{CC}$ 和 $\frac{1}{3}V_{CC}$ 之间充电和放电，从而在输出端得到一系列的矩形波，对应的波形如图 6.11.5 所示。

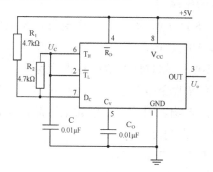

图 6.11.4 555 定时器和外接定时
元件 R_1、R_2、C 构成的多谐振荡器图

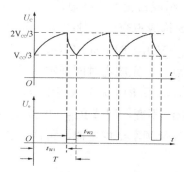

图 6.11.5 多谐振荡器的波形图

输出信号的时间参数是

$$T=t_{w1}+t_{w2}$$

$$t_{w1}=0.7(R_1+R_2)C$$

$$t_{w2}=0.7R_2C$$

其中，t_{w1} 为电容器 C 由 $V_{CC}/3$ 上升到 $2V_{CC}/3$ 所需要的时间；t_{w2} 为电容器 C 放电所需要的时间。

555 电路要求 R_1 与 R_2 均不小于 $1k\Omega$，但两者之和应不大于 $3.3M\Omega$。

外部元件的稳定性决定了多谐振荡器的稳定性，555 定时器配以少量的元件即可获得较高精度的振荡频率并具有较强的功率输出能力。因此，这种形式的多谐振荡器应用很广。

3）组成占空比可调的多谐振荡器

555 构成占空比可调的多谐振荡器如图 6.11.6 所示。VD_1、VD_2 用来决定电容器充、放电电流流经电阻器的途径（充电时 VD_1 导通，VD_2 截止；放电时 VD_2 导通，VD_1 截止）。

占空比为

$$q = \frac{t_{w1}}{t_{w1} + t_{w2}} = \frac{0.7(R_1 + R_2)}{0.7(R_1 + R_2 + R_3)}$$

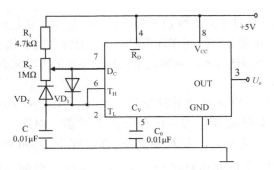

图 6.11.6　555 构成占空比可调的多谐振荡器

4）组成占空比连续可调并能调节振荡频率的多谐振荡器

555 构成占空比、频率均可调的多谐振荡器如图 6.11.7 所示，对 C_1 充电时，充电电流通过 R_1、VD_1、RP_2 和 RP_1，放电时通过 RP_1、RP_2、VD_2、R_2。当 R_1 与 R_2 阻值相等、RP_2 调至中点时，充放电时间基本相等，其占空比约为 50%，此时调节 RP_1 仅改变频率，占空比不变。如果 RP_2 调至偏离中点，再调节 RP_1，则不仅改变振荡频率，而且对占空比也有影响。RP_1 不变，调节 RP_2，仅改变占空比，对频率无影响。因此，当接通电源后，应首先调节 RP_1 使频率至规定值，再调节 RP_2，以获得需要的占空比。

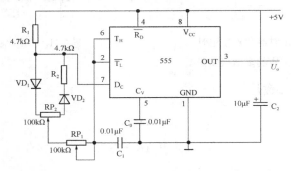

图 6.11.7　555 构成占空比、频率均可调的多谐振荡器

5）组成施密特触发器

555 构成施密特触发器如图 6.11.8 所示，将引脚 2 和引脚 6 连在一起作为信号输入端，即可得到施密特触发器。图 6.11.9 所示为 U_s、U_i 和 U_o 的波形图。

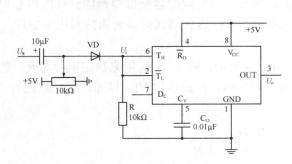

图 6.11.8　555 构成施密特触发器

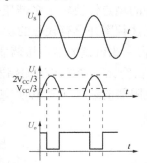

图 6.11.9　555 构成施密特触发器的波形图

设被整形变换的电压为正弦波 U_s，其正半波通过二极管 VD 同时加到 555 定时器的引脚 2 和引脚 6，得到的 U_i 为半波整流波形。当 U_i 上升到 $\frac{2}{3}V_{CC}$ 时，U_o 从高电平转换为低电平；当 U_i 下降到 $\frac{1}{3}V_{CC}$ 时，U_o 从低电平转换为高电平。

6.11.3　实验设备

（1）数字逻辑电路实验箱。

（2）数字万用表、双踪示波器、频率计。

（3）芯片 NE555。

（4）二极管 1N4148 两个，10kΩ、20kΩ、47kΩ、4.7kΩ（两个）、51kΩ（两个）、100kΩ 电阻器，0.01μF（两个）、0.047μF、0.1μF 独石电容器，47μF、10μF、4.7μF 铝电解电容器，100kΩ 电位器 1 个。

6.11.4　实验内容

（1）构成单稳态触发器。

① 按图 6.11.2 连线，取 $R=100kΩ$，$C=47μF$。

② 把电路的输入端 U_i 接到"负脉冲"输出点，输出端 U_o 接到实验箱逻辑电平显示单元。

③ 按下"负脉冲"产生按钮，观察输出信号 U_o 所对应的逻辑电平显示单元指示灯的变化情况。

④ 把示波器调节到"DC"工作模式，观察按下"负脉冲"产生按钮后 U_i、U_C、U_o 的变化情况，测定各信号的幅度与输出暂态的时间。

⑤ 将 R 改为 1kΩ，C 改为 0.1μF，输入信号改为 1kHz 的连续脉冲，观测 U_i、U_C、U_o 波形，测定各信号的幅度与输出暂态的时间。

（2）按图 6.11.4 接线，用双踪示波器观察 U_C 与 U_o 的波形，并测定频率。

（3）按图 6.11.6 接线，RP 选择 10kΩ，用双踪示波器观测 U_C、U_o 的波形，并记录波形的参数。

（4）按图 6.11.7 接线，C_1 选择 0.1μF，用双踪示波器观察输出波形，调节 RP_1 和 RP_2 观察输出波形变化情况。

（5）组成施密特触发器。按图 6.11.8 接线，输入信号选择频率为 1kHz 左右的正弦波，幅度接近 5V，调节 10kΩ 电位器，用双踪示波器观察输出信号的波形。

（6）多频振荡器实例——双音报警电路。

① 按图 6.11.10 连接线路。

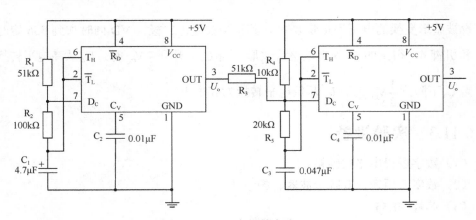

图 6.11.10　双音报警电路

② 分析它的工作原理及报警声特点。将图 6.11.10 右边 555 芯片的引脚 3 接到实验箱上的音频输入插孔，试听输出的报警声，并记录各输出点的波形。若将前一级 555 芯片的低频信号输出连接到后一级的控制电压端 5，报警声将如何变化？自行改接电路，观察实验。

6.11.5　实验报告

（1）画出实验电路，整理实验数据并与理论值进行比较。
（2）用方格纸画出实验观测到的工作波形图，对实验结果进行分析。

第7章 高频电路实验

7.1 高频小信号调谐放大器

➡ 7.1.1 实验目的

（1）掌握高频小信号调谐放大器的基本工作原理。
（2）掌握谐振放大器电压增益、通频带和选择性的定义、测试及计算方法。
（3）了解高频小信号调谐放大器动态范围的测试方法。

➡ 7.1.2 实验原理

1．单调谐放大器

单调谐放大器是通信机接收端的前端放大器，主要用于高频小信号或微弱信号的线性放大，其内部电路如图 7.1.1 所示。该电路由晶体管 Q1、选频回路 T1 两部分组成，不仅可以对高频小信号进行放大，而且在一定程度上还具有选频作用。本实验中输入信号的频率 $f_S=10.7\text{MHz}$，可调电阻 R_3，以及基极偏置电阻 R_{22}、R_4 和射极电阻 R_5 决定晶体管的静态工作点。调节可调电阻 R_3 改变基极偏置电阻值将改变晶体管的静态工作点，从而可以改变放大器的增益。

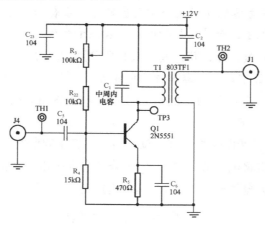

图 7.1.1　单调谐放大器内部电路

表征高频小信号调谐放大器的主要性能指标有谐振频率 f_0、谐振电压放大倍数 A_{V0}、放大器的通频带 B_W 及选择性（通常用矩形系数 $K_{r0.1}$ 表示）等。

放大器各项性能指标及测量方法如下。

（1）谐振频率。放大器的调谐回路谐振时所产生的频率 f_0 称为放大器的谐振频率，对于图 7.1.1 所示电路（也是以下各项指标所对应的电路）， f_0 的表达式为

$$f_0 = \frac{1}{2\pi\sqrt{LC_\Sigma}}$$

其中，L 为调谐回路电感线圈的电感量；C_Σ 为调谐回路的总电容，C_Σ 的表达式为 $C_\Sigma = C + P_1^2 C_{oe} + P_2^2 C_{ie}$，$C_{oe}$ 为晶体管的输出电容，C_{ie} 为晶体管的输入电容，P_1 为初级线圈抽头系数，P_2 为次级线圈抽头系数。

谐振频率 f_0 的测量方法是，用扫频仪作为测量仪器测量出电路的幅频特性曲线，调节变压器 T 的磁芯，使电压谐振曲线的峰值出现在规定的谐振频率 f_0 点。

（2）谐振电压放大倍数。放大器的谐振回路谐振时所产生的电压放大倍数 A_{U0} 称为放大器的谐振电压放大倍数，A_{U0} 的表达式为

$$A_{U0} = -\frac{U_o}{U_i} = \frac{-P_1 P_2 y_{fe}}{g_\Sigma} = \frac{-P_1 P_2 y_{fe}}{P_1^2 g_{oe} + P_2^2 g_{ie} + G}$$

其中，g_Σ 为谐振回路谐振时的总电导。

需要注意的是，y_{fe} 本身是一个复数，因此谐振时输出电压 U_o 与输入电压 U_i 的相位差不是 $180°$ 而是 $180° + \Phi_{fe}$。

A_{U0} 的测量方法是，在谐振回路处于谐振状态时，用高频毫伏表测量图 7.1.1 中输出信号 U_0 及输入信号 U_i 的大小，则电压放大倍数 A_{U0} 为

$$A_{U0} = U_o / U_i \quad 或 \quad A_{U0} = 20\lg(U_o / U_i)$$

注：电子电路图中电容容量的大小常用色环标注法表示，其与数码标注法不同的是色环标注法标注的不是数字，而是用某种颜色代表某千数码。

黑、棕、红、橙、黄、绿、蓝、紫、灰和白分别代表 0、1、2、3、4、5、6、7、8 和 9。前两种颜色代表的数字表示电容容量的有效数值，第三种颜色对应的数字表示有效数值后面添加"0"的计数，单位是 pF。例如，103 就是 10000pF，473 就是 47000pF，换算后，103=0.01μF，473=0.047μF。

（3）通频带。由于谐振回路具有选频作用，当工作频率偏离谐振频率时，放大器的电压放大倍数下降，通常将电压放大倍数 A_U 下降到谐振电压放大倍数 A_{U0} 的 0.707 倍时所对应的频率偏移称为放大器的通频带 B_W，其表达式为

$$B_W = 2\Delta f_{0.7} = f_0 / Q_L$$

其中，Q_L 为谐振回路的有载品质因数。

分析表明，放大器的谐振电压放大倍数 A_{U0} 与通频带 B_W 的关系为

$$A_{U0} \cdot B_W = \frac{|y_{fe}|}{2\pi C_\Sigma}$$

上式说明，当晶体管选定即 y_{fe} 确定，且回路总电容 C_Σ 为定值时，谐振电压放大倍数 A_{U0} 与通频带 B_W 的乘积为常数。这与低频放大器中的增益带宽积为常数的概念是相同的。

通频带 B_W 的测量方法是，通过放大器的谐振曲线来求通频带。测量方法可以是扫频法，也可以是逐点法。逐点法的测量步骤是，先调谐放大器的谐振回路使其谐振，记下此时的谐振频率 f_0 及谐振电压放大倍数 A_{U0}，然后改变高频信号发生器的频率（保持其输出电压 U_S 不变），并测出对应的谐振电压放大倍数 A_{U0}。因为回路失谐后电压放大倍数下降，所以放大器的谐振曲线如图 7.1.2 所示，由谐振曲线可得

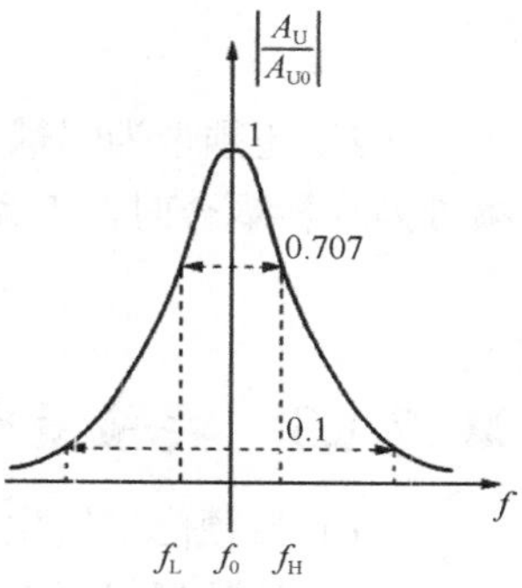

$$B_W = f_H - f_L = 2\Delta f_{0.7}$$

图 7.1.2　谐振曲线

通频带越宽放大器的电压放大倍数越小，要想得到一定宽度的通频带，同时又能提高放大器的电压增益，除了选用 y_{fe} 较大的晶体管，还应尽量减小调谐回路的总电容量 C_Σ。若放大器只用来放大来自接收天线的某一固定频率的微弱信号，则可以减小通频带，尽量提高放大器的增益。

2．双调谐放大器

为了克服单调谐放大器选择性差、通频带与增益之间矛盾较大的缺点，可采用双调谐放大器。双调谐放大器具有频带宽、选择性好的优点，并能较好地解决增益与通频带之间的矛盾，因此双调谐放大器在通信接收设备中得到广泛应用。双调谐小信号放大电路如图 7.1.3 所示。

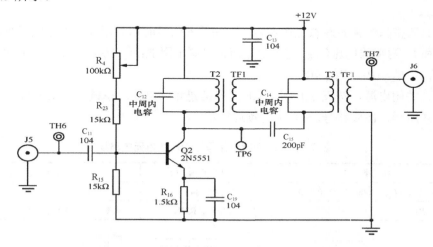

图 7.1.3　双调谐小信号放大电路

在双调谐放大器中，被放大的信号通过耦合回路加到下一级放大器的输入端。

（1）电压增益为（临界耦合时）

$$A_{U0} = -\frac{U_0}{U_i} = \frac{-P_1 P_2 y_{fe}}{2g}$$

（2）通频带为弱耦合时，谐振曲线为单峰；通频带为强耦合时，谐振曲线为双峰；通频带为临界耦合时，双调谐放大器的通频带为

$$B_W = 2\Delta f_{0.7} = \sqrt{2} f_0 / Q_L$$

➡ 7.1.3 实验设备

（1）高频信号发生器 1 台。

（2）高频毫伏表 1 块。

（3）高频小信号调谐放大器（2 号板）1 块。

（4）双踪示波器 1 台。

（5）万用表 1 块。

（6）扫频仪 1 台。

➡ 7.1.4 实验内容

1．单调谐小信号放大器单元电路实验

（1）根据电路原理图熟悉实验电路板，并在电路板上找出与原理图相对应的各测试点及可调器件（具体指出）。

（2）打开小信号调谐放大器的电源开关，观察工作指示灯是否点亮，红灯为+12V电源指示灯，绿灯为-12V电源指示灯。（以后实验步骤中不再强调打开实验模块电源开关的步骤。）

（3）调整晶体管的静态工作点。在不加输入信号时用万用表（直流电压测量挡）测量电阻 R_4 和 R_5 两端的电压（U_{BQ} 与 U_{EQ}），调整可调电阻 R_3，使 $U_{EQ}=1.6V$，记下此时的 U_{BQ}，并计算 $I_{EQ}=U_{EQ}/R_5$（$R_5=470\Omega$）。

（4）关闭电源，按表 7.1.1 所示的内容搭建测试电路。单调谐小信号放大器连线框图如图 7.1.4 所示，图中符号 ⌒ 表示高频连接线。

表 7.1.1 单调谐小信号放大器的单元电路端口

源 端 口	目 的 端 口	连 线 说 明
信号源：RF1（$U_{p-p}=200mV$，$f=10.7MHz$）	2 号板：J4	射频信号输入
信号源：RF2	频率计：RFIN	频率计实时观察输入频率

图 7.1.4 单调谐小信号放大器连线框图

（5）按下信号源、频率计和 2 号板的电源开关，调节信号源"RF 幅度"旋钮和"频率调节"旋钮，使在 TH1 处输出峰峰值约为 200mV（双踪示波器探头用×10 挡测量）、频率为 10.7MHz 的高频信号。

① 测量谐振频率。将双踪示波器探头连接在调谐放大器的输出端 TH2 上，调节双踪示波器直至能观察到输出信号的波形，再调节中周磁芯使双踪示波器上的信号幅度达到最大，此时调谐放大器被调谐到输入信号的频率点上。

② 测量谐振电压放大倍数 A_{U0}。在调谐放大器对输入信号已经谐振的情况下，用双踪示波器探头在 TH1 和 TH2 分别观测输入信号和输出信号的幅度大小，则 A_{U0} 即为输出信号与输入信号幅度之比。

③ 测量放大器通频带。调节放大器输入信号的频率，使信号频率在谐振频率附近变化（以 20kHz 为步进间隔来变化），并用双踪示波器观测各频率点的输出信号的幅度，在图 7.1.5 所示的"输出幅度—频率"坐标轴上标示出放大器的通频带特性。

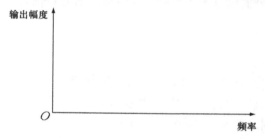

图 7.1.5　"输出幅度—频率"坐标轴

2．双调谐小信号放大器单元电路实验

（1）打开双调谐小信号放大器的电源开关，并观察工作指示灯是否点亮。

（2）调整晶体管的静态工作点。在不加输入信号时使用万用表（直流电压测量挡）测量电阻 R_{15} 和 R_{16} 两端的电压（U_{BQ} 与 U_{EQ}），调整可调电阻 R_4，使 $U_{EQ}=0.4V$，记下此时的 U_{BQ}，并计算 $I_{EQ}=U_{EQ}/R_{16}$（$R_{16}=1.5k\Omega$）。

（3）关闭电源，按表 7.1.2 中的内容搭建测试电路。双调谐小信号放大器连线框图如图 7.1.6 所示。

表 7.1.2　双调谐小信号放大器单元电路端口

源　端　口	目　的　端　口	连　线　说　明
信号源：RF1（$U_{P-P}=500mV$，$f=465kHz$）	2 号板：J5	射频信号输入
信号源：RF2	频率计：RFIN	频率计实时观察输入频率

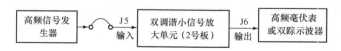

图 7.1.6　双调谐小信号放大器连线框图

（4）按下信号源、频率计和 2 号板的电源开关，调节信号源“RF 幅度”旋钮和“频率调节”旋钮，使在 TH6 处输出峰峰值约为 500mV（双踪示波器探头用×10 挡测量）、频率为 465kHz 的高频信号。

3．测量谐振频率

（1）将双踪示波器探头连接在调谐放大器的输出端 TH7 上，调节双踪示波器直至能观察到输出信号的波形。

（2）首先调节放大电路的第 1 级中周磁芯，使双踪示波器上被测信号幅度尽可能大，然后调节第 2 级中周磁芯，使双踪示波器上被测信号的幅度尽可能大。

（3）重复调试第 1 级和第 2 级中周磁芯，直到输出信号的幅度达到最大，这样放大器就谐振到输入信号的频点上了。

4．测量谐振电压放大倍数 A_{U0}

在调谐放大器对输入信号已经谐振的情况下，用双踪示波器探头在 TH6 和 TH7 分别观测输入信号和输出信号的幅度大小，则 A_{U0} 即输出信号与输入信号幅度之比。

7.1.5 实验报告

（1）写明实验目的。

（2）画出实验电路的直流等效电路和交流等效电路。

（3）计算直流工作点，与实验实测结果比较。

（4）整理实验数据，并画出幅频特性曲线。

（5）思考并回答下列问题。

① 高频信号发生器指示幅度与 TH1、TH6 测试点测得的幅度是否相同？为什么？

② 实验电路是否发生自激现象？如何消除？

7.2 集成选频放大器

7.2.1 实验目的

（1）熟悉集成选频放大器的内部工作原理。

（2）熟悉陶瓷滤波器的选频特性。

7.2.2 实验原理

1．集成选频放大器的电路

集成选频放大器的电路原理图如图 7.2.1 所示，由该图可知，本实验中使用的集成选频放大器是带 AGC（自动增益控制）功能的集成选频放大器，放大 IC 使用的是 Motorola 公司的 MC1350。

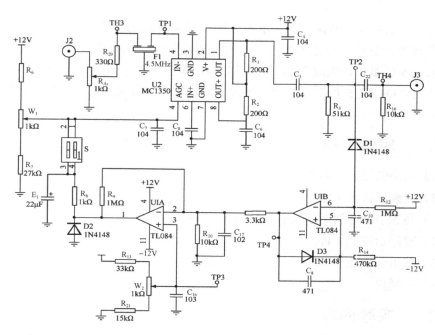

图 7.2.1 集成选频放大器的电路原理图

2．MC1350 单片集成放大器的工作原理

图 7.2.2 所示为 MC1350 单片集成放大器的电路原理图，该电路是双端输入、双端输出的全差动式电路，其主要用于中频和高频放大。

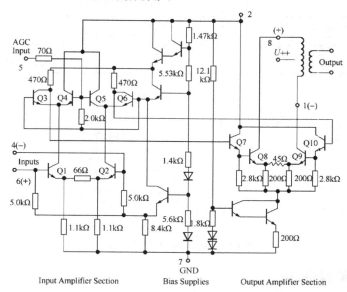

图 7.2.2 MC1350 单片集成放大器的电路原理图

输入级为共射—共基差分对，Q1 和 Q2 组成共射差分电路，Q3 和 Q6 组成共基差分电路。除了 Q3 和 Q6 的射极等效输入阻抗为 Q1、Q2 的集电极负载，还有 Q4、Q5 的射极输

入阻抗分别与 Q3、Q6 的射极输入阻抗并联，起着分流的作用。

各个等效微变输入阻抗分别与该器件的偏流成反比。增益控制电压（直流电压 AGC）控制 Q4、Q5 的基极，以改变 Q4、Q5 和 Q3、Q6 的工作点电流的相对大小，当增益控制电压增大时，Q4、Q5 的工作点电流增大，射极等效输入阻抗下降，分流作用增大，放大器的增益减小。

➘ 7.2.3　实验设备

（1）高频信号发生器 1 台。

（2）高频毫伏表 1 块。

（3）高频小信号调谐放大器（2 号板）1 块。

（4）双踪示波器 1 台。

（5）万用表 1 块。

（6）扫频仪 1 台。

➘ 7.2.4　实验内容

（1）根据电路原理图熟悉实验电路板，并在电路板上找出与电路原理图相对应的各测试点及可调器件。

（2）按表 7.2.1 及图 7.2.3 所示内容搭建测试电路。

表 7.2.1　集成选频放大电路端口

源　端　口	目　的　端　口	连　线　说　明
信号源：RF1（U_{P-P}=100mV，f=4.5MHz）	2 号板：J2	射频信号输入
信号源：RF2	频率计：RFIN	频率计实时观察输入频率

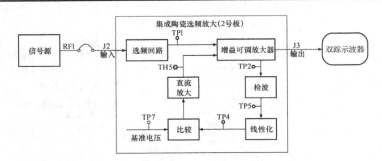

图 7.2.3　集成选频放大器测试连接框图

➘ 7.2.5　实验报告

（1）写明实验目的。

（2）计算集成选频放大器的增益。

（3）计算集成选频放大器的通频带。

（4）整理实验数据，并画出幅频特性曲线。

7.3　丙类功率放大器

↘ 7.3.1　实验目的

（1）了解丙类功率放大器的基本工作原理，掌握丙类功率放大器的调谐特性及负载改变时的动态特性。

（2）了解丙类功率放大器工作的物理过程及激励信号变化对功率放大器工作状态的影响。

（3）比较甲类功率放大器与丙类功率放大器的特点。

（4）掌握丙类功率放大器的计算与设计方法。

↘ 7.3.2　实验原理

功率放大器按照电流导通角 θ 的范围可分为甲类、乙类、丙类及丁类等不同类型。功率放大器电流导通角 θ 越小，其效率 η 越高。

甲类功率放大器的电流导通角 θ 为180°，效率 η 最高只能达到 50%，适用于小信号低功率放大，一般作为中间级或输出功率较小的末级功率放大器。

非线性丙类功率放大器的电流导通角 $\theta < 90°$，效率 η 可达 80%，通常作为发射机末级功率放大器以获得较大的输出功率和较高的效率。非线性丙类功率放大器通常用来放大窄带高频信号（信号的通带宽度只有其中心频率的 1%或更小），基极偏置为负值，电流导通角 $\theta < 90°$，为了不失真地放大信号，它的负载必须是 LC 谐振回路。

非线性丙类功率放大电路原理图如图 7.3.1 所示，该电路由两级功率放大器组成。Q3、T3 组成了甲类功率放大器，工作在线性放大状态，其中 R_{A3}、R_{14}、R_{15} 组成静态偏置电阻，调节 R_{A3} 可改变放大器的增益。W_1 为可调电阻，调节 W_1 可以改变输入信号幅度。Q4、T4 组成了丙类功率放大器，R_{16} 为射极反馈电阻，T4 为谐振回路。甲类功率放大器的输出信号通过 R_{13} 送到 Q4 基极作为丙类功率放大器的输入信号，此时只有当甲类功率放大器输出信号大于丙类功率放大器管 Q4 基极—射极间的负偏压值时，Q4 才导通工作。与拨码开关 S1 相连的电阻为负载回路外接电阻，改变拨码开关的位置可以改变并联电阻值，即改变回路的 Q 值。

下面介绍甲类功率放大器和丙类功率放大器的工作原理及基本关系式。

1．甲类功率放大器

（1）静态工作点。甲类功率放大器工作在线性放大状态，电路的静态工作点由下列关系式确定，即

$$U_{EQ} = I_{EQ}R_{15}$$

$$I_{CQ} = \beta I_{BQ}$$

$$U_{BQ} = U_{EQ} + 0.7\text{V}$$

$$U_{CEQ} = U_{CC} - I_{CQ}R_{15}$$

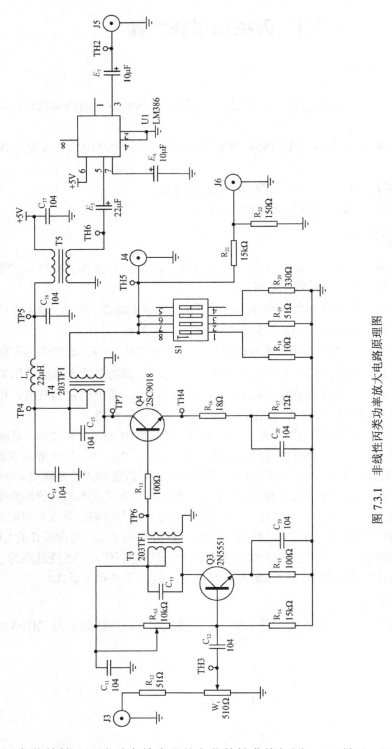

图 7.3.1　非线性丙类功率放大电路原理图

（2）负载特性。甲类功率放大器的负载特性曲线如图 7.3.2 所示，甲类功率放大器的输出负载由丙类功率放大器的输入阻抗决定，两级间通过变压器进行耦合，因此甲类功率放大

器的交流输出功率 P_o 表示为

$$P_o = \frac{P_H'}{\eta_B}$$

其中，P_H' 为输出负载上的实际功率；η_B 为变压器的传输效率，一般 η_B 的取值范围为 0.75~0.85。

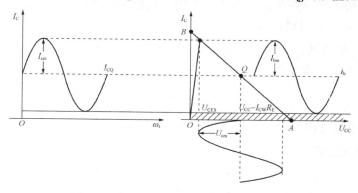

图 7.3.2　甲类功率放大器的负载特性曲线

为获得最大的不失真输出功率，静态工作点 Q 应选在交流负载线 AB 的中点，此时集电极的负载电阻 R_H 称为最佳负载电阻。集电极的输出功率 P_C 的表达式为

$$P_C = \frac{1}{2} U_{cm} I_{cm} = \frac{1}{2} \frac{U_{cm}^2}{R_H}$$

其中，U_{cm} 为集电极输出的交流电压振幅；I_{cm} 为交流电流的振幅。

集电极输出的交流电压振幅 U_{cm} 为

$$U_{cm} = U_{CC} - I_{CQ} R_{15} - U_{CES}$$

其中，U_{CES} 为饱和压降，约为 1V。

$$I_{cm} \approx I_{CQ}$$

如果变压器的初级线圈匝数为 N_1，次级线圈匝数为 N_2，则

$$\frac{N_1}{N_2} = \sqrt{\frac{\eta_B R_H}{R_H'}}$$

其中，R_H' 为变压器次级接入的负载电阻，即下级丙类功率放大器的输入阻抗。

（3）功率增益。与电压放大器不同的是功率放大器有一定的功率增益，对于图 7.3.1 所示电路，甲类功率放大器不仅要为下一级功率放大器提供一定的激励功率，而且还要对前级输入的信号进行功率放大，功率放大增益 A_p 的表达式为

$$A_p = \frac{P_o}{P_i}$$

其中，P_i 为甲类功率放大器的输入功率，它与甲类功率放大器的输入电压 U_{im} 及输入电阻 R_i 的关系为

$$U_{im} = \sqrt{2R_i P_i}$$

2．丙类功率放大器

（1）基本关系式。丙类功率放大器的基极偏置电压 U_{BE} 是由发射极电流的直流分量 I_{EO}（$I_{EO} \approx I_{CO}$）在射极电阻上产生的压降来提供的，故称为自给偏压放大器。当放大器的输入信号 u_i' 为正弦波时，集电极的输出电流 i_C 为余弦波。利用谐振回路 LC 的选频作用可输出基波谐振电压 v_{c1} 和电流 i_{c1}。图 7.3.3 所示为丙类功率放大器基极与集电极间的电流和电压波形关系，分析可得基本关系式为

$$U_{c1m} = I_{c1m} R_0$$

其中，U_{c1m} 为集电极输出的谐振电压及基波电压的振幅；I_{c1m} 为集电极基波电流振幅；R_0 为集电极回路的谐振阻抗。

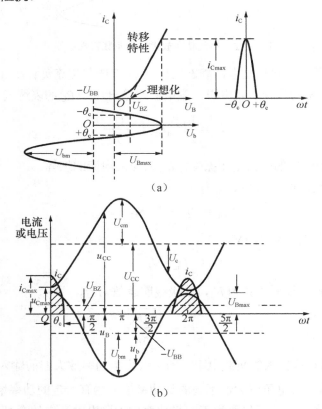

（a）

（b）

图 7.3.3　丙类功率放大器基极与集电极间的电流和电压波形关系

$$P_C = \frac{1}{2} U_{c1m} I_{c1m} = \frac{1}{2} I_{c1m}^2 R_0 = \frac{1}{2} \frac{U_{c1m}^2}{R_0}$$

其中，P_C 为集电极输出功率。

$$P_D = U_{CC} I_{CO}$$

其中，P_D 为电源供给的直流功率；I_{CO} 为集电极电流脉冲 i_C 的直流分量。

　　放大器的效率 η 为

$$\eta = \frac{1}{2} \cdot \frac{U_{c1m}}{U_{CC}} \cdot \frac{I_{c1m}}{I_{CO}}$$

　　（2）负载特性。当放大器的电源电压+U_{CC}、基极偏压 u_b、输入电压（或称激励电压）u_{sm} 确定后，如果电流导通角选定，那么放大器的工作状态只取决于集电极回路的等效负载电阻 R_q。谐振功率放大器的交流负载特性如图 7.3.4 所示。

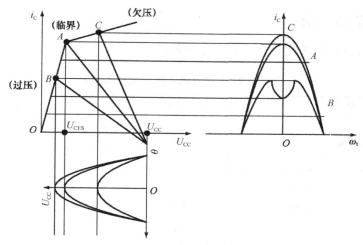

图 7.3.4　谐振功率放大器的交流负载特性

　　可见，当交流负载线正好穿过静态特性转移点 A 时，晶体管的集电极电压正好等于晶体管的饱和压降 U_{CES}，集电极电流脉冲接近最大值 I_{cm}。此时，集电极输出的功率 P_C 和效率 η 都较高，放大器处于临界工作状态。R_q 所对应的值称为最佳负载电阻值，用 R_0 表示为

$$R_0 = \frac{(U_{CC} - U_{CES})^2}{2P_o}$$

　　当 $R_q < R_0$ 时，放大器处于欠压状态，如图 7.3.4 中的 C 点所示，集电极输出电流虽然较大，但集电极电压较小，因此输出功率和效率都较低。当 $R_q > R_0$ 时，放大器处于过压状态，如图 7.3.4 中的 B 点所示，集电极电压虽然比较大，但集电极电流波形有凹陷，因此输出功率较低，但效率较高。

　　为了兼顾输出功率和效率的要求，谐振功率放大器通常运行在临界工作状态。判断放大器是否为临界工作状态的条件是

$$U_{CC} - U_{cm} = U_{CES}$$

➥ 7.3.3 实验设备

（1）信号源模块 1 块。

（2）频率计模块 1 块。

（3）8 号板 1 块。

（4）双踪示波器 1 台。

（5）频率特性测试仪 1 台。

（6）万用表 1 块。

➥ 7.3.4 实验内容

（1）按表 7.3.1 及图 7.3.5 所示内容搭建测试电路。

表 7.3.1 非线性丙类功率放大器端口

源 端 口	目 的 端 口	连 线 说 明
信号源：RF1 （$U_{P-P}=300\text{mV}$, $f=10.7\text{MHz}$）	8 号板：J3	射频信号输入
信号源：RF2	频率计：RFIN	频率计实时观察输入频率

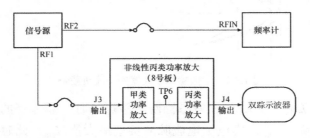

图 7.3.5 非线性丙类功率放大电路连线框图

（2）在前置放大电路中的 J3 处输入频率 $f=10.7\text{MHz}$（$U_{p-p}\approx300\text{mV}$）的高频信号，调节 W_1 使 TP6 处信号约为 6V。

① 调谐特性的测试。将 S1 设为"0000"，以 1MHz 为步进从 9~15MHz 改变输入信号频率，记录 TP6 处的输出电压值，填入表 7.3.2。

表 7.3.2 调谐特性测试数据表

f/MHz	9	10	11	12	13	14	15
V_0/V							

② 负载特性的测试。调节 T4 中周磁芯使回路调谐（调谐标准：TH4 处波形为对称双峰）。将负载电阻拨码开关 S1（第 4 位没用到）依次拨为"1110""0110""0010"，用双踪示波器观测相应的 U_c（TH5 处观测）值和 U_e（TH4 处观测）波形，描绘相应的 i_e 波形，填入表 7.3.3，并分析负载对工作状态的影响。

表 7.3.3　负载特征测试数据表（U_b＝6V，f＝10.7MHz，U_{CC}＝5V）

等 效 负 载	$R_{18}//R_{19}//R_{20}//(R_{21}+R_{22})$	$R_{19}//R_{20}//(R_{21}+R_{22})$	$R_{20}//(R_{21}+R_{22})$	$R_{21}+R_{22}$
R_L/Ω	8	43	275	1650
U_c/V				
U_e/V				
i_e 的波形				

（3）观察激励电压变化对工作状态的影响。先调节 T4 将 i_e 波形调到凹顶波形，然后使输入信号由大到小变化，用双踪示波器观察 i_e 波形的变化：观测 i_e 波形即观测 U_e 波形，i_e＝$V_e/(R_{16}+R_{17})$，用双踪示波器在 TH4 处观察。

▶ 7.3.5　实验报告

（1）整理实验数据，并填写表 7.3.2 和表 7.3.3。

（2）对实验参数和波形进行分析，说明输入激励电压、负载电阻对工作状态的影响。

（3）分析丙类功率放大器的特点。

7.4　线性宽带功率放大器

▶ 7.4.1　实验目的

（1）了解线性宽带功率放大器工作状态的特点。

（2）掌握线性宽带功率放大器幅频特性测试与绘制的方法。

▶ 7.4.2　实验原理

1．传输线变压器工作原理

现代通信的发展趋势之一是在宽波段工作范围内能采用自动调谐技术，以便于迅速转换工作频率。为了满足上述要求，可以在发射机的中间各级采用宽带高频功率放大器，它不需要调谐回路，就能在很宽的波段范围内获得线性放大。但为了只输出所需要的工作频率，发射机末级（有时还包括末前级）还要采用调谐放大器。当然，所付出的代价是输出功率和功率增益都降低了。因此，一般来说，宽带功率放大器适用于中、小功率级。对于大功率设备来说，可以采用宽带功率放大作为推动级来节约调谐时间。

最常见的宽带高频功率放大器是将宽带变压器作为耦合电路的放大器。宽带变压器有两种形式：一种是利用普通变压器的工作原理，只采用高频磁芯，可得到短波波段的宽带变压器；另一种是将传输线原理和变压器原理二者结合的所谓传输线变压器，这是一种常用的宽带变压器。

传输线变压器是将传输线（双绞线、带状线或同轴电缆等）绕在高导磁芯上构成的，以传输线方式和变压器方式同时进行能量传输。

图 7.4.1 所示为 4：1 传输线变压器连接示意图，图 7.4.2 所示为传输线变压器的等效电路图。

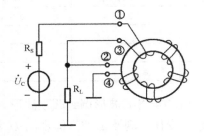
图 7.4.1　4：1 传输线变压器连接示意图

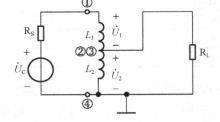
图 7.4.2　传输线变压器的等效电路图

普通变压器上、下限频率的扩展方法是相互制约的。为了扩展下限频率，就需要增大初级线圈电感量，使其在低频段也能获得较大的输入阻抗。例如，采用高磁导率的高频磁芯和增加初级线圈的匝数将使变压器的漏感和分布电容增大，降低上限频率。为了扩展上限频率，就需要减小漏感和分布电容。例如，采用低磁导率的高频磁芯和减少线圈的匝数又会使上限频率提高。把传输线原理应用于变压器，就可以提高工作频率的上限，并解决带宽问题。传输线变压器有如下两种工作方式：一种是按照传输线方式来工作，即在它的两个线圈中通过大小相等、方向相反的电流，磁芯中的磁场正好相互抵消，磁芯没有功率损耗，磁芯对传输线的工作没有什么影响，这种工作方式称为传输线模式；另一种是按照变压器方式工作，此时线圈中有激磁电流，并在磁芯中产生公共磁场，有铁芯功率损耗，这种方式称为变压器模式。传输线变压器通常同时存在这两种模式，或者说，传输线变压器正是利用这两种模式来适应不同的功用。

当传输线变压器工作在低频段时，信号波长远大于传输线长度，分布参数很小，可以忽略，故变压器方式起主要作用。因为磁芯的磁导率很高，所以即使传输线段短也能获得足够大的初级电感量，保证了传输线变压器的低频特性较好。

当传输线变压器工作在高频段时，传输线方式起主要作用，两根导线紧靠在一起，因此导线任意长度处的线间电容在整个线长上是均匀分布的，如图 7.4.3 所示。因为两根等长的导线同时绕在一个高频磁芯上，所以导线上每条线段 Δl 的电感也均匀分布在整个线长上，这是一种分布参数电路，可以利用分布参数电路理论分析。下面简单说明其工作原理：如果考虑线间的分布电容和导线电感，那么可将传输线看作由许多电感、电容组成的耦合链。当信号源加于电路的输入端时，信号源将向电容 C 充电，使 C 储能，C 又通过电感放电，使电感储能，即电能转变为磁能。然后，电感又与后面的电容进行能量交换，即磁能转换为电能。再往后电容与后面的电感进行能量交换，如此循环。输入信号就以电磁能交换的形式，自始端传输到终端，最后被负载所吸收。理想的电感和电容均不损耗高频能量，因此若忽略导线的欧姆损耗和导线间的介质损耗，则输出端能量将等于输入端的能量，即通过传输线变压器，负载可以获得信号源供给的全部能量。因此，传输线变压器有很宽的带宽。

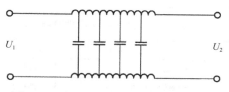

图 7.4.3　传输线变压器高频等效电路图

2．实验电路组成

线性宽带功率放大电路如图 7.4.4 所示，该电路由两级宽带、高频功率放大电路组成，两级功率放大器都工作在甲类状态，其中 Q1、L_1 组成甲类功率放大器，工作在线性放大状态，R_{A1}、R_7、R_8 组成静态偏置电阻，调节 R_{A1} 可以改变放大器的增益。R_2 为本级交流负反馈电阻，展宽频带，改善非线性失真，T1、T2 两个传输线变压器级联作为第 1 级功率放大器的输出匹配网络，总阻抗比为 16：1，使第 2 级功率放大器的低输入阻抗与第 1 级功率放大器的高输出阻抗实现匹配，后级电路分析同前级。

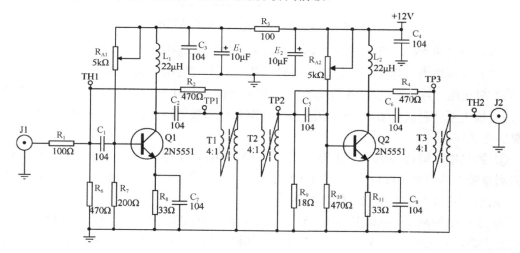

图 7.4.4　线性宽带功率放大电路

7.4.3　实验设备

（1）信号源模块 1 块。

（2）频率计模块 1 块。

（3）8 号板 1 块。

（4）双踪示波器 1 台。

（5）频率特性测试仪（可选）1 台。

（6）万用表 1 块。

7.4.4　实验内容

（1）按表 7.4.1 及图 7.4.5 所示内容搭建好测试电路。

表 7.4.1　线性宽带功率放大电路端口

源 端 口	目 的 端 口	连 线 说 明
信号源：RF1	8 号板：J1	射频信号输入
信号源：RF2	频率计：RFIN	频率计实时观察输入频率

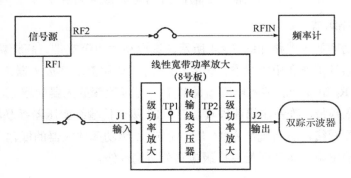

图 7.4.5　线性宽带功率放大电路连线框图

（2）对照图 7.4.4，了解实验电路板上各元件的位置与作用。

（3）调整静态工作点。不加输入信号，使用万用表的电压挡（20V 挡）测量三极管 Q1 的射极电压（射极电阻 R_8 两端电压），调整基极偏置电阻 R_{A1} 使 U_e=0.53V；测量三极管 Q2 的射极电压（射极电阻 R_{11} 两端电压），调整基极偏置电阻 R_{A2} 使 U_e=1.50V，根据电路计算静态工作点。

① 测量电压增益 A_{V0}。在 J1 输入频率为 10.7MHz，U=50mV 的高频信号，用双踪示波器测量输入信号的峰峰值为 U_i（TH1 处观察），测量输出信号的峰峰值为 U_o（TH2 处观察），则小信号放大的电压放大倍数为 $A_{V0}=U_o/U_i$。

② 通频带的测量。频标置 10M/1M 挡位，调节扫频宽度使相邻两个频标在横轴上占有适当的格数，输入信号适当衰减，将扫频仪射频输出端送入电路输入端 J1 处，电路输出端 J2 接至扫频仪检波器输入端，调节输出衰减和 Y 轴增益，使谐振特性曲线在纵轴占有一定高度，读出其曲线下降 3dB 处对称点的带宽，即

$$B_W = 2\Delta f_{0.7} = f_H - f_L$$

画出幅频特性曲线（此电路放大倍数较大，扫频仪输出、输入信号都要适当衰减）。

③ 频率特性的测量。将峰峰值为 20mV 左右的高频信号从 J1 处送入，以 0.1MHz 从 1~1.6MHz 步进，再以 1MHz 从 2~45MHz 步进，记录输出电压 U_o。自行设计表格，将数据填入表格。

➥ 7.4.5　实验报告

（1）写明实验目的。

（2）画出实验电路的交流等效电路。

（3）计算静态工作点，与实验实测结果比较。

（4）整理实验数据，对照电路图分析实验原理。

（5）在坐标纸上画出线性功率放大器的幅频特性曲线。

7.5　三点式正弦波振荡器

7.5.1　实验目的

（1）掌握三点式正弦波振荡器电路的原理和起振条件，以及振荡电路设计及参数计算的方法。

（2）掌握晶体管静态工作点、反馈系数大小及负载变化对起振和振荡幅度的影响。

（3）研究外界条件（温度、电源电压、负载变化）对振荡器频率稳定度的影响。

7.5.2　实验原理

正弦波振荡器（4.5MHz）电路图如图 7.5.1 所示。

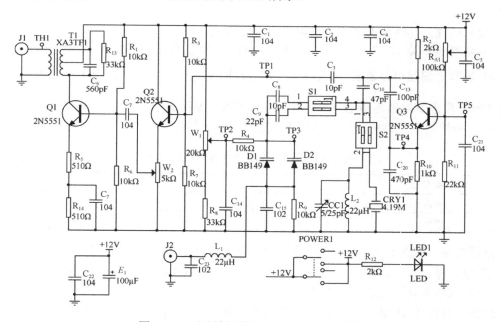

图 7.5.1　正弦波振荡器（4.5MHz）电路图

将拨码开关 S2 的"1"拨上"2"拨下，S1 全部断开，由晶体管 Q3 和 C_{13}、C_{20}、C_{10}、CC1、L_2 构成电容反馈三点式振荡器的改进型振荡器——西勒振荡器，电容 CC1 可用来改变振荡频率。

$$f_0 = \frac{1}{2\pi\sqrt{L_2(C_{10} + CC1)}}$$

振荡器的频率约为 4.5MHz（计算振荡频率可调范围）。

振荡电路反馈系数为

$$F = \frac{C_{13}}{C_{13} + C_{20}} = \frac{100}{100 + 470} \approx 0.18$$

振荡器输出通过耦合电容（C_3=10pf）加到由 Q2 组成的射极跟随器的输入端，因 C_3 容量很小，再加上射随器的输入阻抗很高，可以减小负载对振荡器的影响。射随器输出信号 Q1 调谐放大，再经变压器耦合从 J1 输出。

➡ 7.5.3 实验设备

（1）信号源模块 3 1 块。

（2）频率计模块 1 块。

（3）双踪示波器 1 台。

（4）万用表 1 块。

➡ 7.5.4 实验内容

（1）根据图 7.5.1 所示内容在实验电路板上找到振荡器各零件的位置并熟悉各元件的作用。

（2）研究振荡器静态工作点对振荡幅度的影响。

① 将拨码开关 S2 拨为"10"，S1 拨为"00"，构成 LC 振荡器。

② 调节上偏置电位器 R_{A1}，记下 Q3 发射极电流 I_{eo}（$=\frac{U_e}{R_{10}}$，R_{10}=1kΩ）（将万用表红表笔接 TP4，黑表笔接地测量 U_e），并将双踪示波器测量对应点 TP1 的振荡幅度 U_{P-P} 填于表 7.5.1 中，分析输出振荡电压和振荡管静态工作点的关系。

表 7.5.1　静态工作点对振荡幅度的影响

振 荡 状 态	U_{P-P}	I_{eo}
起振		
停振		

分析思路：静态电流 I_{CQ} 会影响晶体管跨导 g_m，而放大倍数和 g_m 是有关系的。在饱和状态下（I_{CQ} 过大），晶体管电压增益 A_V 会下降，一般取 I_{CQ}=（1~5）mA 为宜。

（3）测量振荡器输出频率范围。

将频率计接于 J1 处，改变 CC1，用双踪示波器从 TH1 观察波形及输出频率的变化情况，记录最高频率和最低频率于表 7.5.2 中。

表 7.5.2　振荡器输出频率范围

f_{max}	
f_{min}	

➡ 7.5.5 实验报告

（1）记录实验箱序号。

（2）分析静态工作点、反馈系数 F 对振荡器起振条件和输出波形振幅的影响，并用所学理论加以分析。

（3）计算实验电路的振荡频率 f_0，并与实测结果比较。

7.6　晶体振荡器与压控振荡器

➥ 7.6.1　实验目的

（1）掌握晶体振荡器与压控振荡器的基本工作原理。

（2）比较 LC 振荡器和晶体振荡器的频率稳定度。

➥ 7.6.2　实验原理

（1）晶体振荡器。正弦波振荡器（4.5MHz）电路图如图 7.6.1 所示。将拨码开关 S1 拨为 "00"，S2 拨为 "01"，由 Q3、C_{13}、C_{20}、晶体 CRY1 与 C_{10} 构成晶体振荡器（皮尔斯振荡电路），在振荡频率上晶体等效为电感。

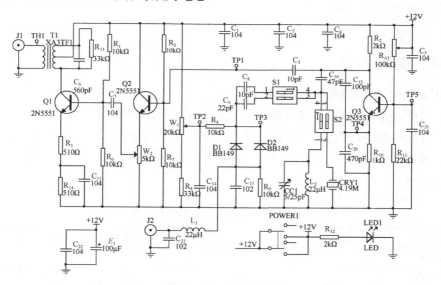

图 7.6.1　正弦波振荡器（4.5MHz）电路图

（2）压控振荡器（VCO）。将 S1 拨为 "10" 或 "01"，S2 拨为 "10"，则变容二极管 D1、D2 并联在电感 L_2 两端。当调节电位器 W_1 时，D1、D2 两端的反向偏压随之改变，从而改变了 D1 和 D2 的结电容 C_j，也就改变了振荡电路的等效电感，使振荡频率发生变化，其交流等效电路图如图 7.6.2 所示。

（3）晶体压控振荡器。开关 S1 拨为 "10" 或 "01"，S2 拨为 "01"，就构成了晶体压控振荡器。

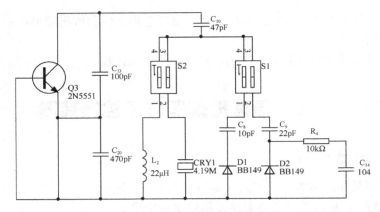

图 7.6.2　压控振荡器交流等效电路图

7.6.3　实验设备

（1）信号源模块 3 1 块。

（2）频率计模块 1 块。

（3）双踪示波器 1 台。

（4）万用表 1 块。

7.6.4　实验内容

1．温度对两种振荡器谐振频率的影响

（1）将电路连接成 LC 振荡电路，在室温下记录振荡频率（频率计接于 J1 处）。

（2）将加热的电烙铁靠近振荡管和振荡回路，每隔 1min 记下频率的变化值。

（3）将拨码开关 S2 交替设为"10"（LC 振荡器）和"01"（晶体振荡器），并将数据填于表 7.6.1 中。

表 7.6.1　温度对两种振荡器谐振频率的影响

温度时间变化	室温	1min	2min	3min	4min	5min
LC 振荡器						
晶体振荡器						

2．两种压控振荡器的频率变化范围比较

（1）将电路连接成 LC 压控振荡电路（S2 设为"10"），频率计接于 J1，直流电压表接于 TP3。

（2）将 W_1 调节至低阻值、中阻值、高阻值位置，即按左→中间→右顺时针旋转，分别将变容二极管的反向偏置电压、输出频率填于表 7.6.2 中。

（3）将电路连接成晶体压控振荡电路，重复（2），将测试结果填于表 7.6.2 中。

表 7.6.2　LC 压控振荡器与晶体压控振荡器频率

W_1 电阻值		W_1 低阻值	W_1 中阻值	W_1 高阻值
U_{D1}（U_{D2}）				
振荡频率	LC 压控振荡器			
	晶体压控振荡器			

7.6.5　实验报告

（1）比较所测量的数据结果，结合新学理论进行分析。

（2）晶体压控振荡器的缺点是频率控制范围很窄，那么如何扩大其频率控制范围呢？

7.7　集成模拟乘法器调幅

7.7.1　实验目的

（1）掌握用集成模拟乘法器实现全载波调幅、抑制载波双边带调幅和音频信号单边带调幅的方法。

（2）研究已调波与调制信号及载波信号的关系。

（3）掌握调幅系数的测量与计算方法。

（4）通过实验对比全载波调幅、抑制载波双边带调幅和音频信号单边带调幅的波形。

（5）了解集成模拟乘法器（MC1496）的工作原理，掌握调整与测量其特性参数的方法。

7.7.2　实验原理

幅度调制就是使载波的振幅（包络）随调制信号参数的变化而变化。本实验中的载波是由高频信号源产生的 465kHz 的高频信号，调制信号为由信号源产生的 10kHz 的低频信号，用 MC1496 来产生调幅信号。

1．集成模拟乘法器的内部结构

集成模拟乘法器是可以实现两个模拟量（电压或电流）相乘的电子器件。在高频电子线路中，振幅调制、同步检波、混频、倍频、鉴频、鉴相等调制与解调的过程，均可视为两个信号相乘或包含相乘的过程。采用集成模拟乘法器实现上述功能比采用分离器件（如二极管和三极管）要简单得多，而且性能优越，因此目前在无线通信、广播电视等方面应用较多。集成模拟乘法器常见的产品有 BG314、F1595、F1596、MC1495、MC1496、LM1595 及 LM1596 等。

（1）MC1496 的内部结构。本实验采用 MC1496 来实现调幅作用。MC1496 是四象限模拟乘法器，其内部电路图和引脚图如图 7.7.1 所示。其中，Q_1、Q_2 与 Q_3、Q_4 组成双差分放大器，以反极性方式相连接，而且两组差分对的恒流源 Q_5 与 Q_6 又组成一对差分电路，因此恒流源的控制电压可以为正可以为负，以此实现了四象限工作。Q_7、Q_8 为差分放大器 Q_5 与 Q_6 的恒流源。

（2）静态工作点的设定。

① 静态偏置电压的设置。静态偏置电压的设置应保证各个晶体管工作在放大状态，即晶体管的集电极与基极间的电压应大于或等于 2V，小于或等于最大允许工作电压。根据 MC1496 的特性参数，对于图 7.7.1 所示的内部电路，应用时其静态偏置电压（输入电压为 0V 时）应满足下列关系，即

$$U_8 = U_{10}, \quad U_1 = U_4, \quad U_6 = U_{12}$$

$$15V \geqslant U_6(U_{12}) - U_8(U_{10}) \geqslant 2V$$

$$15V \geqslant U_8(U_{10}) - U_1(U_4) \geqslant 2V$$

$$15V \geqslant U_1(U_4) - U_5 \geqslant 2V$$

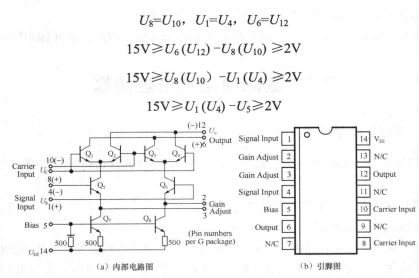

图 7.7.1　MC1496 的内部电路图和引脚图

② 静态偏置电流的确定。静态偏置电流主要由恒流源 I_0 的值来确定。当器件为单电源工作时，引脚 14 接地，引脚 5 通过外接电阻，并加正电源。因为 I_0 是 I_5 的镜像电流，所以改变外接电阻的阻值可以调节 I_0 的大小，即

$$I_0 \approx I_5 = \frac{(U_{CC} - 0.7)V}{(R + 500)\Omega}$$

当器件为双电源工作时，引脚 14 接负电源，引脚 5 通过电阻接地，因此改变外接电阻的阻值可以调节 I_0 的大小，即

$$I_0 \approx I_5 = \frac{(U_{EE} - 0.7)V}{(R + 500)\Omega}$$

根据 MC1496 的性能参数，器件的静态电流应小于 4mA，一般取 $I_0 \approx I_5 = 1mA$。在本实验电路中外接电阻 R 选 6.8kΩ 的电阻 R_{15} 代替。

2．实验电路说明

用 MC1496 构成的模拟乘法器调幅连线框图如图 7.7.2 所示。

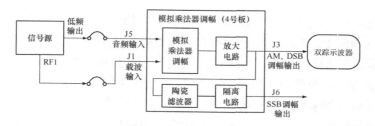

图7.7.2　模拟乘法器调幅连线框图

器件采用双电源方式供电（+12V，−8V），因此引脚 5 的偏置电阻 R_{15} 接地。电阻 R_1、R_2、R_4、R_5、R_6 为器件提供静态偏置电压，保证器件内部的各个晶体管工作在放大状态。载波信号 V_C 加在 V_1、V_4 的输入端，即引脚 8 和引脚 10 之间；载波信号 V_c 经高频耦合电容 C_1 从引脚 10 输入，C_2 为高频旁路电容，使引脚 8 交流接地。调制信号加在差动放大器 V_5、V_6 的输入端，即引脚 1 和引脚 4 之间，调制信号 V_Ω 经低频耦合电容 E_1 从引脚 1 输入。引脚 2 和引脚 3 外接 1kΩ 电阻，以扩大调制信号动态范围。电阻增大，线性范围增大，但模拟乘法器的增益随之减小。已调制信号取自双差动放大器的两个集电极（引脚 6 和引脚 12 之间）输出。

3．双边带调幅方式

在不影响传输信号的前提下，将调幅波中的载波成分加以抑制，可大大降低发射机的功率。

设载波信号为 $u_c(t) = U_{cm}\cos\omega_c t$，单频调制信号为 $u_\Omega(t) = U_{\Omega m}\cos\Omega t$，则双边带调幅信号为

$$u_{DSB}(t) = kU_{\Omega m}U_{cm}\cos\omega_c t\cos\Omega t = \frac{kU_{\Omega m}U_{cm}}{2}[\cos(\omega_c + \Omega)t + \cos(\omega_c - \Omega)t]$$

其中，k 为比例系数。

可见，双边带调幅信号中仅包含两个边频，无载频分量，其频带宽度与普通调幅信号一样，仍为调制信号频率的 2 倍。

需要注意的是，双边带调幅信号的包络已不再反映调制信号波形的变化，而且在调制信号波形过零点时高频相位有 180° 的突变。由上式可以看到，在调制信号正半周，$\cos\Omega t$ 为正值，双边带调幅信号 $u_{DSB}(t)$ 与载波信号 $u_c(t)$ 同相；在调制信号负半周，$\cos\Omega t$ 为负值，双边带调幅信号 $u_{DSB}(t)$ 与载波信号 $u_c(t)$ 反相。因此，在正负半周交界处，$u_{DSB}(t)$ 有 180° 相位突变。

4．单边带调幅方式

单边带调幅方式是指仅发送上、下边带中的一个边带的调幅方式。从原理上讲，只要设法将双边带调幅信号中的一个边带成分取出，而将另一边带成分加以抑制便可得到单边带调幅信号。以发送下边带为例，设单频调制单边带调幅信号为

$$u_{SSB}(t) = \frac{kU_{\Omega m}U_{cm}}{2}\cos(\omega_c - \Omega)t$$

由上式可知，单频调制单边带调幅信号是一个角频率为（$\omega_c - \Omega$）的单频正弦波信号，实验中用 10kHz 调制 465kHz 的单频调制双边带，调幅信号用滤波法将其下边带信号滤出，为 455kHz 的单频正弦波信号，在 J6（SSB 输出）可观测到等幅正弦波。例如，有调制包络，可通过调节 W_1 改变调幅度来消除。但是，一般应用中的单边带调幅信号波形因调制信号非单一，所以其频率都比较复杂。不过有一点是相同的，即单边带调幅信号的包络已不能反映调制信号的变化。单边带调幅信号的带宽与调制信号的带宽相同，是普通调幅和双边带调幅信号带宽的一半。

产生单边带调幅信号的方法主要有滤波法、相移法及二者相结合的相移滤波法。滤波法是根据单边带调幅信号的频谱特点，先产生双边带调幅信号，再利用带通滤波器取出其中一个边带信号。

7.7.3　实验设备

（1）信号源模块 1 块。

（2）频率计模块 1 块。

（3）4 号板 1 块。

（4）双踪示波器 1 台。

（5）万用表 1 块。

7.7.4　实验内容

1．静态工作点调测

在无输入信号的情况下调节 W_1，使用万用表测得引脚 1 和引脚 4 的电压差 U_1 接近 0（改变 W_1 可以使乘法器实现 AM、DSB/SSB 调制）。

2．连线并调试

（1）抑制载波双边带振幅调制（DSB-AM）。

① 按表 7.7.1 所示内容搭建好电路。

表 7.7.1　抑制载波双边带振幅调制端口

源　端　口	目　标　端　口	端口连线说明
信号源：低频输出	4 号板：J5	输入 10kHz 被调制信号
信号源：RF1	4 号板：J1	输入 465kHz 载波信号

② 调节信号源高频（幅度调节），在 TH2 测试端口用双踪示波器观察，使峰峰值约为 30mV；调节信号源音频（幅度调节），在 TH1 测试端口用双踪示波器观察，使峰峰值约为 50mV；调节信号 W_1，在 TH3 测试端口用双踪示波器观察，使抑制载波双边带调幅波形如图 7.7.3 所示，峰峰值随 W_2 调节可在 1~10V 变化。

（2）抑制载波单边带振幅调制（SSB-AM）。步骤和抑制载波双边带振幅调制（DSB-AM）相同，在 TH6 测试端口用双踪示波器观察，可观测到等幅正弦波。例如，有调制包络，可通过调节 W_1 使调幅度消除。

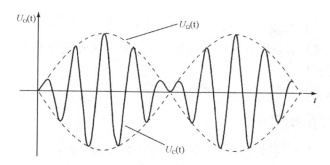

图 7.7.3　抑制载波双边带调幅波形

（3）全载波振幅调制（AM）。

① 步骤同抑制载波双边带振幅调制（DSB-AM）相同，观测 DSB、SSB 的波形。

② 适当调节 W_1、W_2、并逆时针旋转信号源音频（幅度调节）旋钮，在 TH3 测试端口用双踪示波器观察，使之出现图 7.7.4 所示的有载波调幅信号的波形，最大峰峰值约 2.5V。记下 AM 波对应的 U_{max} 和 U_{min}，并计算调幅度 m。

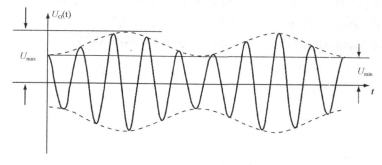

图 7.7.4　普通调幅波波形

③ 比较全载波振幅调制（AM）、抑制载波双边带振幅调制（DSB-AM）、抑制载波单边带振幅调制（SSB-AM）的波形。

7.7.5　实验报告

（1）整理实验数据，画出实验波形。

（2）画出调幅实验中 $m=30\%$、$m=100\%$、$m>100\%$ 的调幅波形，分析过调幅的原因。

（3）当改变 W_1 时能得到几种调幅波形，分析其原因。

（4）画出全载波调幅波形、抑制载波双边带调幅波形及抑制载波单边带调幅波形，并比较三者的区别。

7.8　包络检波及同步检波

7.8.1　实验目的

（1）进一步了解调幅波的原理，掌握调幅波的解调方法。

（2）掌握二极管峰值包络检波的原理。

（3）掌握包络检波器的主要质量指标、检波效率及各种波形失真的现象，分析其产生原因并找出克服方法。

（4）掌握用集成电路实现同步检波的方法。

7.8.2　实验原理

检波过程是一个解调过程，它与调制过程正好相反。检波器的作用是从振幅受调制的高频信号中还原出原调制的信号。还原所得的信号与高频调幅信号的包络变化规律一致，故检波器又被称为包络检波器。

若输入信号是高频等幅信号，则输出信号就是直流电压。这是检波器的一种特殊情况，在测量仪器中应用比较多。例如，某些高频伏特计的探头采用的就是这种检波原理。

若输入信号是调幅波，则输出信号就是原调制信号。这种情况应用最广泛，各种连续波工作的调幅接收机的检波器都属于这种类型。

从频谱来看，检波就是将调幅信号频谱由高频搬移到低频，如图 7.8.1 所示（此图为单音频 Ω 调制的情况）。检波过程也是应用非线性器件进行频率变换的过程，先产生许多新频率，然后通过滤波器滤除无用频率分量，取出需要的原调制信号。

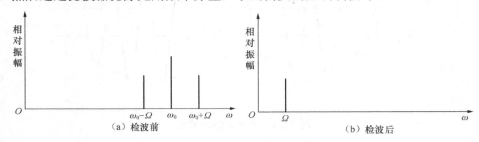

图 7.8.1　检波器检波前后的频谱

常用的检波方法有包络检波和同步检波两种。全载波振幅调制信号的包络直接反映了调制信号的变化规律，可以用二极管包络检波的方法进行解调。而抑制载波双边带或单边带振幅调制信号的包络不能直接反映调制信号的变化规律，无法用包络检波进行解调，因此采用同步检波方法。

1．二极管峰值包络检波的工作原理

当输入信号较大（大于 0.5V）时，利用二极管单向导电特性对振幅调制信号解调，称为大信号检波。

大信号检波原理电路图如图 7.8.2 所示，检波的物理过程如下。在高频信号电压的正半周时，二极管正向导通并对电容器 C 充电，因为二极管的正向导通电阻很小，所以充电电流 i_d 很大，这使电容器上的电压 U_C 很快就能接近高频电压的峰值，充电电流的方向如图 7.8.2 所示。

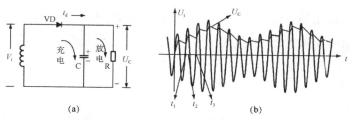

图 7.8.2 大信号检波原理

这个电压建立后通过信号源电路，又反向加到二极管 VD 的两端。这时二极管导通与否，由电容器 C 上的电压 U_C 和输入信号电压 U_i 共同决定。当高频信号的瞬时值小于 U_C 时，二极管处于反向偏置，二极管截止，电容器就会通过负载电阻 R 放电。因为放电时间常数 RC 远大于调频电压的周期，故放电很慢。当电容器上的电压下降不多时，调频信号第 2 个正半周的电压超过二极管上的负压，使二极管导通。图 7.8.2（b）中的 $t_1 \sim t_2$ 为二极管导通的时间，在此期间又对电容器充电，电容器的电压迅速接近第 2 个高频电压的最大值。图 7.8.2（b）中的 $t_2 \sim t_3$ 为二极管截止时间，在此期间电容器通过负载电阻 R 放电。这样不断循环，就得到图 7.8.2（b）中电压 U_C 的波形。因此，只要充电很快，即充电时间常数 R_dC 很小（R_d 为二极管导通时的内阻），而放电时间足够长，即放电时间常数 RC 很大，满足 $R_dC << RC$，就可使输出电压 U_C 的幅度接近于输入电压 U_i 的幅度，即传输系数接近 1。另外，因为正向导电时间很短，放电时间常数又远大于高频电压周期（放电时 U_C 基本不变），所以输出电压 U_C 的起伏是很小的，可看成与高频调幅波包络基本一致。而高频调幅波的包络又与原调制信号的形状相同，故输出电压 U_C 就是原来的调制信号，达到了解调的目的。

本实验电路如图 7.8.3 所示，主要由二极管 VD 及 RC 低通滤波器组成。利用二极管的单向导电特性和检波负载 RC 的充放电过程实现检波，因此时间常数 RC 的选择很重要。时间常数 RC 过大，会产生对角切割失真又称惰性失真。RC 太小，高频分量会滤不干净。综合考虑应满足

$$RC\Omega_{\max} << \frac{\sqrt{1-m_a^2}}{m_a}$$

其中，m_a 为调幅系数；$\Omega_{\max}$ 为调制信号最高角频率。

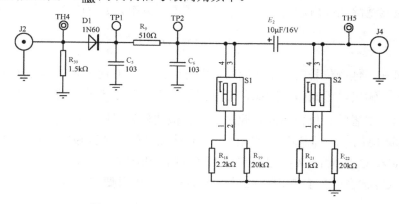

图 7.8.3 二极管峰值包络检波（465kHz）

当检波器的直流负载电阻 R 与交流音频负载电阻 R_Ω 不相等，而且当调幅系数 m_a 又相当大时，会产生负峰切割失真（又称底边切割失真），为了保证不产生负峰切割失真，应满足 $m_a < \dfrac{R_\Omega}{R}$。

2．同步检波

（1）同步检波原理。同步检波器用于对载波被抑制的双边带或单边带信号进行解调，它的特点是必须外加一个频率和相位都与被抑制的载波相同的同步信号，同步检波器的名称由此而来。外加载波信号电压加入同步检波器可以有两种方式。一种是将它与接收信号在检波器中相乘，经低通滤波器后检出原调制信号，如图 7.8.4（a）所示；另一种是将它与接收信号相加，经包络检波器后取出原调制信号，如图 7.8.4（b）所示。

图 7.8.4　同步检波器方框图

本实验选用乘积型检波器。设输入的已调波为载波分量被抑止的双边带信号 v_1，即

$$u_1 = U_1 \cos \Omega t \cos \omega_1 t$$

本地载波电压为

$$u_0 = U_0 \cos(\omega_0 t + \phi)$$

本地载波的角频率 ω_0 等于输入信号载波的角频率 ω_1，即 $\omega_1 = \omega_0$，但二者的相位可能不同，ϕ 表示它们的相位差。

这时相乘输出（假定相乘器传输系数为 1）为

$$u_2 = U_1 U_0 (\cos \Omega t \cos \omega_1 t) \cos(\omega_2 t + \phi)$$
$$= \frac{1}{2} U_1 U_0 \cos\phi \cos\Omega t + \frac{1}{4} U_1 U_{00} \cos[(2\omega_1 + \Omega)t + \phi] + \frac{1}{4} U_1 U_0 \cos[(2\omega_1 - \Omega)t + \phi]$$

低通滤波器滤除 $2\omega_1$ 附近的频率分量后，就得到频率为 Ω 的低频信号，即

$$u_\Omega = \frac{1}{2} U_1 U_0 \cos\phi \cos\Omega t$$

由上式可知，低频信号的输出幅度与 ϕ 成正比。当 $\phi = 0$ 时，低频信号电压最大，随着相位差 ϕ 加大，输出电压减弱。因此，在理想情况下，除了本地载波与输入信号载波的角频率必须相等，二者的相位也相同。此时，乘积检波称为"同步检波"。

（2）实验电路说明。同步波电路如图 7.8.5 所示，采用 MC1496 集成电路构成解调器，载波信号从 J8 经 C_{12}、W_4、W_3、U3ATL082、C_{14} 加在引脚 8 和引脚 10 之间，调幅信号电压 U_{AM} 从 J11 经 C_{20} 加在引脚 1 和引脚 4 之间，相乘后信号由引脚 12 输出，经低通滤波器、同相放大器输出。

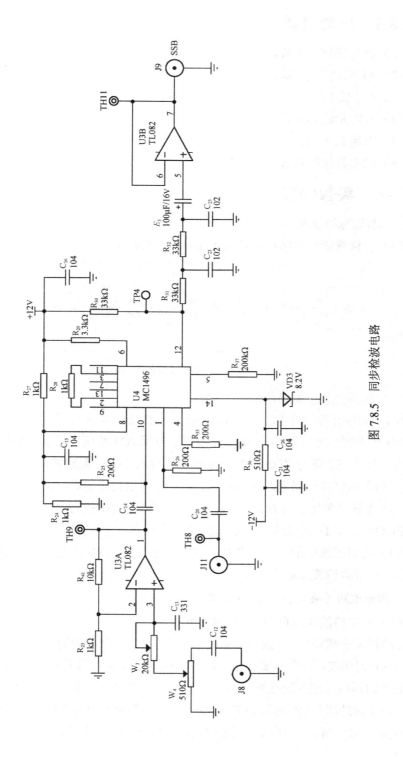

图 7.8.5 同步检波电路

↘ 7.8.3　实验设备

（1）信号源模块 1 块。

（2）频率计模块 1 块。

（3）4 号板 1 块。

（4）双踪示波器 1 台。

（5）万用表 1 块。

（6）频率特性测试仪（可选）1 台。

↘ 7.8.4　实验内容

1．二极管包络检波

（1）二极管峰值包络检波连线框图如图 7.8.6 所示。

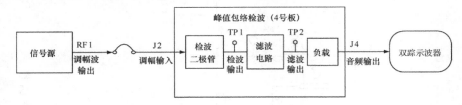

图 7.8.6　二极管峰值包络检波连线框图

（2）解调全载波调幅信号。

① $m<30\%$ 的调幅波检波。从 J2 处输入 465kHz、电压峰峰值 $U=0.5\~1V$、$m<30\%$ 的已调波（音频调制信号频率约为 1kHz，按下信号源 AM 按钮，调节"AM 调幅度"）。将开关 S1 拨为"10"，S2 拨为"00"，将双踪示波器接入 TH5，观察输出波形。

② 加大调制信号幅度，使 $m=100\%$，观察记录检波输出波形。

（3）观察对角切割失真。保持以上输出，将开关 S1 拨为"01"，检波负载电阻由 2.2kΩ 变为 20kΩ，在 TH5 用双踪示波器观察波形并记录，与上述波形进行比较。

（4）观察底部切割失真。将开关 S2 拨为"10"，S1 仍为"01"，在 TH5 观察波形，记录并与正常解调波形进行比较。

2．集成电路（乘法器）构成解调器

（1）同步检波连线框图如图 7.8.7 所示。

（2）解调全载波信号。按调幅实验中的实验内容，获得调制信号幅度分别为 30%、100% 及>100% 的调幅波。将它们依次加至解调器调制信号输入端 J11，并在解调器的载波输入端 J8 加上与调幅信号相同的载波信号，分别记录解调输出波形，并与调制信号对比。

（3）解调抑制载波的双边带调幅信号。按调幅实验中实验内容的条件获得抑制载波调幅波，加至解调器调制信号输入端 J11，观察记录解调输出波形，并与调制信号相比较。

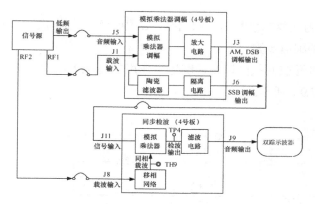

图 7.8.7 同步检波连线框图

7.8.5 实验报告

（1）通过一系列检波实验，将内容整理在表 7.8.1 中。

表 7.8.1 检波实验测试数据

输入的调幅波波形	m<30%	m=100%	抑制载波调幅波
二极管峰值包络检波器输出波形			
同步检波输出			

（2）观察对角切割失真现象和底部切割失真现象并分析产生这种现象的原因。

（3）从工作频率上限、检波线性及电路复杂性 3 个方面比较二极管峰值包络检波和同步检波。

7.9 变容二极管调频

7.9.1 实验目的

（1）掌握变容二极管调频电路的原理。

（2）了解调频调制特性及测量方法。

（3）观察寄生调幅现象，了解其产生原因及消除方法。

7.9.2 实验原理

1.变容二极管工作原理

载波的瞬时频率受调制信号的控制，其频率的变化量与调制信号呈线性关系。常用变容二极管实现调频。

变容二极管调频电路如图 7.9.1 所示。

从 J2 处加入调制信号，使变容二极管的瞬时反向偏置电压在静态反向偏置电压的基础上按调制信号的规律变化，从而使振荡频率也随调制电压的规律变化，此时从 J1 处输出调频波（FM）。C_{15} 为变容二极管的高频通路，L_1 为音频信号提供低频通路，L_1 和 C_{23} 又可阻止高频振荡进入调制信号源。

为当变容二极管在低频简谐波调制信号作用的情况下，调制信号电压大小与调频波频率关系图解如图 7.9.2 所示。

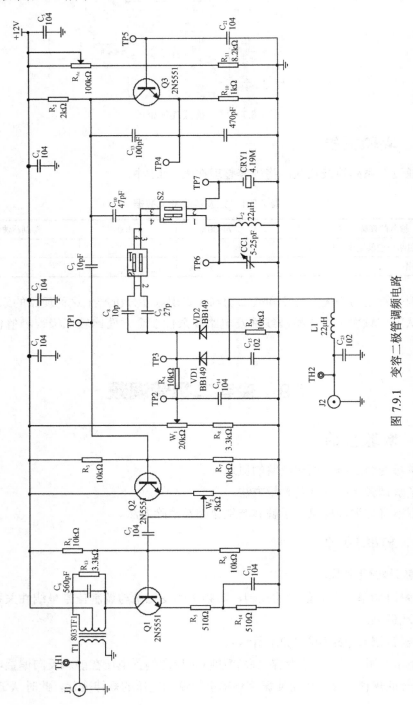

图 7.9.1 变容二极管调频电路

在图 7.9.2（a）中，U_0 是加到二极管的直流电压，当 $u=U_0$ 时，电容值为 C_0。u 是调制电压，当 u 处于正半周时，变容二极管负极电位升高，即反向偏压增大，变容二极管的电容减小；当 u 为负半周时，变容二极管负极电位降低，即反向偏压减小，变容二极管的电容增大。

在图 7.9.2（b）中，对应于静止状态，变容二极管的电容为 C_0，此时振荡频率为 f_0。

因为 $f = \dfrac{1}{2\pi\sqrt{LC}}$，所以电容小时，振荡频率高，而电容大时，振荡频率低。从图 7.9.2（a）中可以看出，由于 C-u 曲线的非线性，虽然调制电压是一个简谐波，但电容随时间的变化是非简谐波形，又由于 $f = \dfrac{1}{2\pi\sqrt{LC}}$，$f$ 和 C 的关系也是非线性的。不难看出，C-u 和 f-C 的非线性关系起着抵消作用，即得到 f-u 的关系趋于线性，如图 7.9.2（c）所示。

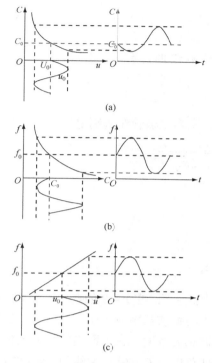

图 7.9.2　调制信号电压大小与调频波频率关系图解

2．变容二极管调频器实现线性调制的条件

设回路电感为 L，回路的电容是变容二极管的电容 C（暂时不考虑杂散电容及其他与变容二极管相串联或并联电容的影响），则振荡频率为 $f = \dfrac{1}{2\pi\sqrt{LC}}$。为了实现线性调制，振荡频率应该与调制电压呈线性关系，可表示为 $f = Au$，其中 A 为一个常数。由以上两式可得 $Au = \dfrac{1}{2\pi\sqrt{LC}}$，将两边平方并移项可得 $C = \dfrac{1}{(2\pi)^2 LA^2 u^2} = Bu^{-2}$，这是变容二极管调频器获得线性调制的条件。也就是说，当电容 C 与电压 u 的平方成反比时，振荡频率与调制电压成正比。

3．调频灵敏度

调频灵敏度 S_f 定义为每单位调制电压所产生的频偏。

设回路电容的 C-u 曲线可表示为 $C = Bu^{-n}$，其中 B 为一个变容二极管结构参数，即与电路串联、并联固定电容有关的参数。将上式代入振荡频率的表达式 $f = \dfrac{1}{2\pi\sqrt{LC}}$ 中，可得

$$f = \frac{u^{\frac{n}{2}}}{2\pi\sqrt{LB}}$$

调制灵敏度为

$$S_f = \frac{\partial f}{\partial u} = \frac{n u^{\frac{n}{2}-1}}{4\pi\sqrt{LB}}$$

当 $n=2$ 时，有

$$S_f = \frac{1}{2\pi\sqrt{LB}}$$

设变容二极管在调制电压为零时的直流电压为 U_0，相应的回路电容量为 C_0，振荡频率为 $f_0 = \frac{1}{2\pi\sqrt{LC_0}}$，有

$$C_0 = BU_0^{-2}$$
$$f_0 = \frac{U_0}{2\pi\sqrt{LB}}$$

则有 $S_f = \frac{f_0}{U_0}$。

上式表明，在 $n=2$ 的条件下，调制灵敏度与调制电压无关（这就是线性调制的条件），而与中心振荡频率成正比，与变容二极管的直流电压成反比。后者给我们一个启示，为了提高调制灵敏度，在不影响线性的条件下，直流电压应该尽可能低些。当某一个变容二极管能使总电容 $C\text{-}u$ 特性曲线的 $n=2$ 的直线段越靠近偏压小的区域时，采用该变容二极管所能得到的调制灵敏度就越高。当采用串联和并联固定电容及控制高频振荡电压等方法来获得 $C\text{-}u$ 特性 $n=2$ 的线性段时，如果能使该线性段尽可能移向电压低的区域，那么对提高调制灵敏度是有利的。

由 $S_f = \frac{1}{2\pi\sqrt{LB}}$ 可以看出，回路电容 $C\text{-}u$ 特性曲线的 n 值（斜率的绝对值）越大，调制灵敏度越高。因此，如果对调频器的调制线性没有要求，那么不外接串联或并联固定电容，并选用 n 值大的变容二极管，就可以获得较高的调制灵敏度。

➧ 7.9.3 实验设备

（1）信号源模块 1 块。
（2）频率计模块 1 块。
（3）3 号板 1 块。
（4）双踪示波器 1 台。
（5）万用表 1 块。
（6）频偏仪（选用）1 台。

➧ 7.9.4 实验内容

1．连线

变容二极管调频连线框图如图 7.9.3 所示。

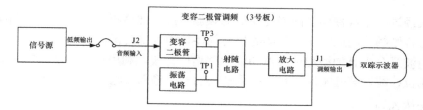

图 7.9.3　变容二极管调频连线框图

2．静态调制特性测量

（1）将电路接成 LC 压控振荡电路，J2 端先不接音频信号，将频率计接于 J1 处。

（2）调节电位器 W_1，记下变容二极管 VD_1、VD_2 两端电压（用万用表在 TP3 处测量）和对应输出频率，并记于表 7.9.1 中。

表 7.9.1　静态调制特性测量数据处理

U_{VD1}/V									
F_0/MHz									

3．动态测试

（1）将电位器 W_1 置于某一中值位置，将电压峰峰值为 5V、频率为 1kHz 的音频信号（正弦波）从 J2 输入。将 S2 拨为"10"，S1 拨为"10"或"01"。

（2）在 TH1 用双踪示波器观察，改变 W_1 或 T1 来改变调制度，可以看到调频信号有寄生调幅现象。载波很高，频偏很小，因此看不到明显的频率变化的调频波，但用频偏仪可以测量频偏。

7.9.5　实验报告

（1）在坐标纸上绘出静态调制特性曲线，并求出其调制灵敏度，说明曲线斜率受哪些因素的影响。

（2）画出实际观察到的 FM 波形，并说明频偏变化与调制信号振幅的关系。

7.10　正交鉴频及锁相鉴频

7.10.1　实验目的

（1）熟悉相位鉴频器的基本工作原理。

（2）了解鉴频特性曲线（S 曲线）的正确调整方法。

7.10.2　实验原理

1．乘积型鉴频器

（1）鉴频。鉴频是调频的逆过程，广泛采用的鉴频电路是相位鉴频电路。鉴频原理是先将调频波经过一个线性移相网络变换成调频调相波,然后再与原调频波一起加到一个相位检波器进行鉴频。因此,实现鉴频的核心部件是相位检波器。

相位检波又分为叠加型相位检波和乘积型相位检波。利用模拟乘法器的相乘原理可实现乘积型相位检波,其基本原理是,在乘法器的一个输入端输入调频波 $v_s(t)$。

设其表达式为

$$v_s(t) = V_{sm} \cos[w_c + m_f \sin \Omega t]$$

其中,m_f 为调频系数;$m_f = \Delta\omega / \Omega$ 或 $m_f = \Delta f / f$,其中 $\Delta\omega$ 为调制信号产生的频偏。另一个输入端输入经线性移相网络移相后的调频调相波 $v_s'(t)$,设其表达式为

$$v_s'(t) = V_{sm}' \cos\{\omega_c + m_f \sin \Omega t + [\frac{\pi}{2} + \phi(\omega)]\}$$
$$= V_{sm}' \sin[\omega_c + m_f \sin \Omega t + \phi(\omega)]$$

其中,第 1 项为高频分量,可以被滤波器滤掉;第 2 项是所需要的频率分量,只要求线性移相网络的相频特性 $\phi(\omega)$ 在调频波的频率变化范围内是线性的,当 $|\phi(\omega)| \leqslant 0.4 \text{rad}$ 时,$\sin\phi(\omega) \approx \phi(\omega)$。鉴频器的输出电压 $v_o(t)$ 的变化规律与调频波瞬时频率的变化规律相同,从而实现了相位鉴频,因此相位鉴频器的线性鉴频范围受到移相网络相频特性的线性范围的限制。

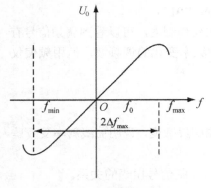

图 7.10.1 相位鉴频器特性曲线

(2)鉴频特性。相位鉴频器的输出电压 U_0 与调频波瞬时频率 f 的关系称为鉴频特性,其特性曲线(或称 S 曲线)如图 7.10.1 所示。

鉴频器的主要性能指标是鉴频灵敏度 S_d 和线性鉴频范围 $2\Delta f_{max}$。S_d 为鉴频器输入调频波单位频率变化所引起的输出电压的变化量,通常用鉴频特性曲线在中心频率 f_0 处的斜率来表示,即 $S_d = U_0 / \Delta f$。$2\Delta f_{max}$ 为鉴频器不失真解调调频波时所允许的最大频率线性变化范围,$2\Delta f_{max}$ 可在鉴频特性曲线上求出。

(3)乘积型相位鉴频器。用 MCl496 构成的乘积型相位鉴频器实验电路(4.5MHz)如图 7.10.2 所示。其中,C_{13} 与并联谐振回路 L_1、C_{18} 共同组成线性移相网络,将调频波的瞬时频率的变化转变成瞬时相位的变化。分析表明,该网络的传输函数的相频特性 $\phi(\omega)$ 的表达式为

$$\phi(\omega) = \frac{\pi}{2} - \arctan[Q(\frac{\omega^2}{\omega_o^2} - 1)]$$

当 $\dfrac{\Delta\omega}{\omega_o} << 1$ 时,上式可近似表示为

$$\phi(\omega) = \frac{\pi}{2} - \arctan(Q\frac{2\Delta\omega}{\omega_o}) \quad 或 \quad \phi(\omega) = \frac{\pi}{2} - \arctan(Q\frac{2\Delta\omega}{\omega_o})$$

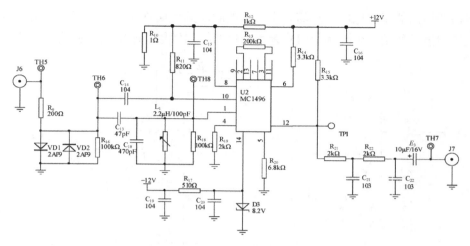

图 7.10.2 用 MC1496 构成的乘积型相位鉴频器实验电路（4.5MHz）

其中，ω_0 为回路的谐振频率，与调频波的中心频率相等；Q 为回路品质因数；$\Delta\omega$ 为瞬时频率偏移。

相移 ϕ 与频偏 Δf 的特性曲线如图7.10.3所示。由图7.10.3可知，在 $f=f_0$ 即 $\Delta f=0$ 时相位等于 $\dfrac{\pi}{2}$，在 Δf 范围内，相位随频偏呈线性变化，从而实现线性移相。MC1496 的作用是将调频波与调频调相波相乘，其输出经 RC 滤波网络输出。

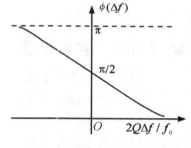

图 7.10.3 移相网络的相频特性

2．锁相鉴频

锁相环由 3 部分组成，如图 7.10.4 所示，它由鉴相器 PD、环路滤波器 LF、压控振荡器 VCO 组成一个环路。

锁相环是一种以消除频率误差为目的的反馈控制电路。当调频信号没有频偏时，若压控振荡器的频率与外来载波信号频率有差异，则通过相位比较器输出一个误差电压。这个误差电压的频率较低，经过环路滤波器滤去所含的高频成分，再去控制压控振荡器，使振荡频率趋近于外来载波信号频率，于是误差越来越小，直至压控振荡频率和外来信号一样，压控振荡器的频率被锁定在外来信号相同的频率上，环路处于锁定状态。

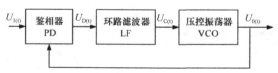

图 7.10.4 基本锁相环方框图

当调频信号有频偏时，如图 7.10.5 所示，和原来稳定在载波中心频率上的压控振荡器相位比较，相位比较器将输出一个误差电压，以使压控振荡器向外来信号的频率靠近。压控振荡器始终想要和外来信号的频率锁定，为达到锁定的条件，相位比较器和低通滤波器向压控振荡器输出的误差电压必须随外来信号的载波频率偏移的变化而变化。也就是说，这个误差控制信号就是一个随调制信号频率变化的解调信号，即实现了鉴频。

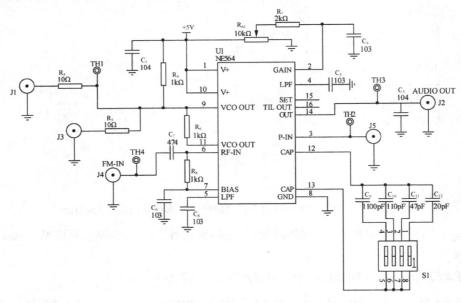

图 7.10.5　锁相鉴频（4.5MHz）

➡ 7.10.3　实验设备

（1）信号源模块 1 块。

（2）频率计模块 1 块。

（3）5 号板 1 块。

（4）双踪示波器 1 台。

（5）万用表 1 块。

➡ 7.10.4　实验内容

1．乘积型鉴频器

（1）正交鉴频连线框图如图 7.10.6 所示。

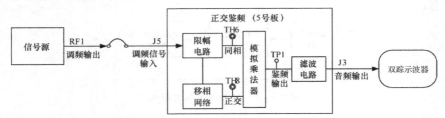

图 7.10.6　正交鉴频连线框图

（2）将 U_{P-P}=500mV、f_C=4.5MHz、调制信号的频率 f_Ω=1kHz 的调频信号从 J5 端输入，按下"FM"开关，将"FM 频偏"旋钮旋到最大。

（3）调节谐振回路电感 L_1 使输出端获得的低频调制信号 $v_o(t)$ 的波形失真最小，幅度最大。

（4）鉴频特性曲线（S 曲线）的测量。测量鉴频特性曲线的常用方法有逐点描迹法和扫频测量法。

逐点描迹法的操作如下。

① 鉴频器的输出端 v_o 接数字万用表（置于"直流电压"挡），测量 TP1 处输出电压 v_o 值（调谐并联谐振回路，使其谐振）。

② 改变高频信号发生器的输出频率（维持幅度不变），记下对应的输出电压值，并填入表 7.10.1，最后根据表中测量值描绘 S 曲线。

表 7.10.1　鉴频特性曲线测量值

F/MHz	4.0	4.1	4.2	4.3	4.4	4.5	4.6	4.7	4.8	4.9	5.0
U_o/mV											

2．锁相鉴频

（1）将 S1 拨为 0010，锁相鉴频连线要求如表 7.10.2 所示。

表 7.10.2　锁相鉴频连线要求

源　端　口	目 的 端 口	连 线 说 明
信号源：RF1 FM（U_{P-P}=500mV，f=4.5MHz）	5 号板：J4	FM 信号输入
5 号板：J3	5 号板：J5	参考输入
信号源：低频输出	频率计：AUDIO IN	调制信号
5 号板：J2	频率计：RFIN	解调信号

（2）将 U_{P-P}=500mV、f_C=4.5MHz、调制信号的频率 f_Ω=1kHz 的调频信号从 J4 输入。

（3）连接 J3 和 J5，观察 J2 输出的解调信号，并与调制信号进行对比。

（4）改变调制信号的频率，观察解调信号的变化。对比解调信号和音频信号频率是否一致。

（5）改变 R_{A1} 的阻值，观察 J1、J2 处波形。

➥ 7.10.5　实验报告

（1）整理实验数据，完成实验报告。

（2）说明乘积型鉴频器的鉴频原理。

（3）根据实验数据绘出鉴频特性曲线。

（4）说明锁相鉴频的原理。

第三篇　电子技术课程设计

电子技术课程设计，主要内容为模拟电路课程设计、数字电路课程设计[11]和电子大赛培训知识[12]等 3 章内容。

电子技术课程设计的教学任务是通过解决实际工程问题，巩固和加深学生在模拟电路和数字电路课程中所学到的理论知识和实验技能，掌握电子电路的基本设计方法，提高电子电路的设计和实验能力。实践表明，此实践性环节对参与电子大赛、进行毕业设计和今后从事电子技术工作的学生有很大的帮助。

根据设计性能指标，电子技术设计一般包括 4 个环节，即方案的比较并确定、电路原理图的设计、电路仿真和电路板焊接、调试与测试等。

电路设计好坏的衡量标准是：工作稳定可靠，能达到所要求的性能指标；电路简单、成本低、功耗低；所采用的元器件的品种少、体积小；便于生产、测试和维修；电路的性价比高。

本篇首先介绍常用电子电路的一般设计方法，然后介绍模拟电路、数字电路的课程设计举例，最后给出模拟电路、数字电路课程设计的要求与题目和课程设计报告规范。

第8章 模拟电路课程设计

8.1 常用电子电路设计方法

常用电子电路的一般设计方法和步骤是：首先选择总体方案、设计单元电路、选择元器件、计算参数、绘制电路原理图；其次焊接或组装电路、调试并测试电路；最后按要求完成设计报告。

模拟电路设计与数字电路设计方法基本相同，但略有差异，应根据实际情况灵活掌握。

➧ 8.1.1 总体方案的选择

所谓总体方案是根据所提出的任务、要求和条件，用具有一定功能的若干单元电路组成一个总体来实现各项功能，并满足设计题目提出的要求和技术指标。

根据设计性能指标，选择两三种设计方案，仔细分析每种方案的可行性和优缺点，加以比较，从中选优。在选择过程中，常用方框图表示单元电路，方框图一般不必太详细，只要说明基本原理就行，但有些关键部分一定要画清楚，必要时需要画出具体电路来加以分析。

➧ 8.1.2 单元电路的设计

在确定总体方案后，进行单元电路的设计。设计单元电路的一般方法和步骤如下。

（1）根据设计要求，选定总体方案，确定对各单元电路的设计要求，必要时应详细拟定主要单元电路的性能指标。

（2）拟定各单元电路的要求后，应认真检查，确定无误后方可按一定顺序分别设计各单元电路。

（3）选择单元电路的结构形式。通过查找资料以丰富知识，从而选择合适的电路。若确实找不到性能指标完全满足要求的电路，也可以选用相近的电路，通过调整参数来满足性能指标。

（4）单元电路设计时应阐述相关原理。对电路进行原理分析，推出相应的公式，为电路中参数的计算做准备。

➧ 8.1.3 总电路图的绘制

总电路图是进行实验和印刷电路板设计制作的主要依据，也是进行生产、调试、维修的依据。

绘制总电路图的方法如下。

（1）选择相关的绘图软件，如 Multisim12 软件，可方便绘制，同时也便于仿真分析。

（2）绘制总电路图应注意信号码的流向，通常从输入端或信号源画起，由左到右或由上到下按信号的流向依次画出各单元电路。

（3）最好把总电路图画在同一张图样上，如果电路比较复杂，一张图样画不下，应把主电路画在同一张图样上，而把一些比较独立或次要的部分如直流稳压电源画在另一张图样上，并用适当的方式说明各图样之间的信号关系。

（4）电路图中所有的连线都要表示清楚，各元器件之间的连线应在图样上直接画出。电路图的安排要紧凑协调，清晰易懂。

（5）集成电路的管脚较多，应对多余的管脚进行适当处理。电路中的中大规模集成器件通常用框图表示，在框中标出它的型号，框的边线两侧标出每根连线的功能名称和管脚号。除了中大规模集成器件，其余元器件的符号应当标准化。

8.1.4　元器件的选择

电子电路的设计就是选择最合适的器件，并把它们最好地组合起来。选择元器件应注意两个问题：第一，根据具体问题和方案，清楚需要哪些器件以及每个器件应具有的功能和性能指标；第二，了解实验室有哪些元器件、哪些在市场上能买到，以及各元器件的性能和价格如何。电子元器件种类繁多，新产品不断出现，这就需要人们经常关心元器件的信息和市场动向。

元器件的选择应该注意以下几个问题。

（1）一般优先选用集成元器件。

（2）如何选择集成器件。

（3）分立元器件如阻容元件的选择。

（4）器件参数的选择。

8.1.5　审图

如果在设计过程中有些问题考虑不周，各种计算可能出现错误，因此在画出总电路图并计算出全部参数值之后，要进行全面审查，审图时应注意以下几点。

（1）先从全局出发，检查总体方案是否合适，若无问题，再检查各单元电路的原理是否正确，电路形式是否合适。

（2）检查各单元电路之间的电平、时序等配合有无问题。

（3）检查电路图中有无烦琐之处，是否可以化简。

（4）根据图中所标出的各元器件的型号、参数等，验算其能否达到性能指标，有无恰当的裕量。

（5）要特别注意电路图中各元器件是否工作在额定值范围内，以免实验时损坏。

（6）解决所发现的全部问题后，若改动较多，应当复查一遍。

8.1.6　电路板的焊接

电路原理图确定后，主要任务就是电路板的焊接。焊接前应先综合布局，各器件放置合理，避免器件过分集中或偏向一边。焊接时，保证各焊点实焊。各焊点连线应保持水平或垂直，避免各焊点连线倾斜、交叉。不建议采用拖焊，因为既浪费焊锡丝，又容易出现虚焊。焊接详情可参照 2.2 节。

8.1.7　实验调试和测试

（1）实验的必要性。设计一个能实际应用的电子电路，既要考虑方案用哪些单元电路，各单元电路之间怎样连接、如何配合，还要考虑用哪些元器件，以及它们的性能、价格、体积、功耗、货源等。因此，设计时要考虑的因素和问题相当多，加之电子元器件品种繁多、性能各异，初学者经验不足，以及一些新的集成电路功能较多、内部电路复杂，如果没有实际使用经验，单凭资料很难掌握它的各种用法和具体细节。因此，设计时难免考虑不周，出现差错。实践证明，对于比较复杂的电子电路，要想使自己设计的电路无误码并且完善，单是纸上谈兵往往是不可能的，因此必须进行实验。

（2）实验内容。

① 检查各元器件的性能和质量能否满足设计要求。

② 检查各单元电路的功能和主要指标是否达到设计要求。

③ 检查各个接口电路是否起到应用的作用。

④ 把各单元电路组合起来，检查总体电路的功能，从中发现设计中的问题。

在实验过程中遇到问题时应善于理论联系实际，深入思考，找出解决问题的办法。经测试，性能达到全部要求后，再画出正式的电路图。

8.2　模拟电路课程设计举例

模拟电路课程设计题目，主要有集成运算电路、波形产生电路、滤波电路、信号检测比较电路、低频功率放大电路和综合类电路等 6 大方向，各方向均要进行电源电路的设计。

下面对模拟电路课程设计部分题目进行简要分析，供学生参考。

8.2.1　直流稳压电源电路的设计

1．设计要求

用桥式整流电路、电容滤波电路、集成稳压电路设计±12V 直流稳压电源电路。

2．方案设计与论证

直流稳压电源电路由电源变压器、桥式整流电路、电容滤波电路、集成稳压电路 4 部分构成，如图 8.2.1 所示。

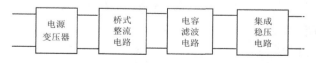

图 8.2.1　直流稳压电源电路的方案图

3．原理与原理图

1）原理

电源变压器将 220V 交流电降压为 15V 交流电；桥式整流电路利用二极管的单向导电性将交流电压变为脉动直流电压；电容滤波电路利用电容器充放电原理，将脉动的直流电转换为平滑的直流电，此时脉动成分小，平均直流稳压大。

因为电源电压会发生波动或者负载会发生变化，输出直流电压不稳定，所以在最后一个环节，还应该增加串联型三端集成稳压块稳压电路。根据设计要求，选用 7812 和 7912。

2）原理图

直流稳压电源电路原理图如图 8.2.2 所示。

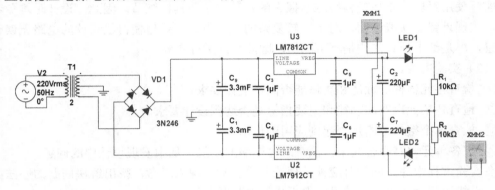

图 8.2.2　直流稳压电源电路原理图

8.2.2　数学运算电路的设计

1．设计要求

（1）设计一个数学运算电路，实现以下运算关系：$U_o=5U_{i1}+2U_{i2}-2U_{i1}/U_{i2}$。

（2）用桥式整流电路、电容滤波电路、集成稳压电路设计数学运算电路所需要的直流稳压电源。

2．方案设计与论证

数学运算电路方案图如图 8.2.3 所示，整个电路由±12V 直流稳压电源电路、除法运算电路和加减法运算电路及反向比例运算放大电路组成。

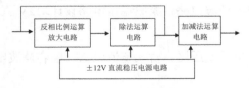

图 8.2.3　数学运算电路方案图

3．原理与原理图

1）原理

考虑到运算电路中运算放大器需要正负双电源供电，故直流稳压电源电压值设计为

±12V。直流稳压电源电路中，首先采用变压器将220V交流电降压；其次用二极管全波整流，得到脉动的直流电压；再次采用电容滤波减少脉动成分；最后用三端稳压器稳压得到稳定的±12V直流电压。

对于除法运算电路，采用在运算放大器的负反馈通路中接入模拟乘法器实现乘法运算的逆运算，即除法运算（模拟乘法器可选择AD633JN）。

对于加减法运算电路，将输入信号作用在运算放大器的同相输入端，可以实现加法运算，作用于反相输入端，则实现减法运算。通过对加减法运算电路中的运算放大器利用"虚短"和"虚断"，并结合关键节点的基尔霍夫电流定律表达式，可求出加减法运算电路中的各电阻的取值，即可实现设计要求的运算关系式。

2）原理图

数学运算电路原理图如图8.2.4所示。

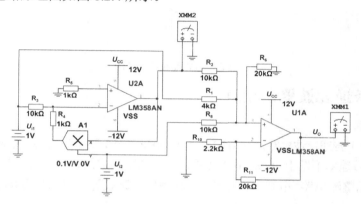

图8.2.4　数学运算电路原理图

8.2.3　除法运算电路的设计

1. 设计要求

（1）设计一个除法运算电路，实现 $U_o=-U_{i1}/U_{i2}$。

（2）用桥式整流电路、电容滤波电路、集成稳压电路设计电路所需要的直流稳压电源。

2. 方案设计与论证

除法运算电路方案图如图8.2.5所示。整个电路由±12V直流稳压电源电路、乘法运算电路和反相比例运算放大电路组成。

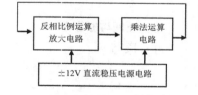

图8.2.5　除法运算电路方案

3. 原理与原理图

1）原理

考虑到运算电路中运算放大器需要正负双电源供电，故直流稳压电源电压值设计为±12V。直流稳压电源电路中，首先采用变压器将220V交流电降压；其次用二极管全波整流，得到脉动的直流电压；再次采用电容滤波减少脉动成分；最后用三端稳压器稳压得到稳定的±12V直流电压。

乘法运算电路，利用模拟乘法器实现。对于除法运算电路，采用反函数型运算电路的基本原理，将乘法运算电路作为运算放大器电路的负反馈网络即可实现。对电路中的运算放大器利用"虚短"和"虚断"，并结合关键节点的基尔霍夫电流定律表达式，可求出反相比例运算放大电路中的各电阻的取值，即可实现设计要求的运算关系式。

2）原理图

除法运算电路图如图 8.2.6 所示。

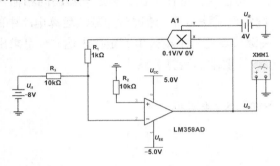

图 8.2.6   除法运算电路图

8.2.4   带通滤波器的设计

1．设计要求

（1）设计一个带通滤波电路，中心频率 f_0 为 10kHz，−3dB 带宽为 2kHz，谐振增益 $H_{OBP} = 10$，$f \gg f_0$ 处的衰减速率不低于 40dB/10 倍频程，截止频率和增益等的误差要求在 ±10% 以内。

（2）用桥式整流电路、电容滤波电路、集成稳压电路设计电路所需要的直流稳压电源。

2．方案设计与论证

根据设计要求，整个电路由 ±12V 直流稳压电源电路、二阶压控电压源带通滤波器组成，带通滤波器方案图如图 8.2.7 所示。

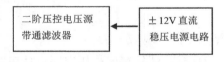

图 8.2.7   带通滤波器方案图

3．原理与原理图

1）原理

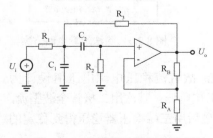

图 8.2.8   带通滤波器电路原理图

考虑到运算电路中运算放大器需要正负双电源供电，故直流稳压电源电压值设计为 ±12V。直流稳压电源电路中，首先采用变压器将 220V 交流电降压；其次用二极管全波整流，得到脉动的直流电压；再次采用电容滤波减少脉动成分；最后用三端稳压器稳压得到稳定的 ±12V 直流电压。

带通滤波器选择用二阶压控电压源带通滤波器[10]，

192

带通滤波器电路原理图如图 8.2.8 所示。

参考带通滤波器理论知识，相关公式如下。

$$\begin{cases} w_0 = \dfrac{\sqrt{1 + R_1 / R_3}}{\sqrt{R_1 C_1 R_2 C_2}} \\[3mm] H_{\mathrm{OBP}} = \dfrac{K}{1 + (1-K)R_1 / R_3 + (1 + C_1 / C_2)R_1 / R_2} \\[3mm] Q = \dfrac{\sqrt{1 + R_1 / R_3}}{[1 + (1-K)R_1 / R_3]\sqrt{R_2 C_2 / R_1 C_1} + \sqrt{R_1 C_2 / R_2 C_1} + \sqrt{R_1 C_1 / R_2 C_2}} \end{cases}$$

其中，$K = 1 + \dfrac{R_{\mathrm{B}}}{R_{\mathrm{A}}}$。

如果 $Q > \dfrac{\sqrt{2}}{3}$，$R_1 = R_2 = R_3 = R$，$C_1 = C_2 = C$，简化上式，则

$$\begin{cases} w_0 = \dfrac{\sqrt{2}}{RC} \\[3mm] H_{\mathrm{OBP}} = \dfrac{K}{4 - K} \\[3mm] Q = \dfrac{\sqrt{2}}{4 - K} \end{cases}$$

得出的设计方程为

$$\begin{cases} RC = \dfrac{\sqrt{2}}{w_0} \\[3mm] K = 4 - \dfrac{\sqrt{2}}{Q} \\[3mm] R_{\mathrm{B}} = (K-1)R_{\mathrm{A}} \end{cases}$$

由上式可知，K 值依赖于 Q 值的大小。为了将增益从现在的 A_{old} 降到另一个不同的值 A_{new}，应用戴维南定理，用分压器 $R_{1\mathrm{A}}$ 和 $R_{1\mathrm{B}}$ 取代 R_1，同时确保 w_0 不受替换的影响，需要满足

$$\begin{cases} A_{\mathrm{new}} = A_{\mathrm{old}} \dfrac{R_{1\mathrm{B}}}{R_{1\mathrm{A}} + R_{1\mathrm{B}}} \\[3mm] R_{1\mathrm{A}} \parallel R_{1\mathrm{B}} = R_1 \end{cases}$$

电路连接如图 8.2.9 所示。

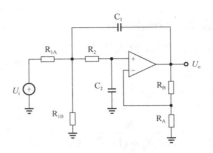

图 8.2.9　改进的带通滤波器电路图

（1）选取 C，电容器的选择可参考表 8.2.1。

表 8.2.1　截止频率与所选电容的参考对照表[10]

f_0	10~1000Hz	0.1~1kHz	10~10kHz	10~100kHz
C	1~0.1μF	0.1~0.01μF	0.01~0.001μF	1000~100pF

（2）$R = \dfrac{\sqrt{2}}{2\pi f_0 C}$。

（3）根据 K 确定电阻 R_A 和 R_B 的值。$K = 4 - \sqrt{2}/Q$，选取 R_A，则 $R_B = (K-1)R_A$。

（4）$A_{\text{old}} = H_{\text{OBP}} = \dfrac{K}{4-K}$，根据所要求的增益，确定分压电阻 R_{1A} 和 R_{1B}。

2）原理图

改进的带通滤波器电路图如图 8.2.9 所示。

8.2.5　温控 OCL 音频集成功率放大器的设计

1．设计要求

（1）用集成功率放大器设计温控 OCL 音频集成功率放大电路；输入信号为 $U_i \leqslant 10\text{mV}$，$R_i \geqslant 100\text{k}\Omega$；输出电压 $U_o \geqslant 1\text{V}$；负载阻抗 $R_L = 8\Omega$。

（2）高温时（自己定）电路工作；小于自定的高温时，电路不工作。

（3）用桥式整流电路、电容滤波电路、集成稳压电路设计电路所需要的直流稳压电源。

2．方案设计与论证

根据设计要求，整个电路由±12V 直流稳压电源电路、温控电路、OCL/TDA2030 集成功率放大电路组成，如图 8.2.10 所示。

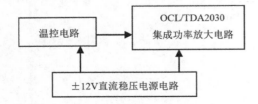

图 8.2.10　温控 OCL 音频集成功率放大器方案图

3．原理与原理图

1）原理

直流稳压电源电压值设计为±12V。直流稳压电源电路中，首先采用变压器将 220V 交流电降压；其次用二极管全波整流，得到脉动的直流电压；再次采用电容滤波减少脉动成分；最后用三端稳压器稳压得到稳定的±12V 直流电压。

温控电路由电压比较器和共射放大电路构成，主要由热敏电阻和继电器控制。热敏电阻采用负温度系数（NTC）热敏电阻，温度越高，阻值越小，因此高温时电路工作，小于自定的高温时电路不工作。由 LM358 构成电压比较电路，输出信号经 9013 放大，再通过继电器实现音频信号的接通或断开，继电器选用 Jqc-3ff。

OCL/TDA 集成功率放大电路选用集成块 TDA2030 实现功率放大。温控部分的输出端接到温控 OCL 音频集成功率放大电路的输入端，调节外接电位器使输出端电压为 1V，实现功率放大。

2）原理图

温控 OCL 音频集成功率功率放大电路原理图如图 8.2.11 所示。

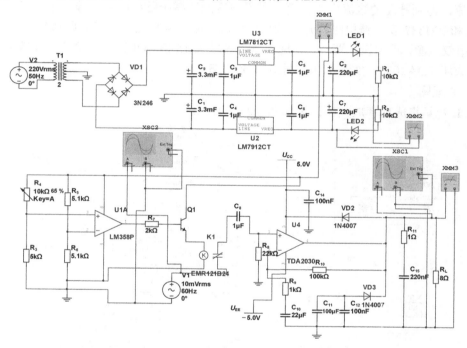

图 8.2.11　温控 OCL 音频集成功率放大电路原理图

➦ 8.2.6　OCL 音频集成功率放大器的设计

1. 设计要求

（1）用集成运算放大器和集成功率放大器设计 OCL 音频集成功率放大电路。

（2）输入信号为 $U_i \leqslant 10\text{mV}$，$R_i \geqslant 100\text{k}\Omega$；额定输出功率 $P_o \geqslant 1.5\text{W}$；负载阻抗 $R_L = 8\Omega$。

（3）用桥式整流电路、电容滤波电路、集成稳压电路设计电路所需要的直流稳压电源。

2. 方案设计与论证

根据设计要求，整个电路由可调稳压电源电路、μA741 构成同相比例运算电路、TDA2030 构成 OCL 音频集成功率放大电路组成，如图 8.2.12 所示。

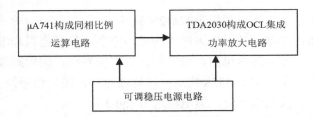

图 8.2.12　OCL 音频集成功率放大器方框图

3．原理与原理图

1）原理

设计可调稳压电源电路时，首先采用变压器将 220V 交流电降压；其次用二极管实现全波整流，得到脉动的直流电压；再次采用电容滤波减少脉动成分；最后采用三端稳压器 LM317 和 LM337 及可调电阻构建可调稳压电源电路。同相比例运算电路选择 μA741 集成块，采用双电源，根据设计要求，实现电压信号放大 15 倍。OCL 音频集成功率放大电路，选择集成块 TDA2030，实现电压信号放大 30 倍左右。

2）原理图

OCL 音频集成功率放大器原理如图 8.2.13 所示。

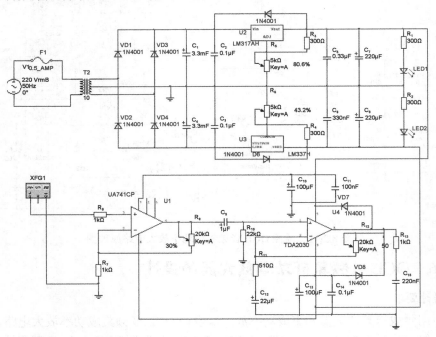

图 8.2.13　OCL 音频集成功率放大器原理

8.3　模拟电路课程设计报告文本格式

模拟电路课程设计成绩由两部分构成，即电子作品成绩和课程设计报告成绩，二者成绩比例可根据实际情况进行调整。但硬件作品测试必须合格，才有课程设计报告成绩，否则课程设计报告成绩建议为 0 分。

8.3.1　课程设计报告规范性

1．论文排版格式规范性

题目、一级标题、二级标题、正文及图标应符合写作要求，注意字体、字号和段落编写，具体要求可参考教师指定的范文。

2．论文内容正确性和完整性

论文应由以下几部分组成。

（1）合理的方案设计和论证、电路参数的计算、总原理图和元件清单。

（2）电路板制作、调试内容，详细制作和调试过程。

（3）电路板测试内容。测试合理且性能指标测试数据完整、正确，数据处理规范，进行了误差计算和误差分析。

（4）课程设计总结。

（5）参考文献。

8.3.2　OCL 音频集成功率放大器介绍范文

OCL 音频集成功率放大器

一、设计任务与要求

（1）用集成运算放大器和集成功率放大器设计 OCL 音频集成功率放大电路。

（2）输入信号为 $U_i \leq 10\text{mV}$，$R_i \geq 100\text{k}\Omega$，额定输出功率 $P_o \geq 1.5\text{W}$，负载阻抗 $R_L = 8\Omega$。

（3）用桥式整流电路、电容滤波电路、集成稳压电路设计电路所需要的直流稳压电源。

二、方案设计与论证

OCL 音频集成功率放大电路，顾名思义为无输出电容功率放大电路，如图 1 所示。

在 OCL 音频集成功率放大电路中，VT$_1$ 和 VT$_2$ 特性对称，采用了双电源供电[①]。静态时，VT$_1$ 和 VT$_2$ 均截止，输出电压为零。设三极管 B-E 间的开启电压可忽略不计，输入电压为正弦波。当 $U_i > 0$ 时，VT$_1$ 管导通，VT$_2$ 管截止，正电源供电，电流如图中实线所示，电路为射极输出形式，$U_o \approx U_i$。当 $U_i < 0$ 时，VT$_2$ 管导通，VT$_1$ 管截止，负电源供电，电流如图中虚线所示，电路

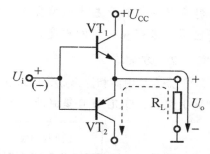

图 1　OCL 音频集成功率放大电路

---

① 童诗白，华成英. 模拟电子技术基础[M]. 5 版. 北京：高等教育出版社，2015.

也为射极输出形式，$U_o \approx U_i$。可见电路实现了"VT_1 和 VT_2 交替工作，正、负电源交替供电，输出与输入之间双向跟随"。不同类型的两个三极管（VT_1 和 VT_2）交替工作且均组成射极输出形式的电路称为"互补"电路。

题目要求使用集成功率放大器实现电路设计，集成运算放大器要求输入信号 $U_i \leqslant 10mV$，输入电阻要求 $R_i \geqslant 100k\Omega$，负载要求 $R_L = 8\Omega$ 等，电路框图如图 2 所示。

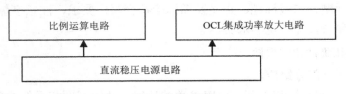

图 2　电路框图

放大电路可设计为同相或反相放大电路，OCL 集成块可选择 TDA1521 双声道功率放大器和 TDA 2030/TDA2030a 功率放大器，电路选其经典应用电路，直流电源可设计成可调式和不可调式。

1. 方案一

方案一由同相比例放大电路和 OCL 分立元件功率放大电路及±8V 直流稳压电源电路（可调）组成，OCL 音频集成功率放大电路方案一框图如图 3 所示。

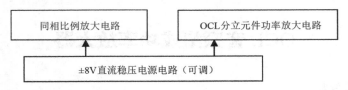

图 3　OCL 音频集成功率放大电路方案一框图

方案一原理分析如下。本方案中的±8V 直流稳压电源采用双电源，是由 LM317、LM337 及可调电阻组成的可调电源，由设计所需要的功率计算得出电源需要 7~15V。同相比例放大电路应采用双电源，所以选择 μA741 进行运算放大。OCL 分立元件功率放大电路采用经典电路（消除交越失真后的经典电路），电压增益约等于 1，因此放大都由第一级功率放大电路提供，并且容易产生失真，不好调试。虽然成本比较低，但是应用起来存在一定的难度。

2. 方案二

方案二由同相比例放大电路和 OCL 音频集成功率放大电路及±8V 直流稳压电源电路（可调）组成，OCL 音频集成功率放大电路方案二框图如图 4 所示。

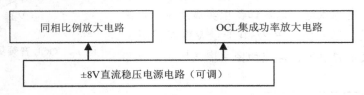

图 4　OCL 音频集成功率放大电路方案二框图

方案二原理分析如下。本方案采用的电源和方案一相同。因输入电阻较大，第一级可选择同相比例放大电路，电路电压放大倍数由同相比例放大电路和 TDA2030 集成功率放大器共同确定。

通过分析，结合设计电路性能指标、器件的性价比，本设计电路选择方案二。

三、单元电路设计与参数计算

1．TDA2030 简介

TDA2030[①]外接元件非常少，输出功率大，P_{om} 可达 16W（R_L=8Ω）。采用超小型封装（TO-220）可提高组装密度，开机冲击极小，内含各种保护电路，因此工作安全可靠。主要保护电路有短路保护、过热保护、地线偶然开路、电源极性反接（V_{CCmax}=12V）及负载泄放电压反冲等。

（1）TDA2030 引脚图如图 5 所示。图中从左至右，各引脚功能分别为正相输入端、反相输入端、负电源输入端、功率输出端及正电源输入端。

（2）TDA2030 使用注意事项。

① TDA2030 具有负载泄放电压反冲保护电路的作用，如果电源电压的峰值电压为 40V，那么在引脚 5 与电源之间必须插入 LC 滤波器、二极管限压（引脚 5 产生了高压，一般是喇叭的线圈电感作用，使电压等于电源的电压）以保证引脚 5 上的脉冲串维持在规定的幅度内。

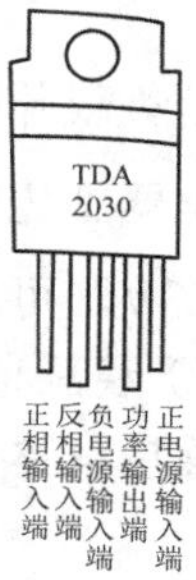

② 过热保护。过热保护的优点是，能够容易地承受输出的过载（甚至是长时间的）或者在环境温度超过限定温度时起保护作用。

③ 与普通电路相比较，散热片可以有更小的安全系数。装配时散热片之间不需要绝缘，引线长度应尽可能短。

图 5　TDA2030 引脚图

④ 印制电路板设计时必须考虑地线与输出的去耦，因为这些线路有大的电流通过。

（3）TDA2030 的主要参数。

①工作电压为±（6~22）V；②静态电流小于50mA；③输出功率为 16W（V=±16V，R_L=8Ω）；④谐波失真为 0.05%（f=15kHz，R_L=8Ω）；⑤闭环增益为 26dB（f=1kHz）；⑥开环增益为 80dB（f=1kHz）；⑦频响范围为 40~14000Hz。

2．直流稳压电源电路设计

直流稳压电源由电源变压器、桥式整流电路、电容滤波电路、集成稳压电路 4 部分构成，如图 6 所示。

图 6　直流稳压电源的组成框图

---

① 罗杰，谢自美．电子线路设计、实验、测试[M]．4 版．北京：电子工业出版社，2009．

1）单相桥式整流滤波电路

图7为单相桥式整流电容滤波电路。单相桥式整流后输出电压的平均值为

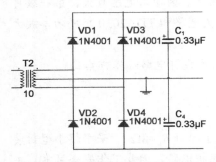

图7 单相桥式整流电容滤波电路

$$U_{o(AV)} = \frac{1}{\pi}\int_0^\pi \sqrt{2}U_2\sin\omega t\,d(\omega t)$$

计算后可得

$$U_{o(AV)} = \frac{2\sqrt{2}U_2}{\pi} \approx 0.9U_2$$

电容滤波之后电压平均值计算公式为

$$U_{o(AV)} = \sqrt{2}U_2(1 - \frac{T}{4R_LC})$$

当负载开路，即 $R_L=\infty$ 时，$U_{o(AV)} = \sqrt{2}U_2$。当 $R_LC=(3\sim5)\,T/2$ 时，$U_{o(AV)}=1.2U_2$。由于变压器副边输出为 15V 交流电，电容及二极管耐压值要求 $U\geq1.1\sqrt{2}U_o$，计算可得耐压值为 23V，可选 50V。二极管选择 4×1N4001，滤波电容选择 2×3300μF。

2）稳压电路

稳压电路选用 LM317 和 LM337，可调节电压的稳压电路如图8所示。

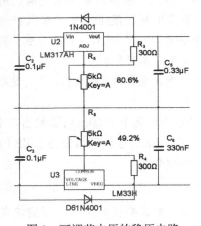

图8 可调节电压的稳压电路

本设计集成块的电源电压可调，调节范围为±（8~12）V。查阅 LM317 数据手册，其基准电压为 1.25V，取 $R_3=R_4=300\Omega$，由分压公式

$$U_o = (1 + \frac{R_5}{R_3})\times1.25$$

可得 $R_5=R_6=(1.62\sim2.58)\,k\Omega$，选用变阻器取 $5k\Omega$。实际调节中不能将变阻器调至最大值，否则容易将稳压块烧坏。为便于监测电源工作，可在电源输出端分别并联两个发光二极管。

可调直流稳压电路图如图 9 所示。

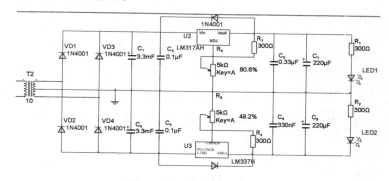

图 9　可调直流稳压电路图

3. 放大电路设计

放大电路由第一级的同相比例放大电路和第二级的 OCL 音频集成功率放大电路构成。

1）同相比例放大电路

同相比例放大电路[1]如图 10 所示。同相比例放大电路具有高输入电阻、低输出电阻的特性。电压放大倍数为

$$A_{u1} = 1 + \frac{R_8}{R_7}$$

若 TDA2030 电压增益设置为 30 倍，由 OCL 输出功率计算公式 $P_{om} = \dfrac{U_{om}^2}{R_L}$，计算出 U_{om} 为 3.5V 左右。

题目要求输入信号为 $U_I \leqslant 10\text{mV}$，$R_I \geqslant 100\text{k}\Omega$；额定输出功率 $P_O \geqslant 1.5\text{W}$，负载阻抗 $R_L = 8\Omega$，因此功率放大前级输入电压为 120mV 左右。

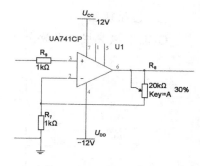

图 10　同相比例放大电路

因为第一级输入 $U_I \leqslant 10\text{mV}$（取 10 mV），所以同相比例放大倍数为 12 倍左右。取 $R_7 = 1\text{k}\Omega$，由公式 $A_{u1} = 1 + \dfrac{R_8}{R_7}$ 得出电阻 R_8 约等于 10kΩ，可选择 20kΩ 的电位器。

2）OCL 音频集成功率放大电路

OCL 集成块选择 TDA2030 集成功率放大器，其集成功率放大电路如图 11 所示。集成功率放大器电压放大倍数为

$$A_{u2} = 1 + \frac{R_{12}}{R_{11}} = \frac{U_o}{U_{I2}}$$

---

① 彭介华. 电子技术课程设计指导[M]. 北京：高等教育出版社，1997.

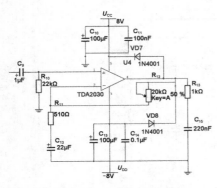

图 11　TDA2030 功率放大电路

OCL 输出功率计算公式为

$$P_{om} = \frac{U_{om}^2}{R_L} = \frac{(U_{CC} - U_{CES})^2}{2R_L}$$

经查表，TDA2030 的 U_{CES} 为 140mV，A_{u2} 设置为 30 倍，由之前数据 $U_{CC}=8V$，$R_L=8\Omega$，最大不失真电压 $U_{om}=3.5V$，得出最大输入有效值 U_{i2} 为 120mV 左右。

功率放大器电压调节支路选用常用电路，取 $R_{11}=510\Omega$，R_{12} 用 20kΩ 电位器。

电路中，C_9 作用为隔直，C_{10}、C_{11} 作用为高频去耦，C_{12} 与 R_{13} 构成移相用来稳定频率，C_{13}、C_{14} 作用为低频去耦，两个二极管起输出电压正负限幅保护作用，R_{11}、R_{12} 起闭环增益设置的作用[1]。

四、总原理图及元件清单

1. 总原理图

OCL 音频集成功率放大总原理图如图 12 所示。

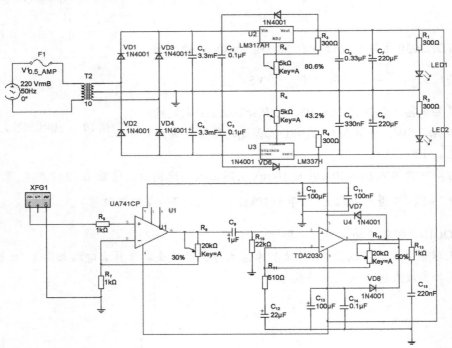

图 12　OCL 音频集成功率放大总原理图

---

① 王港元. 电工电子实践指导[M]. 3 版. 南昌：江西科学技术出版社，2010.

2．元件清单

电路所用元件如表 1 所示。

表 1　元件清单

元 件 序 号	型　　号	主 要 参 数	数量	备注（单价）
变压器	O/P 15V×2	I/PAC 220V 50~60Hz	1	15.00 元
整流二极管	1N4007	反向耐压 1000V	6	
发光二极管		1.2V 10mA	2	红色、绿色
滤波电容	电解电容	25V 2200μF	2	0.38 元
稳压块 1	LM317	1.25~37V 可调	1	0.68 元
稳压块 2	LM337	-37~-1.25V	1	1.72 元
变阻器	蓝色精密	5kΩ	2	
集成运算放大器	μA741		2	0.68 元
集成功率放大	TDA2030a	闭环增益 26 倍	1	0.88 元
二极管	1N4001	反向耐压 50V	2	
电容	若干			
电阻	若干			

五、安装与调试

1．电路安装

电源电路和功能部分电路分开安装焊接。

1）电源电路

电源部分正、负极具有对称性，在电源长期工作的时候，其变压器和稳压块容易发热，在排版时应考虑散热问题，稳压块应加散热片。焊接时应合理布局，太稀疏体积大，太密集元件可能相互影响，焊接时应特别注意稳压块 3 个引脚的功能。例如，LM317 中引脚 1 为调节，引脚 2 为输出，引脚 3 为输入；LM337 中引脚 1 为调节，引脚 2 为输入，引脚 3 为输出。

注意滤波电解电容极性接反容易爆炸，一般电解电容侧身白条标有负号的那个引脚是负极，发光二极管长脚为正，电源实物图如图 13 所示。

2）功能部分电路

功能部分电路有两级电路分别是放大电路、功率放大电路，放大电路实物图如图 14 所示。

图 13　电源实物图

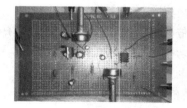

图 14　放大电路实物图

TDA2030 发热比较严重，因此必须加散热片。考虑到电路要求一些特殊阻值的电阻，在实际焊接时可能要串并联拼凑达到相近阻值。考虑到功率放大供电可以在一定电压范围，因此功率放大部分单独引出电源线，从各级电路来看，接地的比较多、比较复杂，合并在一起可能对接地电阻会有影响，从而影响单级测试数据。

2．电路调试

1）静态调试

直流电源调试。调节图 12 中的电位器 R_5、R_6 使 μA741、OTL2030 集成块电源电压为±8V。静态工作点调试。功率放大部分在无输入信号时输出电压为零，说明静态工作良好。

2）动态调试

电源接入后，输入正弦交流信号 $U_i \leqslant 10\text{mV}$，$f=1\text{kHz}$，调节图 12 电路中的 R_8、R_{12} 电位器，观察示波器输出的电压波形，确保电压放大、波形不失真。同时，第一级集成运算放大器电压放大倍数在 12 倍左右，第二级电压放大倍数应该在 30 倍左右，而实际值略小。

六、性能测试与分析

性能测试分为电源测试和功能测试。

1．直流电源测试与分析

1）测试步骤

先将电源调为±8V，再测量电网电压、变压器副端电压、稳压块输入电压、稳压块输出电压。

2）测试数据

LM317：输入端 20.57V，输出端+8.0V。

LM337：输入端 20.57V，输出端-8.0V。

2．功能电路测试与分析

1）测试步骤

先测第一级放大电路的输入电阻、电压放大倍数，再测第二级功率放大电路电压放大倍数，同时用示波器测试输入、输出波形。

2）测试数据

第一级输入电压：$U_i=10.02\text{mV}$。

第一级输出电压：$U_{o1}=121.2\text{mV}$。

第二级输出电压：$U_{o2}=3.52\text{V}$。

各级输出电压波形正常，未出现明显失真。

3）数据处理

放大倍数 $A_{u1}=12.12$，$A_{u2}=29.05$，$A_u=351.72$。

输出功率 $P_o=1.51\text{W}$。

输入电阻 $R_i=116.53\text{k}\Omega$。

4）误差计算

A_{u1}：$\gamma_1 = \left| \dfrac{12.12-12}{12} \right| \times 100\% = 1\%$。

A_{u2}：$\gamma_2 = \left| \dfrac{29.05-30}{30} \right| \times 100\% \approx 3.2\%$。

P_O： $\gamma_3 = \left| \dfrac{1.51 - 1.5}{1.5} \right| \times 100\% \approx 0.67\%$ 。

七、结论

1. 结论分析

（1）电源输出电压为±8V，与理论值相符，设计符合要求。

（2）两级放大电路的静态工作点经测试合理。

（3）集成运算放大器第一级电压放大倍数 A_{u1}=12.12，与理论值的 12 倍相符；第二级功率放大电路实测电压放大倍数 A_{u2}=29.02，与理论值的 30 倍相符；放大电路总电压放大倍数为两级电压放大倍数之积，经计算 A_u=351.72，若输入信号为 10mV，输出理论值应为 3.50V，总电压放大倍数也相符。

（4）多级放大电路的输入电阻为第一级放大电路的输入电阻。第一级放大电路的输入电阻实测值为 116.53kΩ，符合题目输入电阻大于 100kΩ 的要求。

（5）经计算，电路最大输出功率 P_{om} =1.51W，与设计要求的 1.5W 相符。

综合而言，作品电路设计正确，经静态和动态测试，各项指标符合设计要求。

2. 误差分析

（1）放大电路的静态工作点设计未达到最佳效果。

（2）电路制作中焊接的问题、所用器件精确度不高、使用万用表测量元件大小存在误差。

（3）测试过程中，仪表的接法不当或测量时观察不够细微。

3. 设计反思

本次课程设计最大的收获是用设计的作品放出了悦耳的音乐，为了更加完美，用盒子封装，对更大功率的喇叭，使用作品对其进行改进，制作一个实用的功率放大音响。

设计过程中，加深了对课本上知识的了解。设计中不断查阅资料、咨询老师。例如，对于可调电源，可调电阻过高超过了稳压块可调范围会怎样？再如，对于 TDA2030，为什么供电电源不同会使功率不一样?功率放大电路的输出电压与供电电源是否有关？增益设置与供电电源是否有关？

焊接过程也困难重重，如焊接时不仔细，电路焊错；器件布局未考虑整体性，电路布局不合理；因功率放大电路电流较大，焊点应略大一点。

调试过程中也遇到了很多困难，一是因为对示波器、数字毫伏表的使用不够熟练，尤其在示波器无法显示稳定正弦波时，常束手无策，说明平常实验时对示波器、数字毫伏表故障处理能力训练太少；二是测试方法和测试技能有待提高，处理不好相关的操作，可能会造成电路板烧坏，也可能造成测试数据误差较大。

注：本篇范文指导老师为曾祥华，作者为 2015 电子科学与技术专业学生王祥仁。

8.4　模拟电路课程设计要求和题目

8.4.1　教学目标

（1）课程性质：必修课。

（2）课程目的：训练学生综合运用学过的模拟电路的基本知识，提升独立设计比较复杂的模拟电路的能力。

8.4.2　教学内容基本要求及学时分配

1．课程设计题目

题目见 8.4.5 小节，原则上每人一题。

2．设计内容

学生确定题目后，首先进行电路设计。可在微机上进行原理图绘制和软件仿真，若实验结果满足设计要求，再进行硬件实验、焊接电路板及电路调试、测试；若实验结果不满足设计要求，则修改设计，直到满足设计要求为止。

3．设计要求

按题目要求的逻辑功能进行设计，各个单元电路组成部分必须有设计说明。

8.4.3　主要教学环节

1．设计安排

课程设计时间为 4 周。第 1 周教师布置设计题目、讲授设计需要的硬件和软件知识；第 2 周学生进行设计；第 3 周作品验收；第 4 周学生撰写并上交课程设计报告。

2．指导与答疑

每天安排教师现场答疑，学生有问题可找教师询问。建议学生应充分发挥主观能动性，不应过分依赖教师。

8.4.4　模拟电路课程设计评分标准

1．设计作品（50 分）

（1）电路正确，能完成设计要求提出的功能。（0~40 分）

（2）电路板焊接工艺规范，焊点均匀，布局合理。（0~10 分）

2．设计报告（50 分）

（1）有合理的方案设计和论证、电路参数的计算、总原理图和清单。（0~30 分）

（2）电路板制作、调试规范，有详细的制作和调试过程。（0~5 分）

（3）电路板测试合理，性能指标测试数据完整、正确；数据处理规范，进行了误差计算和误差分析。（0~10 分）

（4）对课程设计进行了总结并有深刻的体会，提出了对设计的改进以及具有建设性的

意见。（0~5 分）

8.4.5 模拟电路课程设计题目

1. 集成运算电路设计方向

1）高输入电阻、高增益反向比例运算电路

（1）设计一个电压增益大于 1000，输入电阻为 500MΩ 的反相比例放大电路。

（2）用桥式整流电路、电容滤波电路、集成稳压电路设计电路所需要的直流稳压电源。

2）积分、微分、比例运算电路

（1）设计一个可以同时实现积分、微分和比例运算功能的运算电路。

（2）用开关控制也可单独实现积分、微分或比例运算功能。

（3）用桥式整流电路、电容滤波电路、集成稳压电路设计电路所需要的直流稳压电源。

3）数字运算电路

（1）设计一个数字运算电路，实现以下运算关系：$U_o=10U_i-2U_i^2-5U_i^3$。

（2）用桥式整流电路、电容滤波电路、集成稳压电路设计电路所需要的直流稳压电源。

4）乘法/除法运算电路

（1）设计一个二输入的乘法/除法运算电路。

（2）用桥式整流电路、电容滤波电路、集成稳压电路设计电路所需要的直流稳压电源。

5）开平方/开立方运算电路

（1）用模拟乘法器设计一个开平方/开立方运算电路。

（2）用桥式整流电路、电容滤波电路、集成稳压电路设计电路所需要的直流稳压电源。

6）微弱信号检测放大器电路

（1）将两个小信号（小于 1mV）放大，放大倍数应大于 3000。

（2）用桥式整流电路、电容滤波电路、集成稳压电路设计电路所需要的直流稳压电源。

2. 波形产生电路设计方向

1）设计制作一个产生方波-三角波-正弦波函数转换器

（1）输出波形频率范围为 0.2~20kHz 且连续可调。

（2）正弦波有效值为 2V。

（3）方波幅值为±2V。

（4）三角波峰峰值为±2V，占空比可调。

（5）用桥式整流电路、电容滤波电路、集成稳压电路设计电路所需要的直流稳压电源。

2）设计制作一个产生正弦波-方波-三角波函数转换器

（1）输出波形频率范围为 0.2~20kHz 且连续可调。

（2）正弦波有效值为±2V。

（3）方波幅值为 2V。

（4）三角波峰峰值为 2V，占空比可调。

（5）分别用 3 个发光二极管显示 3 种波形输出。

（6）用桥式整流电路、电容滤波电路、集成稳压电路设计电路所需要的直流稳压电源。

3）设计制作一个产生方波-正弦波-三角波-锯齿波函数转换器。

（1）输出波形频率范围为 0.2~20kHz 且连续可调。

（2）正弦波有效值为 2V。

（3）方波幅值为 ±2V。

（4）三角波峰峰值为 ±2V。

（5）占空比可调，锯齿波峰峰值为 ±2V。

（6）分别用 4 个发光二极管显示 3 种波形输出。

（7）用桥式整流电路、电容滤波电路、集成稳压电路设计电路所需要的直流稳压电源。

4）电流电压转换电路

（1）将 4~20mA 的电流信号转换成 ±10V 的电压信号，以便送入计算机进行处理。这种转换电路以 4mA 为满量程的 0%对应-10V，12mA 为满量程的 50%对应 0V，20mA 为满量程的 100%对应+10V。

（2）用桥式整流电路、电容滤波电路、集成稳压电路设计电路所需要的直流稳压电源。

5）电压电流转换电路

（1）将 0~10V 的电压信号转换成 4~20mA 的电流信号，以便送入计算机进行处理。这种转换电路以 0V 为满量程的 0%对应 4mA，+10V 为满量程的 100%对应 20mA。

（2）用桥式整流电路、电容滤波电路、集成稳压电路设计电路所需要的直流稳压电源。

6）电压/频率转换电路

（1）将输入的直流电压（10 组以上正电压）转换成与之对应的频率信号。

（2）用桥式整流电路、电容滤波电路、集成稳压电路设计电路所需要的直流稳压电源。

注：锯齿波的频率与滞回比较器的电压存在一一对应关系，从而得到不同的频率

3．滤波电路设计方向

1）高阶（$n>2$）低通滤波器的设计

（1）用压控电压源或无限增益多路反馈两种方法设计电路。

（2）截止频率 f_c=200Hz；增益 A_u=1；品质因数 Q=0.707。

（3）用桥式整流电路、电容滤波电路、集成稳压电路设计电路所需要的直流稳压电源。

2）高阶（$n>2$）高通滤波器的设计

（1）用压控电压源或无限增益多路反馈两种方法设计电路。

（2）截止频率 f_c=2kHz；增益 A_u=1；品质因数 Q=0.707。

（3）用桥式整流电路、电容滤波电路、集成稳压电路设计电路所需要的直流稳压电源。

3）高阶（$n>2$）带通滤波器的设计

（1）用压控电压源或无限增益多路反馈两种方法设计电路。

（2）中心频率 f_0=2kHz；增益 A_u=1；品质因数 Q=0.707。

（3）用桥式整流电路、电容滤波电路、集成稳压电路设计电路所需要的直流稳压电源。

4）高阶（$n>2$）带阻滤波器的设计

（1）用压控电压源或无限增益多路反馈两种方法设计电路。

（2）截止频率 f_H＝2000Hz，f_L＝200Hz；电压增益 A_u＝1~2；品质因数 Q＝0.707。

（3）用桥式整流电路、电容滤波电路、集成稳压电路设计电路所需要的直流稳压电源。

5）温控二阶低通滤波器的设计

（1）用压控电压源设计电路；截止频率 f_c＝500Hz；增益 A_u＝1。

（2）高温时（自己定）低通滤波器工作；小于自定的高温时，低通滤波器不工作。

（3）用桥式整流电路、电容滤波电路、集成稳压电路设计电路所需要的直流稳压电源。

6）光控二阶高通滤波器的设计

（1）用压控电压源设计电路；截止频率 f_c＝5000Hz；增益 A_u＝1。

（2）白天低通滤波器工作，晚上低通滤波器不工作。

（3）用桥式整流电路、电容滤波电路、集成稳压电路设计电路所需要的直流稳压电源。

4．信号检测比较电路设计方向

1）可调式温控器电路设计

（1）温控器上、下限温度自行确定，但可以调节。

（2）当温度超过设定的上限温度时，电路停止工作并且红灯显示。

（3）电路正常工作时绿灯显示。

（4）用桥式整流电路、电容滤波电路、集成稳压电路设计电路所需要的直流稳压电源。

2）室内模拟自动照明电路设计

（1）室内有 3 盏照明灯，根据室内光照强度由强到弱的变化，室内照明灯的状态包括不亮、亮 1 盏、亮 2 盏直至 3 盏。照明灯可用发光二极管代替。

（2）用桥式整流电路、电容滤波电路、集成稳压电路设计电路所需要的直流稳压电源。

3）流水线产品数量检测电路设计

（1）例如，易拉罐饮料流水线上的饮料瓶数量信号检测（过一瓶饮料 LED 亮一次）。

（2）用桥式整流电路、电容滤波电路、集成稳压电路设计电路所需要的直流电源。

4）简易声压级检测电路设计

（1）简易声压级检测电路设计要求用 3 个 LED 灯分别表示弱音量、中音量和大音量。

（2）用桥式整流电路、电容滤波电路、集成稳压电路设计电路所需要的直流稳压电源。

5）简易温度检测电路设计

（1）简易温度检测电路设计要求用 4 个 LED 灯分别表示 0~10℃、10~20℃、20~30℃、30~40℃。

（2）用桥式整流电路、电容滤波电路、集成稳压电路设计电路所需要的直流稳压电源。

6）简易湿度检测电路设计

（1）简易湿度检测电路设计要求用 3 个 LED 灯分别表示低湿度、中湿度和高湿度。

（2）用桥式整流电路、电容滤波电路、集成稳压电路设计电路所需要的直流稳压电源。

7）温控振荡电路设计

（1）温控振荡电路设计要求温度在 20~30℃ 变化时振荡频率在 1~10kHz 变化。

（2）用桥式整流电路、电容滤波电路、集成稳压电路设计电路所需要的直流稳压电源。

8）光控振荡电路设计

（1）光控振荡电路设计要求随着光照变化，振荡频率变化范围为 1~10kHz。

（2）用桥式整流电路、电容滤波电路、集成稳压电路设计电路所需要的直流稳压电源。

9）声控振荡电路设计

（1）声控振荡电路设计要求随着声强大小变化，振荡频率在 1~10kHz 变化。

（2）用桥式整流电路、电容滤波电路、集成稳压电路设计电路所需要的直流稳压电源。

5．低频功率放大电路设计方向

1）OCL 音频集成功率放大器一

（1）用集成运算放大器和集成功率放大器设计 OCL 音频集成功率放大电路。

（2）输入信号为 $U_i \leqslant 10\text{mV}$，$R_i \geqslant 100\text{k}\Omega$；额定输出功率 $P_o \geqslant 2\text{W}$；负载阻抗 $R_L = 8\Omega$。

（3）用桥式整流电路、电容滤波电路、集成稳压电路设计电路所需要的直流稳压电源。

2）OCL 音频集成功率放大器二

（1）用集成运算放大器和 OCL 分立元器件设计 OCL 音频集成功率放大电路。

（2）输入信号为 $U_i \leqslant 10\text{mV}$，$R_i \geqslant 100\text{k}\Omega$；额定输出功率 $P_o \geqslant 12\text{W}$；负载阻抗 $R_L = 8\Omega$。

（3）用桥式整流电路、电容滤波电路、集成稳压电路设计电路所需要的直流稳压电源。

3）OTL 音频集成功率放大器一

（1）用集成运算放大器和集成功率放大器设计 OCL 音频集成功率放大电路。

（2）输入信号为 $U_i \leqslant 10\text{mV}$，$R_i \geqslant 100\text{k}\Omega$；额定输出功率 $P_o \geqslant 2\text{W}$；负载阻抗 $R_L = 8\Omega$。

（3）用桥式整流电路、电容滤波电路、集成稳压电路设计电路所需要的直流稳压电源。

4）OTL 音频集成功率放大器二

（1）用集成运算放大器和 OTL 分立元器件设计 OCL 音频集成功率放大电路。

（2）输入信号为 $U_i \leqslant 10\text{mV}$，$R_i \geqslant 100\text{k}\Omega$；额定输出功率 $P_o \geqslant 1\text{W}$；负载阻抗 $R_L = 8\Omega$。

（3）用桥式整流电路、电容滤波电路、集成稳压电路设计电路所需要的直流稳压电源。

5）光控 OCL 音频集成功率放大器

（1）用 OCL 集成功率放大器设计光控 OCL 音频集成功率放大电路，晚上工作，白天自动停止。

（2）输入信号为 $U_i \leqslant 10\text{mV}$，$R_i \geqslant 100\text{k}\Omega$；输出电压 $U_o \geqslant 1\text{V}$；负载阻抗 $R_L = 8\Omega$。

（3）用桥式整流电路、电容滤波电路、集成稳压电路设计电路所需要的直流稳压电源。

6）光控 OTL 音频集成功率放大器

（1）用 OTL 集成功率放大器设计光控 OCL 音频集成功率放大电路，白天工作，晚上自动停止。

（2）输入信号为 $U_i \leqslant 10\text{mV}$，$R_i \geqslant 100\text{k}\Omega$；输出电压 $U_o \geqslant 1\text{V}$；负载阻抗 $R_L = 8\Omega$。

（3）用桥式整流电路、电容滤波电路、集成稳压电路设计电路所需要的直流稳压电源。

7）温控 OCL 音频集成功率放大器

（1）用 OCL 集成功率放大器设计温控 OCL 音频集成功率放大电路；输入信号为 $U_i \leqslant 10\text{mV}$，$R_i \geqslant 100\text{k}\Omega$；输出电压 $U_o \geqslant 1\text{V}$；负载阻抗 $R_L = 8\Omega$。

（2）高温时（自己定）电路工作；小于自定的高温时，电路不工作。

（3）用桥式整流电路、电容滤波电路、集成稳压电路设计电路所需要的直流稳压电源。

8）温控 OTL 音频功率放大器

（1）用 OTL 集成功率放大器设计温控 OTL 音频集成功率放大电路；输入信号为 U_i ≤10mV，R_i≥100kΩ；输出电压 U_o≥1V；负载阻抗 R_L=8Ω。

（2）高温时（自己定）电路工作；小于自定的高温时，电路不工作。

（3）用桥式整流电路、电容滤波电路、集成稳压电路设计电路所需要的直流稳压电源。

6．综合类电路设计方向

1）自动水龙头的设计

（1）设计一个红外线自动水龙头电路，要求当人或物体靠近时，水龙头自动放水，人或物体离开时水龙头自动关闭。

（2）采用红外线传感器；开关使用电磁阀（直流 5V 或 12V）。

（3）用桥式整流电路、电容滤波电路、集成稳压电路设计电路所需要的直流稳压电源。

2）过/欠电压保护提示电路

（1）设计一个过/欠电压保护提示电路，当电网交流电压大于 250V 或小于 180V 时，经 3~4s 本装置将切断用电设备的交流供电，并用 LED 发光警示。

（2）在电网交流电压恢复正常后，经本装置延时 10s 后恢复用电设备的交流供电。

（3）用桥式整流电路、电容滤波电路、集成稳压电路设计电路所需要的直流稳压电源。

3）简易洗衣机控制器设计

（1）设计一个电子定时器，控制洗衣机按如下洗涤模式进行工作。

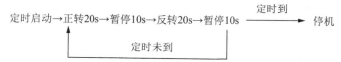

（2）当定时时间达到终点时，电机停机，同时发出音响信号提醒用户。用 3 只 LED 灯表示"正转""反转""暂停" 3 个状态。

（3）用桥式整流电路、电容滤波电路、集成稳压电路设计电路所需要的直流稳压电源。

4）路灯控制器的设计与制作

（1）设计制作一个路灯自动照明的控制电路，要求当日照光亮到一定程度时路灯自动熄灭，日照光暗到一定程度时路灯自动点亮。

（2）用 LED 指示灯区分两种状态。

（3）用桥式整流电路、电容滤波电路、集成稳压电路设计电路所需要的直流稳压电源。

5）模拟恒温箱的设计

（1）用 PTC 热敏电阻作为感温元件，设计一个模拟恒温箱，自设恒温温度并用两位数码管显示，当温度下降时启动加热元件（可以是电阻丝或灯泡），保持恒温。

（2）用 LED 指示工作状态，加热时亮红灯，保温时亮绿灯。

（3）用桥式整流电路、电容滤波电路、集成稳压电路设计电路所需要的直流稳压电源。

6）自动窗帘控制电路的设计

（1）白天自动拉开窗帘，夜晚自动关闭窗帘。

（2）使用一个直流电机作为窗帘拉开、关闭的动力，并用指示灯区分拉开与关闭的状态。

（3）用桥式整流电路、电容滤波电路、集成稳压电路设计电路所需要的直流稳压电源。

7）延时开关电路设计

（1）白天灯不亮，夜晚有声音灯亮，并延时 10s 自动熄灭，用 LED 代替灯。

（2）用桥式整流电路、电容滤波电路、集成稳压电路设计电路所需要的直流稳压电源。

8）手动窗帘控制电路的设计

（1）手动触摸控制，白天拉开窗帘，夜晚关闭窗帘。

（2）使用一个直流电机作为窗帘拉开、关闭的动力，并用指示灯区分拉开与关闭的状态。

（3）用桥式整流电路、电容滤波电路、集成稳压电路设计电路所需要的直流稳压电源。

第9章 数字电路课程设计

9.1 数字电路课程设计方法

数字电路课程设计与模拟电路课程设计方法基本相同，但略有差异，应根据实际情况灵活掌握。

关于数字电路课程设计，应先掌握相关的数字集成电路芯片的逻辑功能、引脚图和特定用法。数字集成电路的主要器件有与、或、非、与非、或非等逻辑门集成器件，编码、译码和显示等集成器件，脉冲波形振荡集成器件，加减计数器集成器件等。

常用数字集成电路芯片、引脚图见 9.4 节数字集成块引脚图。

数字电路课程设计分为硬件设计和 EDA 设计两大部分。

硬件设计主要是将数字电路分析和设计的理论应用于实践，设计电路、焊接或连接电路、调试电路，这种"固定功能集成块+连线"的方法是基于传统电子系统设计的方法。

EDA 设计以计算机为操作平台，以 MAX+plus II 软件为操作工具，以 PLD 为实现电子设计自动化的硬件基础，是基于芯片的设计方法。在微机上进行原理图输入、编译和软件仿真，若仿真结果满足设计要求，再进行下载和硬件实验，若硬件实验结果不满足设计要求，则修改设计，直到满足设计要求为止。

数字电路课程设计常用的设计方法和步骤：首先选择总体方案、设计单元电路、选择元器件、计算参数、绘制电路原理图；其次焊接或组装电路、调试并测试电路；最后按要求完成设计报告。详情请参考 8.1 节。

9.2 数字电路课程设计举例

下面对数字电路课程设计部分题目进行简要分析。

9.2.1 八路抢答器设计

1．设计要求

（1）抢答开始后，有选手抢答，编号立即锁存，数码管显示编号。

（2）有选手抢答后，禁止其他选手抢答。优先抢答选手的编号一直保持到主持人将系统清零为止。

2．方案设计与论证

八路抢答器电路方案如图 9.2.1 所示，由编码、译码、显示和逻辑控制电路构成。

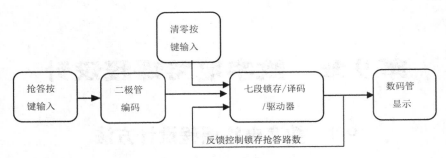

图 9.2.1　八路抢答器电路方案

3．原理与原理图

1）原理

采用二极管编码电路，对 1~8 路抢答按键进行编码，依次编码为 4 位二进制数 0000~1000，继而将编码的 4 位二进制数输入七段锁存/译码/驱动器，并驱动数码管显示抢答路数。其中七段锁存/译码/驱动器在有选手抢答时，利用反馈控制网络锁存优先抢答的路数，使得其他选手抢答按键输入无效。

设置一个清零按键控制七段锁存/译码/驱动器的消隐端，按下该按键时，译码器 7 个输出端全为 0，数码管消隐，同时使得译码器锁存端置 0，可以重新接收选手抢答信号。

2）原理图

八路抢答器电路原理图如图 9.2.2 所示。

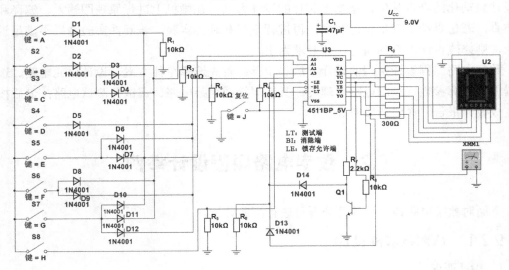

图 9.2.2　八路抢答器电路原理图

➡ 9.2.2　光电计数器设计

1．设计要求

（1）用该光电计数器实现流水线上产品（如饮料瓶）数量的检测。

（2）将发光二极管和光敏三极管（或遮光式红外发射管与接收管）作为光电计数器的

传感器进行计数，用数码管显示计数值，当数码管显示值与设定值（如9）相同时蜂鸣器报警。

2．方案设计与论证

光电计数器电路方案如图9.2.3所示。

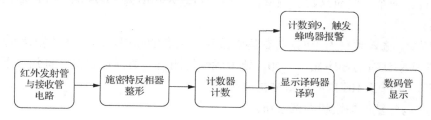

图9.2.3　光电计数器电路方案

3．原理与原理图

1）原理

采用红外发射管与接收管电路检测流水线上是否有产品经过，当有产品经过时挡光，会输出脉冲信号。该脉冲信号经过施密特反相器整形后输入计数器计数，继而利用显示译码器译码并驱动数码管显示经过的产品数量。当计数器计数至9时，触发蜂鸣器报警。

2）原理图

光电计数器电路原理图如图9.2.4所示。

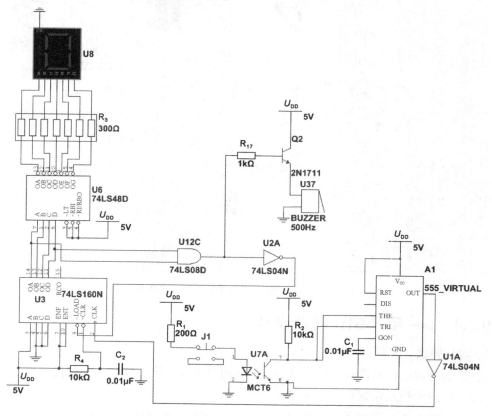

图9.2.4　光电计数器电路原理图

↘ 9.2.3 三位简易数字频率计设计

1．设计要求

（1）设计一个三位简易数字频率计，要求当输入频率为 1~999Hz 时将输入信号的频率显示出来。

（2）例如，输入频率为10Hz 时数码管按从左到右的顺序显示010，输入频率为100Hz 时数码管按从左到右的顺序显示 100，要求频率值测出后要锁定数值，直到按下测试按钮再更新频率，或每 5~10s 自动更新测试值。

（3）应包含复位按钮和测试按钮。

2．方案设计与论证

对于频率计，只需要对待测信号在 1s 内计数即得频率值，即由单稳态触发器产生 1s 的单脉宽进行计数。单稳态触发器的引脚 2 应接入一个测试开关，开关打开时引脚 2 为高电平，按下时输入一个触发信号，从而产生一个定时脉宽。计数器应接入复位开关使计数清零。

3．电路原理图

三位简易数字频率计电路原理图如图 9.2.5 所示。

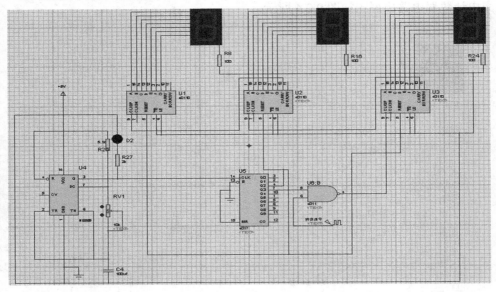

图 9.2.5 三位简易数字频率计电路原理图

↘ 9.2.4 60s 电子倒计时器设计

1．设计要求

（1）利用减法计数器使计时器从 60s 倒计时至 00s 时停止计时并亮起指示灯。

（2）数码管按从左到右的顺序显示。

（3）应加入 3 个控制开关，K1 开始倒计时，K2 停止倒计时，K3 复位。

2．方案设计与论证

利用减法计数器使计时器从 60s 倒计时至 00s 时停止计时并亮起指示灯，具有开始倒计时、停止倒计时、复位功能。

3．电路原理图

60s 电子倒计时器电路原理图如图 9.2.6 所示。

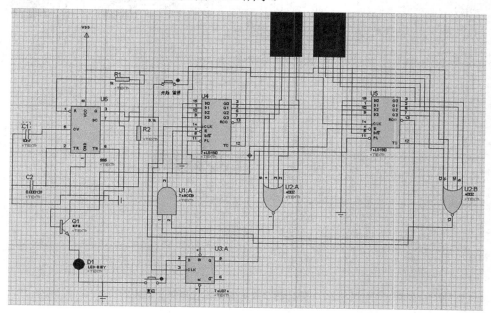

图 9.2.6　60s 电子倒计时器电路原理图

🢂 9.2.5　简易数字式电容测试仪设计（两位）

1．设计要求

（1）设计出电容值测试电路，电容值测试范围为 1~99μF，对应两位数码管显示 1~99。例如，电容值为 47μF 时数码管按从左到右的顺序显示 47；电容值为 94μF 时数码管按从左到右的顺序显示 94；电容值为 33μF 时数码管按从左到右的顺序显示 33。

（2）要求自备两个 33μF 和两个 47μF 待测电容，电容值测出后要锁定数值，直到按下测试按钮再更新，或每 5~10s 自动更新测试值。

（3）应包含复位按钮和测试按钮。

2．方案设计与论证

直接利用 555 多谐振荡器将电容值转化为频率信号，由周期计算公式 $T_W=1.1RC$ 可知，频率和电容值成反比。将待测电容接入单稳态触发器产生定时脉宽，对计数脉冲进行定时计数即可得到测量值。计数器应接入复位开关使计数清零。应设置合适的计数频率使定时脉宽在 0.1~1s，定时太短会导致误差较大，定时太长则反应太慢。定时信号加到计数器的控制端 ENT 或 ENP 即可，如果使用的是具有集成计数和译码功能的芯片，其没有控制端，那么可用与门使计数信号在定时有效时才能通过与门输出到计数器的 CLK。

3．电路原理图

简易数字式电容测试仪电路原理图如图 9.27 所示。

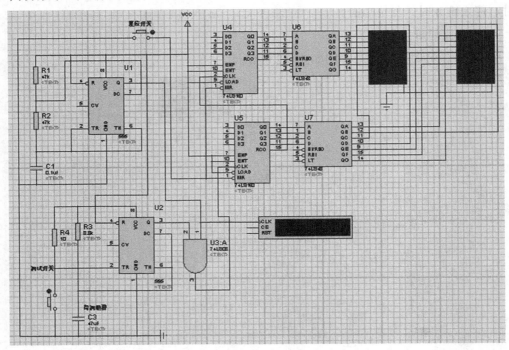

图 9.2.7　简易数字式电容测试仪电路原理图

▶ 9.2.6　简易数字式电流表设计（两位）

1．设计要求

（1）设计一个两位的数字式电流表，要求显示的电流范围为 0.1~2.0A，将输入的电流显示出来，如输入电流为 0.5A 时数码管按从左到右的顺序显示 0.5。

（2）要求电流值测出后要锁定数值，直到按下测试按钮再更新，或每 5~10s 自动更新测试值。

（3）应包含复位按钮和测试按钮。

2．方案设计与论证

先将需要测量的电流信号取样转化为电压，通过 LM331 组成的 i-F（电流-频率）转换电路转化为频率信号。例如，待测电流记为 M，转化后的频率记为 f_M，电流为时 10A 转化后频率为 1kHz，则应有 f_M=1kHz。若将 f_M 作为计数时钟信号，则 1s 可以计 1000 个数，要显示 10 则应控制计数器只能计 0.01s，即施加一个 0.01s 的控制脉宽定时计数。

3．电路原理图

简易数字式电流表电路原理图如图 9.2.8 所示。

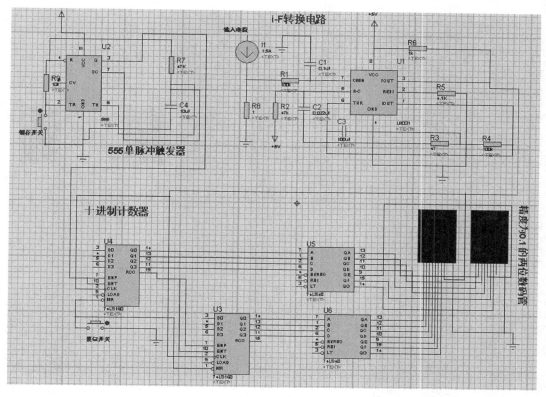

图 9.2.8 简易数字式电流表电路原理图

9.2.7 简易数字式电压表设计（两位）

1. 设计要求

（1）设计一个两位的数字式电压表，要求显示的电压范围为 1~99V，将输入信号的电压显示出来，如输入电压为 51V 时数码管按从左到右的顺序显示 51。

（2）要求电压值测出后要锁定数值，直到按下测试按钮再更新，或每 5~10s 自动更新测试值。

（3）应包含复位按钮和测试按钮。

2. 方案设计与论证

先将需要测量的电压信号通过 LM331 组成的 U-F（电压-频率）转换电路转化为频率信号。例如，待测电压记为 N，转化后的频率记为 f_N，电压为 10V 时转化后频率为 1kHz，则应有 $f_N=1$kHz。若将 f_N 作为计数时钟信号，则 1s 可以计 1000 个数，要显示 10 则应控制计数器只能计 0.01s，即施加一个 0.01s 的控制脉宽定时计数。

3. 电路原理图

简易数字式电压表电路原理图如图 9.2.9 所示。

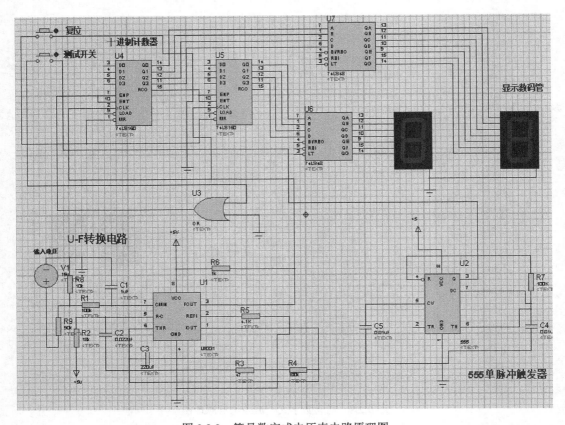

图 9.2.9　简易数字式电压表电路原理图

9.2.8　简易电子密码锁设计

1．设计要求

（1）简易电子密码锁电路中有两个 8 位拨码式按键开关，其中一个用于密码输入，另一个用于密码设置。

（2）当输入的密码和设置的密码相同时点亮指示灯作为开锁信号。简易电子密码锁中要有密码预设开关和密码确认开关，只有按下密码预设开关才能改变预设密码，弹起密码预设开关才能输入密码；只有按下密码确认开关才能指示密码是否正确，若密码正确则指示灯点亮，若密码不正确则喇叭响起警报，密码确认开关未按下时指示灯应长灭。

2．方案设计与论证

用门电路即可实现简易电子密码锁的设计。预设密码设为 $Y_A = A_7 A_6 A_5 A_4 A_3 A_2 A_1 A_0$，输入密码设为 $Y_B = B_7 B_6 B_5 B_4 B_3 B_2 B_1 B_0$。当 $Y = A_7 \oplus B_7 + A_6 \oplus B_6 + A_5 \oplus B_5 + A_4 \oplus B_4 + A_3 \oplus B_3 + A_2 \oplus B_2 + A_1 \oplus B_1 + A_0 \oplus B_0 = 0$ 时，输入的密码等于预设密码，此时指示灯点亮。

3．电路原理图

简易电子密码锁电路原理图如图 9.2.10 所示。

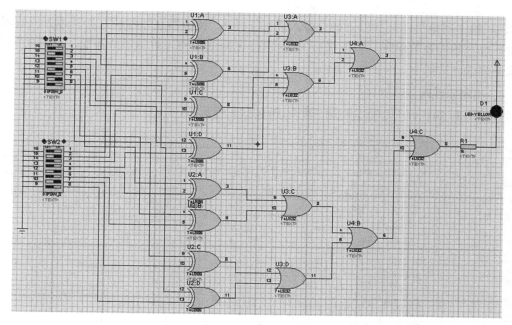

图 9.2.10 简易电子密码锁电路原理图

➥ 9.2.9 篮球比赛24s倒计时器电路设计

1. 设计要求

（1）具有两位数码显示，可分别显示 24s 的个位和十位。

（2）具有计数器的复位、启动计数、暂停/继续计数、声光报警等功能。

（3）电路由秒脉冲发生器、计数器、译码器、显示电路、报警电路和辅助控制电路组成。

2. 方案设计与论证

秒脉冲发生器：采用 555 定时器和外接元件 R_1、R_2、C 构成的多谐振荡电路（脉冲产生电路）给计数器 74LS192 提供一个时序脉冲信号，使其进行减计数。

计数器设计：选取 74LS192 芯片，实现计数器按 8421 码递减进行减计数。

译码器与显示电路设计：由 74LS48 译码器和共阴极七段 LED 显示器组成。

控制电路设计：具有计数器的复位、启动计数、暂停/继续计数、声光报警等功能。

3. 工作原理

由 555 定时器输出秒脉冲经过 R_3 输入计数器 IC4 的 CP_D 端，作为减计数脉冲。当计数器计数到 0 时，IC4 的引脚 13 输出借位脉冲使十位计数器 IC3 开始计数。当计数器计数到"00"时应使计数器复位并置数"24"，但这时将不会显示"00"，而计数器从"01"直接复位。因为"00"是一个过渡时期，不会显示出来，所以本电路采用"99"作为计数器复位脉冲。当计数器由"00"跳变到"99"时，利用个位和十位的"9"，即"1001"通过与非门 IC5 去触发 RS 触发器使电路翻转，从引脚 11 输出低电平使计数器置数，并保持"24"，同时发光二极管 VD 亮，蜂鸣器发出报警声，即声光报警。按下 K1 时，RS 触发器翻转，引脚 11 输出高电平，计数器开始计数。若按下 K2，计数器立即复位，松开 K2 计数器又开始计数。若需要暂停时，按下 K3，振荡器停止振荡，使计数器保持不变，断开 K3 后，计数器继续计数。

4．电路原理图

篮球比赛 24s 倒计时器电路原理图如图 9.2.11 所示。

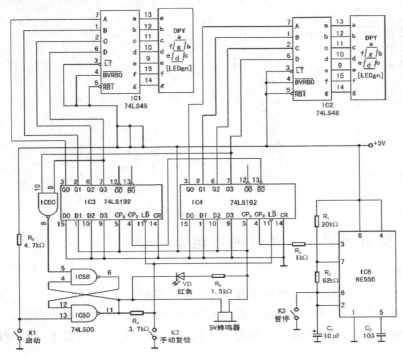

图 9.2.11　篮球比赛 24s 倒计时器电路原理图

9.3　数字电路课程设计报告文本格式

数字电路课程设计成绩由两部分构成，即电子作品/EDA 仿真成绩和课程设计报告成绩，二者成绩比例可根据实际情况进行调整，但硬件作品测试合格后才有课程设计报告成绩，否则课程设计报告成绩建议为 0 分。

▶ 9.3.1　课程设计报告规范性

1．论文排版格式规范性

题目、一级标题、二级标题、正文及图标应符合写作要求，注意字体、字号和段落编写，具体要求可参考教师指定的范文。

2．论文内容正确性和完整性

论文应由以下几部分组成。

（1）合理的方案设计和论证、单元电路设计与参数计算、总原理图及元件清单。

（2）详细的安装与调试过程。

（3）性能测试与分析。

（4）结论。

（5）参考文献。

9.3.2　数字钟的设计范文

数字钟的设计

一、设计任务与要求

（1）具有时、分、秒计数显示功能，以 24h 循环计时。

（2）具有校时功能，可以分别对时和分进行单独校时，使其校正到标准时间，并能对计时清零。

（3）具有整点报时的功能，整点报时的同时 LED 灯花样显示。

二、方案设计与论证

本设计要求以 24h 制显示，具有清零、校时、校分及整点报时功能，并且整点报时时 LED 灯花样显示。根据设计要求，本设计的组成可分为振荡与分频模块、计数模块、显示模块、校时模块和整点报时与花样显示模块五大部分。数字钟的框图组成如图 1 所示。

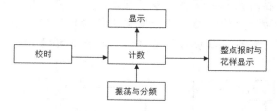

图 1　数字钟的框图组成

计数模块可用 7490 和 7492 构成六十进制计数器和二十四进制计数器。整点报时与花样显示模块可用门电路接成译码电路，将 0~24 时的 59min50s 至 59min59s 状态译出来，去控制 1kHz 和 500Hz 脉冲的选择及其通过与截止时间，以及用 LED 灯花样显示电路控制 LED 灯的显示情况，从而实现整点报时及 LED 灯花样显示。

（1）对于时钟振荡的产生，有以下几种选择。

方案一：利用 555 集成电路与 RC 接成多谐振荡器，以产生要求的振荡脉冲。

方案二：用石英晶体与逻辑门及 RC 接成多谐振荡电路，以产生要求的振荡脉冲。

方案一产生的脉冲频率不稳定且精度很低，不适合作为要求高精度的时钟基准脉冲，石英晶体振荡器产生的脉冲频率很稳定且精度很高，故选择方案二作为振荡电路。

在本设计中不设计振荡产生电路，所需要的时钟脉冲由实验箱提供。

（2）对于显示模块，有两种实现方案。

方案一：采用静态显示方法。将计数器秒个位、秒十位、分个位、分十位和时个位、时十位每位的 8421BCD 码输出经译码器接到相应的数码管显示。

方案二：采用动态扫描显示方法。通过信号选通器选通计数器的某一位，经译码器到相应的那个数码管显示出来，其他各位不显示，在下一个选通脉冲到来时选择下一位到数码管显示，如此循环。当这个选通脉冲频率足够大时人眼就感觉不出 6 个数码管的交替亮灭，从而实现 6 位数的显示。

静态显示方法具有实现简单、显示亮度较高的优点。但由于其每显示一位都需要 7 根连线与数码管连接，当显示位数较多时需要的连线就会很多，对于本设计所需要的 6 位显示来说，采用这种方法需要多达 42 根连线，不但显得繁乱，而且会占用芯片非常多的 I/O 口，显然本设计不适合采用这种显示方法。

动态扫描显示方法[①]虽然实现起来比静态显示方法稍微复杂，但不管显示多少位都仅需要 7 根连线，大大节省了芯片有限的 I/O 口资源，而且也降低了连线的复杂程度。只要提高扫描频率，就能提高显示稳定性，增加显示亮度。

综上所述，本设计采用方案二。

（3）对于校时模块，也有两种方案可供选择。

方案一：通过门电路实现对进位和校时信号的选择，可以通过断开或闭合拨码开关来选择正常计时模式还是校时模式。校时电路是由门电路构成的组合逻辑电路，在拨动开关时可能会产生抖动，可在上拉电阻下端与地之间连接一个电容来缓解抖动。

方案二：校时部分与方案一相同，但其选择开关采用基本 RS 触发器。校时电路的稳定性要求较高，不但校不准还会越校越乱。方案一中虽然接入的电容可以缓解抖动，但并不能消除抖动，并且电容的接入会使脉冲波形变差。而方案二中将基本 RS 触发器作为开关可以完全消除开关拨动产生的抖动，使校时电路能稳定工作，故采用方案二。

确定各模块采用的方案后，本设计的总体组成框图如图 2 所示。

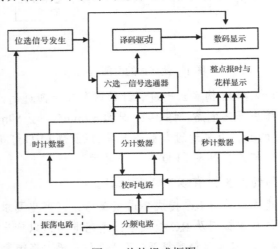

图 2　总体组成框图

---

① 阎石. 数字电子技术基础[M]. 北京：清华大学出版社，1998.

三、单元电路设计与参数计算

1. 振荡器的设计

为保证时钟基准信号的高度稳定性以确保计时准确，应采用石英晶体振荡器电路，本设计中振荡脉冲由实验箱提供。

2. 分频器的设计

分频器[①]的作用有 3 个：一是将振荡器产生的脉冲分频产生标准秒脉冲，作为时钟基准信号，产生 2Hz 脉冲作为校时电路的快校时脉冲；二是给扫描显示部分提供扫描信号；三是给整点报时电路提供低音和高音脉冲。本设计的输入信号频率为 4096Hz，采用 T 触发器构成，每一级 2 分频，将 4096Hz 经两级 4 分频后得到的 1024Hz 作为整点报时电路的高音，再将经一级 2 分频后得到的 512Hz 作为整点报时电路低音和扫描显示部分的扫描脉冲，然后经 16 级 256 分频后得到 2Hz 的快校时脉冲，最后经一级 2 分频后得到 1Hz 标准秒脉冲。

分频器电路图如图 3 所示，分频器仿真图如图 4 所示。

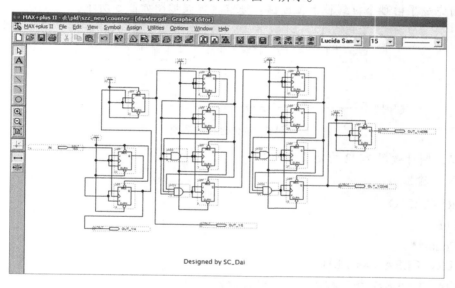

图 3　分频器电路图

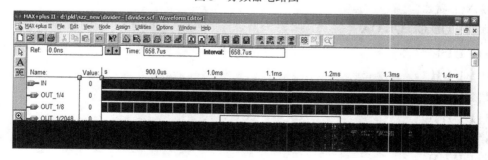

图 4　分频器仿真图

---

① 罗杰，谢自美. 电子线路设计、实验、测试[M]. 4 版. 北京：电子工业出版社，2009.

3．时、分、秒计数器的设计

（1）时、分、秒计数器为六十进制计数器，计数顺序为 00—01— ···58—59—00 ···。选用十进制计数器 7490 作秒个位计数器，置 9 端接地，清零端接清零控制接口 CLR，QA 与 CLKB 相连，秒时钟脉冲从 CLKA 输入，构成 BCD8421 码输出十进制计数器。接着是解决秒进位信号的问题，可将 QD 作为进位信号。

原理如下：一个脉冲周期的波形为 ⎍，由于 7490 和秒十位采用的计数器 7492 都是下降沿有效，在第 1 个脉冲周期内秒个位显示 0，第 1 个周期末下降沿到达时秒计数器计数，在第 2 个脉冲周期内显示 1，以此类推，在第 10 个脉冲周期内显示 9。当秒计数器计数到第 8 个脉冲下降沿时（第 9 个脉冲到达前一瞬间），秒个位立即转为显示 8，QD 由 0 跳变为 1，在第 9 个脉冲周期内显示 8，第 10 个周期内（第 10 个脉冲下降沿到达前）显示 9，在这两个脉冲周期内 QD 均是 1，在第 10 个脉冲周期末的下降沿，秒个位输出由 9 跳变为 0，QD 由 1 跳变为 0，QD 的这个下降沿作为秒十位计数脉冲信号使秒十位计数器计数，从而完成了由秒个位到秒十位进位。进位过程波形图如图 5 所示。

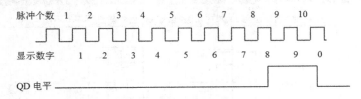

图 5　进位过程波形图

十二进制计数器 7492 的功能表如下。

输入 | 输出

CLR* CLK | Q

HX | L

L| Count**

* CLR = CLRA 和 CLRB

** QA 和 CLKB 相连构成十二进制计数器

输入 | 输出

计数 |QD QC QB QA

0|L L L L

1|L L L H

2|L L H L

3|L L H H

4|L H L L

5|L H L H

6|H L L L

7|H L L H

8 | H L H L

9 | H L H H

10 | H H L L

11 | H H L H

注意，MAX+plus II 帮助文件中对 7492 的功能表描述有误，"高电平清零、低电平计数"被误写为"低电平清零、高电平计数"。由 7492 功能表可知，CLR 接高电平，QA 和 CLKB 相连构成十二进制计数器，但 QD 只用 QA、QB 和 QC 作为输出，则刚好构成六进制计数器，秒个位和秒十位构成六十进制计数器。其进位信号分析方法和秒个位进位分析方法相同，用与门接至 QA、QC，使得仅在秒十位输出 5 时（其 8421BCD 码为 0101）与门输出 1，再和秒个位的进位输出相与，作为分个位的进位信号。其清零端接清零控制接口 CLR。

分计数器和秒计数器完全相同。

（2）时计数器为二十四进制，时个位用 7490 接成十进制计数器，时个位时序表如表 1 所示。时十位采用下降沿触发的计数器，可以将 QD 作为时个位的进位信号，在计到第 8 个脉冲时 QD 由低电平变为高电平，在计满 10 个脉冲后 QD 由高电平跳变为低电平，这一下降跳变作为时个位的进位脉冲使时十位计数。时十位采用下降沿触发的 7492 接成三进制计数器（用清零法），当时十位计数为 0、1 时，7492 的 QD 为 0；当时个位计数为 0、1、2、3 时，7490 的 QC 也为 0；当时十位计数到 2、时个位计数到 4 时，时十位的 QB 和时个位的 QC 均为 1，相与得 1（在此之前相与均为 0），这一信号作为时计数器的整体清零脉冲使时个位计数器和时十位计数器同时清零，从而实现二十四进制。为实现系统清零功能，这一清零脉冲和清零控制端 CLR 相或后接到时个位和时十位计数器的清零端。

表 1　时个位时序表

CP	QD	QC	QB	QA
0	0	0	0	0
1	0	0	0	1
2	0	0	1	0
3	0	0	1	1
4	0	1	0	0
5	0	1	0	1
6	0	1	1	0
7	0	1	1	1
8	1	0	0	0
9	1	0	0	1

系统清零是通过清零控制端 CLR 实现的，正常工作时 CLR 接低电平，各计数器正常计数，系统清零时 CLR 接高电平，各计数器同时清零。

时、分、秒计数器电路图如图 6 所示，时、分、秒计数器仿真图如图 7 所示。

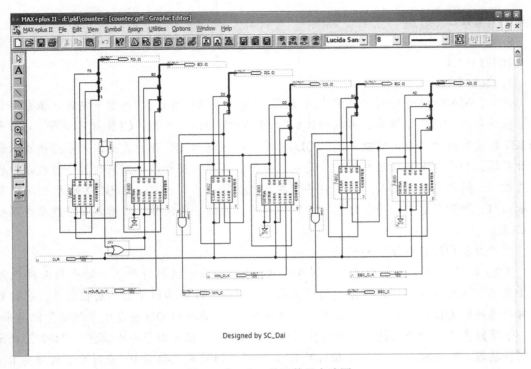

图6　时、分、秒计数器电路图

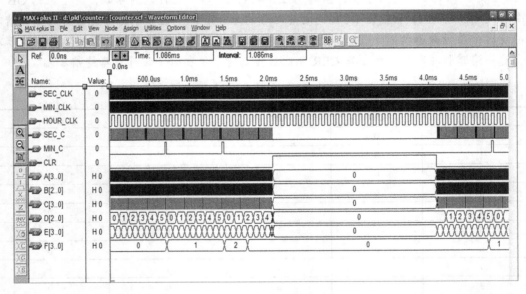

图7　时、分、秒计数器仿真图

4．校时电路的设计

校时电路利用与非门的开关实现对正常计时脉冲与校时脉冲哪一路通过的选择，其电路如图8所示。

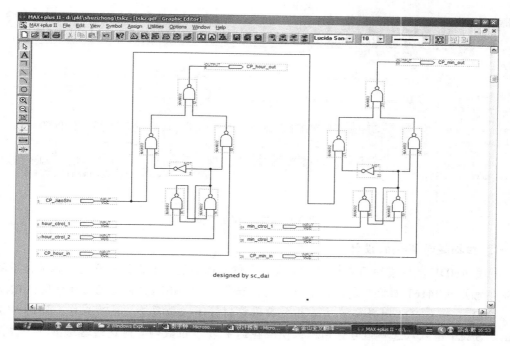

图 8　校时电路

以校分为例，在进位脉冲进入的与非门另一端为高电平时秒进位脉冲正常通过，接到时个位计数器，校时脉冲则不能通过。当进位脉冲进入的与非门另一端为低电平时秒进位脉冲不能通过，而校时脉冲则能通过接到时个位计数器使时计数器计数，从而调整时间。校时与校分相同。

在这一部分应该十分注意的一个问题是，如果校时控制开关采用普通的开关，如拨码开关等，那么在拨动开关时可能会产生抖动，从而使计数器计数错误，就达不到校准时间的目的。为此，本设计采用了基本 RS 触发器作为控制开关，如图 9 所示。开关 S 置于 1 时 Q 为 0，进位与非门关闭；S 置于 2 时 Q 为 1，进位与非门打开，从而通过 S 控制正常计时与校时之间的选择。防抖动开关转换平稳，有效地消除了拨动时产生的抖动，保证电路工作稳定。

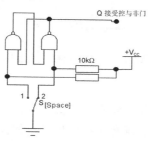

图 9　防抖动开关

校时电路仿真图如图 10 所示。

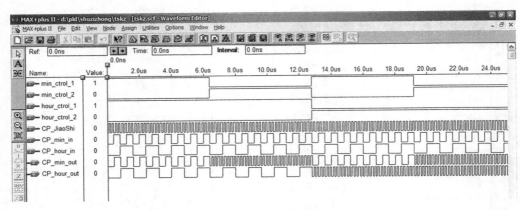

图 10　校时电路仿真图

5．扫描显示模块的设计

利用 AHDL 硬件描述语言构建一个八选一信号选通器（本设计只需要六选一，不用的两路接地），用 74161 四位二进制计数器产生位选信号，在 SEL2、SEL1、SEL0 分别为 0XX、001、002、……、111 时数码管从第 8 位数码管到第 1 位数码管被依次选中，同时 SEL2、SEL1、SEL0 输入八选一信号选通器，使得在选中第 1 位数码管时选通器送出秒个位，选中第 2 位数码管时选通器送出秒十位……选中第 6 位数码管时选通器送出时十位。每位数字的扫描频率至少为 25Hz 人眼才不会感觉到数码管的闪烁，8 位扫描至少要 200Hz 的扫描频率，本设计中的扫描频率为 512Hz。这部分的译码驱动可用 7448，本设计采用了 AHDL 硬件描述语言构建的译码驱动器。扫描显示模块的电路图如图 11 所示。

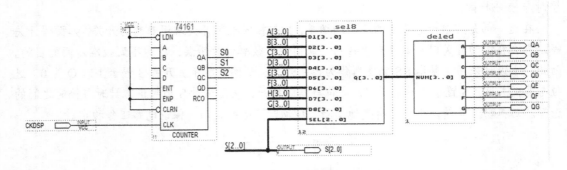

图 11　扫描显示模块电路图

6．整点报时及花样显示电路

这部分实现的功能是模仿广播电台的整点报时。要求是每当数字钟计时快要到整点时发出声音，通常按照 4 声低音、1 声高音的顺序发出间断声音，最后一声高音结束时刻为整点时刻，秒个位计数器功能状态如表 2 所示。

表 2　秒个位计数器功能状态

CP 秒	A 3	A 2	A 1	A 0	功　能
50	0	0	0	0	
51	0	0	0	1	鸣低音
52	0	0	1	0	停
53	0	0	1	1	鸣低音
54	0	1	0	0	停
55	0	1	0	1	鸣低音
56	0	1	1	0	停
57	0	1	1	1	鸣低音
58	1	0	0	0	停
59	0	0	0	1	鸣高音
00	0	0	0	0	停

用与门组成的电路译出每小时 59min 的状态，由状态图可见，在 50~57s 时，A3 为 0，在 58s、59s 时，A3 为 1，故可用 A3 控制在 50~57s 时低音通过，58s、59s 时高音通过。而 A0 在双秒时为 0，在单秒时为 1，故可用 A0 控制在单秒时鸣低音，在双秒时停止。这些控制鸣与停、低音与高音是用与门的"有 0 则 0，全 1 则 1"的特性来实现的。

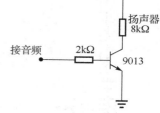

图 12　音响电路

同时 LED 控制端 LED_CTRL 在随每小时最后十秒报时时输出与秒个位同步的脉冲，后面再用一个寄存器实现每鸣一声时点亮一个 LED 灯，在鸣完整点高音的下一秒由于时钟变为"00"，状态译码输出 LED_CTEL 端为 0，5 个 LED 灯全灭，完成整点报时的花样显示。

音响电路如图 12 所示，整点报时电路如图 13 所示，整点报时电路仿真图如图 14 所示。

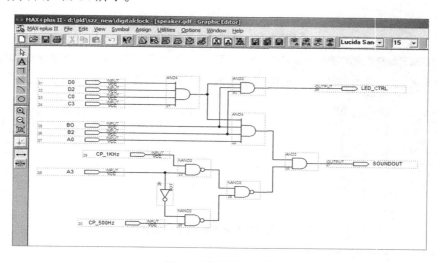

图 13　整点报时电路

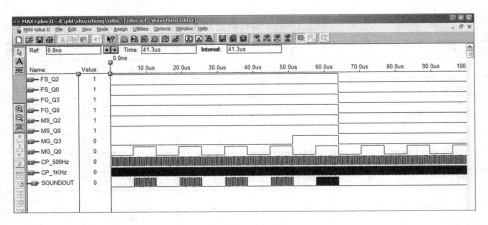

图 14　整点报时电路仿真图

LED 灯花样显示电路①如图 15 所示，其仿真图如图 16 所示。

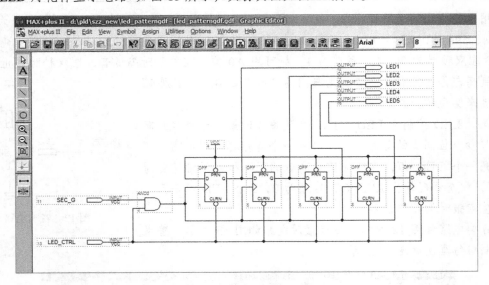

图 15　LED 灯花样显示电路

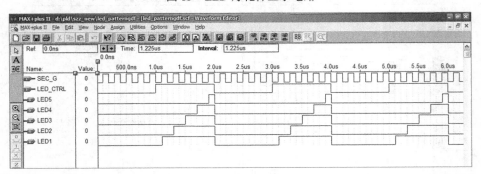

图 16　LED 灯花样显示电路仿真图

---

① 彭介华. 电子技术课程设计指导[M]. 北京：高等教育出版社，2000.

四、总原理图及元件清单

1. 总原理图

各模块设计确定后，数字钟总电路图如图 17 所示。

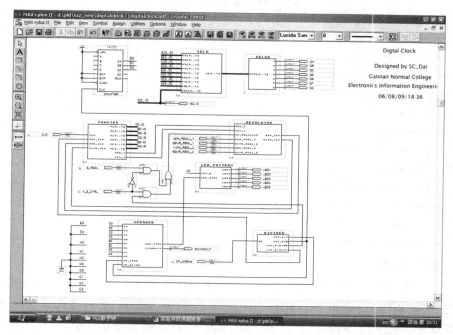

图 17　数字钟总电路图

2. 总仿真图

数字钟电路总仿真图如图 18 所示。

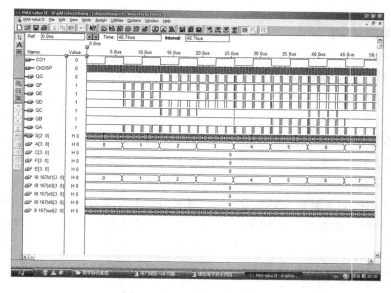

图 18　数字钟电路总仿真图

3．元件清单

数字钟电路元件清单如表 3 所示。

表 3　数字钟电路元件清单

元 件 序 号	型　　号	主　要　参　数	数量/个	备　　注
R_1	1kΩ		1	
R_2	22Ω		1	
R_3	10kΩ		2	
R_4	2kΩ		1	
T_1	9013		1	
扬声器	普通	0.4W，8Ω	1	
数码管			8	
LED			5	
按键开关			2	
拨码开关			3	
接线口			4	

五、安装与调试

编译数字钟原理电路[①]将生成的.sof 下载文件下载到 Altera 公司的 EPF10K10LC84-4 芯片中，CP 端接 4096Hz 的时钟；MIN_REGL_1 和 MIN_REGL_2 接拨码开关的两端，中间的拨码接地，HOUR_REGL_1 和 HOUR_REGL_2 按同样接法接好，快、慢校时控制端接一个拨码开关，慢校时手工输入脉冲端接一个按键开关；清零端接按键开关，显示七段码输出到数码管，位选脉冲输出端 S0、S1、S2 接到实验箱上的相应接口；将整点报时电路的 SOUND 端接到音响模拟电路的信号输入端，LED1~LED5 依次连接到 5个 LED 灯。

六、性能测试与分析

将校时、校分控制开关均接在 2 端，接通电源，数码管能显示正常数字，扫描显示电路设计正确。数字钟从 000000 开始走时，秒、分、时显示正确，在输入为 4096Hz 的时钟脉冲下经与标准表对照，秒计时的周期为 1s。为了在短时间内测试各计数进位是否正确，加大输入脉冲频率，结果显示秒、分、小时走时、进位全部正确，走时到 235 959 后又回到 000 000，在每小时的 59min 的 51s、53s、55s、57s 鸣低音，LED 灯也依次点亮 1 个、2个、3 个、4 个，59s 时鸣高音，第 5 个 LED 灯也随之同时点亮，实现整点报时和整点报时LED 灯花样显示的功能要求。将分校时控制开关 S 接到 1，快、慢校时控制开关接高电平1，分计数器以 2Hz 频率快速自动校分，快、慢校时控制开关接低电平 0，按动手动校时按键可进行手动校时；将分校时控制开关 S 接到 2，分计数器正常计时。同样测试时校时控制端，能够实现时的校对，并实现对数字钟进行时间校对的设计要求。因为秒计数周期为

---

① 王港元. 电子设计制作基础[M]. 南昌：江西科学技术出版社，2012.

1s，整点报时的低、高音正常，且快自动校时计数器计数的周期经与标准表对照为 0.5s 左右，故分频器设计正确无误。

经过各功能的综合测试，本数字钟各项功能指标均达到预定设计要求，本设计取得成功。

七、结论

本数字钟的设计主要归结于六十进制和二十四进制计数器的设计、显示电路的设计、校时电路的设计、整点报时与花样显示电路等的设计。

设计正确稳定的计数器要求深刻理解同步与异步、高电平与低电平有效的计数器的差别，熟练掌握采用清零与置位法构成指定进制计数器的方法，数字钟的实质就是一个 $60 \times 60 \times 24$ 进制的计数器，是由两个六十进制、一个二十四进制计数器级连而成的。

显示电路也是一个关键部分，本数字钟有 6 位数字需要显示，如果用普通的一个输出对应一个译码驱动器和一个数码管的静态显示方法，那么仅七段码输出就需要多达 $6 \times 7 = 42$ 个 I/O 口和数码管连线，显然这既要占据大量 I/O 口，连线又很麻烦。而采用动态扫描显示的方法仅需 7 根数码管连线就能实现多位显示需求，本设计体现了动态扫描显示方法的优越性。

校时电路与整点报时电路充分利用了与门的特性，控制两路信号的选择通过，得到了广泛的应用。数字电路对干扰脉冲比较敏感，校时电路也考虑在开关转换时可能产生的抖动，本设计采用了防抖动开关。

本次设计采用自顶向下的层次化设计思想，将整个数字钟分解为各个模块的集合，在整个设计流程中各个设计环节逐步求精，使整个设计过程清晰明朗，各步骤有序进行，各模块遇到的难点专项突击、各个击破。自顶向下的层次化设计思想避免了全局把握不严、局部电路功能分工不明、某处改变一改全改的不足，是设计中应掌握的设计理念。

9.4　数字集成块引脚图

数字集成块引脚图如图 9.4.1 至图 9.4.51 所示。

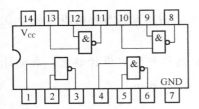

图9.4.1　74LS00　二输入四与非门

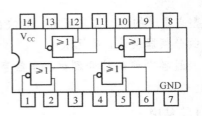

图9.4.2　74LS02　二输入四或非门

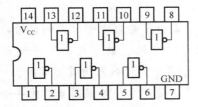

图9.4.3　74LS04　六反相器

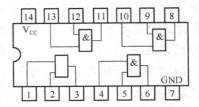

图9.4.4　74LS08　二输入四与门

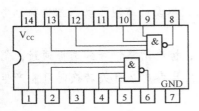

图9.4.5　74LS20　四输入二与非门

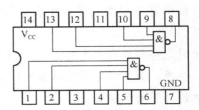

图9.4.6　74LS22　四输入二与非门（OC）

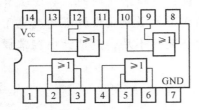

图9.4.7　74LS32　二输入四或门

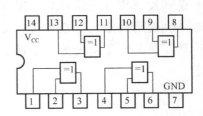

图9.4.8　74LS86　二输入四异或门

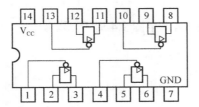

图9.4.9　74LS125　四总线缓冲门（三态输出）

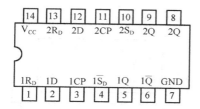

图9.4.10　74LS74 双D触发器

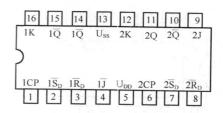

图9.4.11　74LS76 双J-K触发器

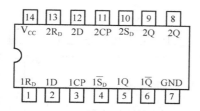

图9.4.12　74LS107 双J-K触发器

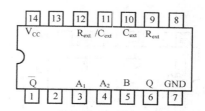

图9.4.13　74LS121 单稳多谐振荡器

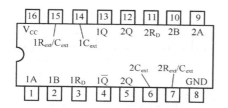

图9.4.14　74LS123 可重触发双单稳
多谐振发器

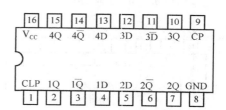

图9.4.15　74LS175 4D触发器

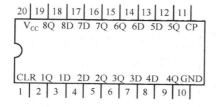

图9.4.16　74LS273 8D触发器

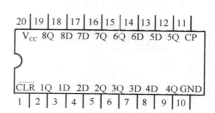

图9.4.17　74LS373 8D锁存器

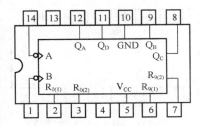

图9.4.18 74LS90 二、五、十进制计数器

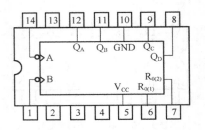

图9.4.19 74LS92 12 分频计数器

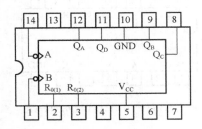

图9.4.20 74LS93 四二进制计数器

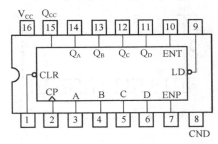

图9.4.21 74LS160/163 4位同步计数器

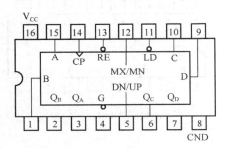

图9.4.22 74LS190/191 同步可逆计数器

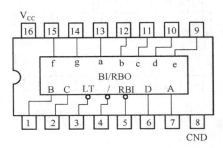

图9.4.23 74LS48 BCD-7 段译码器/驱动器

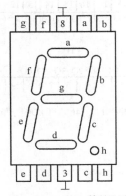

图9.4.24 BS202 数码显示器

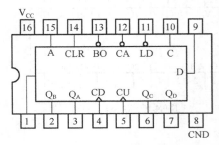

图9.4.25 74LS192/193 同步可逆双时名计数器

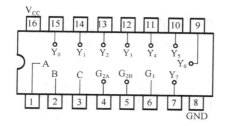

图9.4.26　74LS138 3-8 线译码器

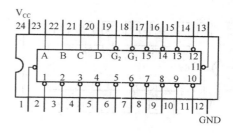

图9.4.27　74LS154 4-16 线译码器

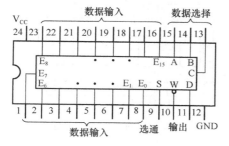

图9.4.28　74LS150 16 选1数据选择器

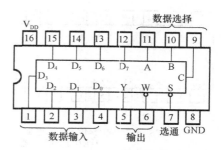

图9.4.29　74LS151 8 选1数据选择器

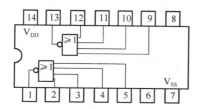

图9.4.30　CC4002 四输入双或非门

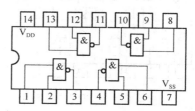

图9.4.31　CC4011 二输入四或非门

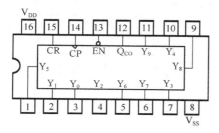

图9.4.32　CC4017 十进制计数/分配器

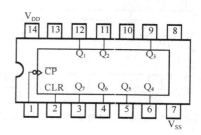

图9.4.33　CC4024 7 级二进制计数器

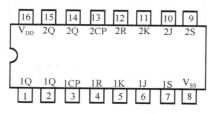

图9.4.34　CC4027 双J-K主从触发器

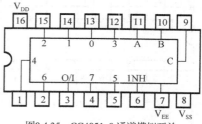

图9.4.35　CC4051 8 通道模拟开关

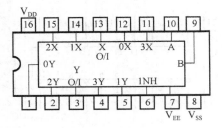

图9.4.36　CC4052 双4选1模拟开关

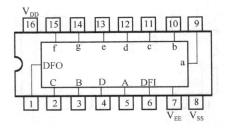

图9.4.37　CC1055 BCD-7段译码/驱动器

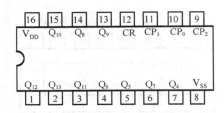

图9.4.38　CC4060 14位串行二进制
计数/分频/振荡器

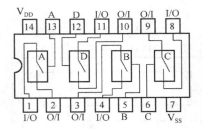

图9.4.39　CC4066 4 双向模拟开关

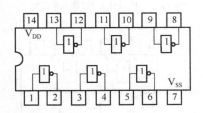

图9.4.40　CC4069 六反相器

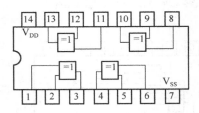

图9.4.41　CC4070 四异或门

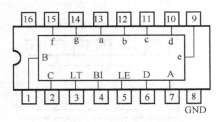

图9.4.42　CC4511 BCD-7 段锁存/译码/驱动器

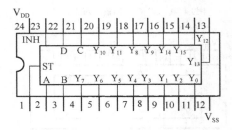

图9.4.43　CC4514 4-16 线译码器（高有效）

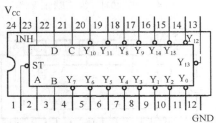

图9.4.44　CC4515 4-16 线译码器（低有效）

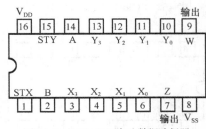

图9.4.45　CC14539 多路数据选择器

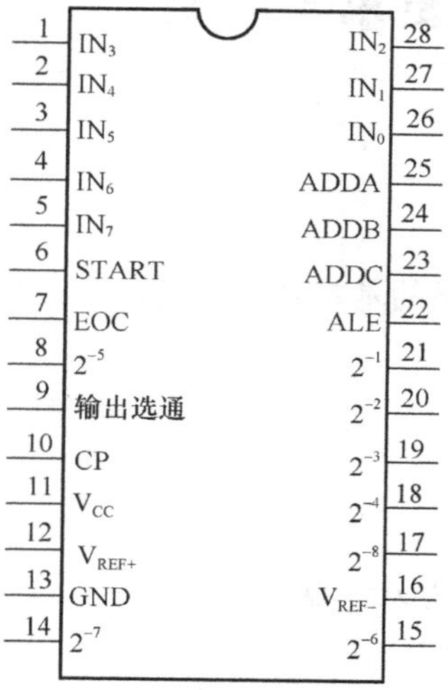

图9.4.46 ADC0808/0809
A/D转换器

1	IN$_3$	IN$_2$	28
2	IN$_4$	IN$_1$	27
3	IN$_5$	IN$_0$	26
4	IN$_6$	ADDA	25
5	IN$_7$	ADDB	24
6	START	ADDC	23
7	EOC	ALE	22
8	2^{-5}	2^{-1}	21
9	输出选通	2^{-2}	20
10	CP	2^{-3}	19
11	V$_{CC}$	2^{-4}	18
12	V$_{REF+}$	2^{-8}	17
13	GND	V$_{REF-}$	16
14	2^{-7}	2^{-6}	15

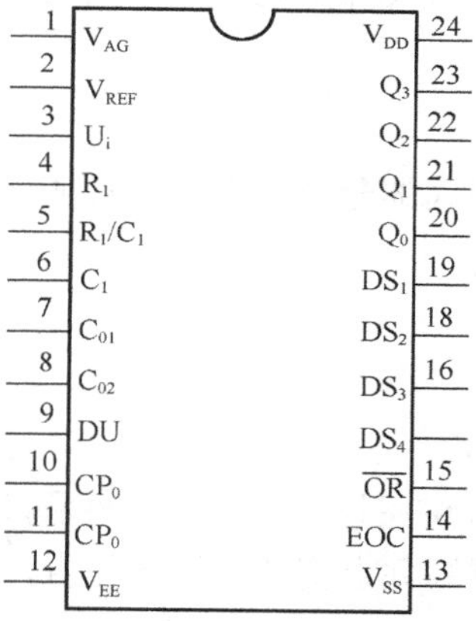

图9.4.48 CC14433 $3\frac{1}{2}$ 位双积分式
A/D转换器

1	V$_{AG}$	V$_{DD}$	24
2	V$_{REF}$	Q$_3$	23
3	U$_i$	Q$_2$	22
4	R$_1$	Q$_1$	21
5	R$_1$/C$_1$	Q$_0$	20
6	C$_1$	DS$_1$	19
7	C$_{01}$	DS$_2$	18
8	C$_{02}$	DS$_3$	16
9	DU	DS$_4$	15
10	CP$_0$	$\overline{\text{OR}}$	15
11	CP$_0$	EOC	14
12	V$_{EE}$	V$_{SS}$	13

图9.4.50 DAC0832 D/A转换器

1	$\overline{\text{CS}}$	V$_{CC}$	20
2	$\overline{\text{WR}_1}$	ILE	19
3	AGND	$\overline{\text{WR}_2}$	18
4	DI$_3$	$\overline{\text{XFER}}$	17
5	DI$_2$	DI$_6$	16
6	DI$_1$	DI$_6$	15
7	DI$_{II}$	DI$_6$	14
8	V$_{REF}$	DI$_7$	13
9	R$_{fb}$	IOUT$_2$	12
10	DGND	IOUT$_1$	11

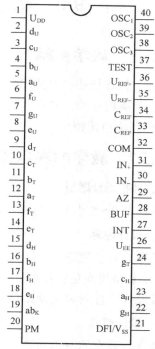

图9.4.47 CC7106, CC7107 $3\frac{1}{2}$ 位
双积分式A/D转换器

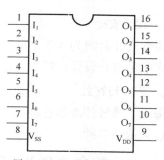

图9.4.49 CC1413（ULN2003A）
7路达林顿晶体管驱动器

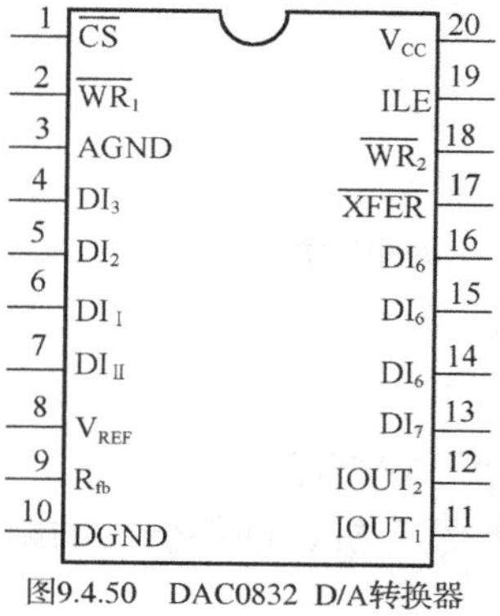

图9.4.51 CC1403
基准电压源

241

9.5 数字电路课程设计要求与题目

➡ 9.5.1 教学目标

（1）课程性质：必修课。

（2）课程目的：训练学生综合运用学过的数字电路的基本知识，提升独立设计比较复杂的数字电路的能力。

➡ 9.5.2 教学内容基本要求及学时分配

1．课程设计题目

题目见 9.5.5 小节，可根据情况进行调整，原则上每人一题。

2．设计内容

按题目要求的逻辑功能进行电路设计，然后在微机上进行原理图输入、编译和软件仿真，若仿真结果满足设计要求，再进行下载和硬件实验，若硬件实验结果不满足设计要求，则修改设计，直到满足设计要求为止。

3．设计要求

按题目要求的逻辑功能进行设计，各个单元电路组成部分必须有设计说明。软件仿真完成后，必须经教师允许方可进行下载。

➡ 9.5.3 主要教学环节

1．设计安排

课程设计时间为 4 周。第 1 周教师布置设计题目、讲授设计需要的硬件和软件知识；第 2 周学生进行设计；第 3 周作品验收；第 4 周学生撰写并上交课程设计报告。

2．指导与答疑

每天安排教师现场答疑，学生有问题可找教师询问。建议学生应充分发挥主观能动性，不应过分依赖教师。

➡ 9.5.4 数字电路课程设计评分标准

1．设计作品（50 分）

（1）电路正确，能完成设计要求提出的基本功能。（0~40 分）

（2）电路板焊接工艺规范，焊点均匀，布局合理。（0~10 分）

2．设计报告（50 分）

（1）按设计指导书中的格式要求书写，所有的内容一律打印。

（2）设计报告内容包括设计过程、软件仿真的结果及分析、硬件仿真的结果及分析。

（3）要有整体电路原理图、各模块电路原理图。

（4）软件仿真包括各个模块电路的仿真和整体电路的仿真，对仿真必须要有必要的说明。

（5）硬件仿真要给出各个输入信号的具体波形和输出信号的测试结果。

9.5.5　数字电路课程设计题目与要求

1．数码管显示控制器

（1）能自动一次显示出数字 0、1、2、3、4、5、6、7、8、9（自然数列），1、3、5、7、9（奇数列），0、2、4、6、8（偶数列），0、1、2、3、4、5、6、7、0、1（音乐符号序列），然后再从头循环。

（2）打开电源自动复位，从自然数列开始显示。

2．乒乓球游戏机

（1）用 8 个发光二极管表示球，用两个按钮分别表示甲、乙两个球员的球拍。

（2）一方发球后，球以固定速度向另一方运动（发光二极管依次点亮），当球达到最后一个发光二极管时，对方击球（按下按钮），球将向相反方向运动，在其他时候击球视为犯规，给对方加 1 分；都犯规，各自加 1 分。

（3）甲、乙各有一个数码管用来计分。

（4）裁判有一个按钮，是系统初始化，每次得分后，按下一次。

3．智力竞赛抢答器

（1）5 人参赛，每人一个按钮，主持人一个按钮，按下就开始。

（2）每人一个发光二极管，抢中者的发光二极管亮。

（3）有人抢答时，喇叭响 2s。

（4）答题时限为 10s，从有人抢答开始，用数码管倒计时间，0、9、8、……、1、0，倒计时到 0 的时候，喇叭发出 2s 声响。

4．数字钟

（1）输入 10Hz 的时钟（提示：对已有 0~5 kHz 频率时钟进行分频）。

（2）能显示时、分、秒，24h 制。

（3）时和分有校正功能。

（4）整点报时，喇叭响 2s。

（5）可设定夜间某个时段不报时。

注：硬件资源的节约，否则器件内资源会枯竭。

5．交通灯控制器

（1）东西方向为主干道，南北方向为副干道。

（2）主干道通行 40s 后，若副干道无车，仍在主干道通行，否则转换方向。

（3）转换方向时要有 4s 的黄灯期。

（4）南北通行时间为 20s，到时间则转换方向，若未到时间，但是南北方向已经无车，也要转换方向。

（5）用数码管显示计时。

6．双钮电子锁

（1）有两个按钮 A 和 B，开锁密码可自行设定（如 3、5、7、9）。

（2）若按下 B，则门铃响（滴、嗒……）。

（3）开锁过程：按 3 下 A，按 1 下 B，则 3579 中的"3"即被输入；接着按 5 下 A，按 1 下 B，则输入"5"；以此类推，直到输入完"9"，按 1 下 B，则锁被打开（用发光二极管 KS 表示）。

（4）报警。在输入 3、5、6、9 后，因输入与密码不同，则报警，用发光二极管 BJ 表示，同时发出"嘟、嘟……"的报警声。

（5）用一个开关表示关门（闭锁）。

7．彩灯控制器

（1）有 10 只 LED，L_0、L_1、……、L_9。

（2）显示方式如下。

先奇数灯依次灭。

再偶数灯依次灭。

再由 $L_0 \sim L_9$ 依次灭。

（3）显示间隔 0.5s，1s 可调。

8．速度表

（1）显示汽车速度单位为 km/h。

（2）车轮每转一圈，有 1 个传感脉冲，每个脉冲代表 1m 的距离。

（3）采样周期设为 10s。

（4）要求显示到小数点后边两位。

（5）用数码管显示。

（6）最高时速小于 120km/h。

9．三位密码锁电路设计

（1）3 个按键按一定顺序按下可以开锁，其他顺序按下均不能开锁。

（2）开锁亮绿灯，否则亮红灯，电路能复位。

10．出租车计价器

（1）5km 起计价，起始价 5 元，1.2 元/km。

（2）传感器输出脉冲为 0.5m/个。

（3）每 0.5km 改变一次显示，且提前显示（只显示价钱）。

11．八音电子琴

（1）能发出 1、2、3、4、5、6、7、1 共 8 个音。

（2）用按键作为键盘。

（3）C 调到 B 调对应频率如表 9.5.1 所示。

表 9.5.1 C 调到 B 调对应频率

调	频率/Hz
$\dot{C}$	261.63*2
B	493.88
A	440.00
G	392.00
F	349.23
E	329.63
D	293.66
C	261.63

12．五路电压巡测电路

（1）第 1~5 路电压分别为 1V、2V、3V、4V、5V（电阻分压获得）。

（2）能通过 5 个按键进行选择，在一个点巡测到这 5 组电压。

13．基于 CD4011 的触摸延时开关

（1）每触摸一次开关，红色指示灯能亮灭交替显示。

（2）触摸一次延时开关可亮起红灯并延时 10s 熄灭。

14．自动打铃器

（1）有数字钟功能（不包括校时等功能）。

（2）可设置 6 个时间，定时打铃。

（3）响铃时间为 5s。

15．数字频率计

（1）输入为矩形脉冲，频率范围为 0~99MHz。

（2）用 5 位数码管显示，只显示最后的结果，不要将计数过程显示出来。

（3）单位为 Hz 和 kHz 两挡，自动切换。

16．算术运算单元 ALU 的设计

（1）进行两个四位二进制数的运算。

（2）算术运算：A+B，A−B，A+1，A−1。

（3）逻辑运算：A and B，A or B，A not B，A xor B。

注：从整体考虑设计方案，优化资源的利用。

17．游戏机

用 3 个数码管显示 0~7 的数码，按下按钮，3 个数码管循环显示，抬起按钮，显示停止，当显示内容相同时，为赢。

（1）3 个数码管循环显示的速度不同。

（2）停止时的延迟时间也要不同。

（3）如果赢了游戏，要有数码管或 LED 灯花样显示或声音提示。

18．16 路数显报警器

（1）设计 16 路数显报警器，16 路中某一路断开时（可用高低电平表示断开和接通），用十进制数显示该路编号，并发出声音信号。

（2）报警时间持续 10s。

（3）当多路报警时，要有优先级，并将低优先级的报警存储，处理完高优先级报警后，再处理（附加）。

19．电话按键显示器

（1）设计一个具有 8 位显示的电话按键显示器。

（2）能准确反映按键数字。

（3）显示器显示从低位向高位前移，逐位显示，最低位为当前输入位。

（4）重按键时，能首先清除显示。

（5）摘下话机后才能拨号有效，挂机后熄灭显示。

20．病房呼叫系统

（1）用 5 个开关模拟 5 个病房的呼叫输入信号，1 号优先级最高，1 到 5 优先级依次降低。

（2）用一个数码管显示呼叫信号的号码，没信号呼叫时显示 0，有多个信号呼叫时，显示优先级最高的呼叫号（其他呼叫号用指示灯显示）。

（3）凡有呼叫应发出 5s 的呼叫声。

（4）对低优先级的呼叫进行存储，处理完高优先级的呼叫，再进行低优先级呼叫的处理（附加）。

21．自动电子钟

（1）用 24h 制进行时间显示。

（2）能够显示时、分。

（3）每秒钟要有秒闪烁指示。

（4）上电后从"00:00"开始显示。

22．具有数字显示功能的洗衣机时控电路

（1）洗衣机工作时间可在 1~15min 任意设定（整分钟数）。

（2）规定电动机运行规律为正转 20s、停 10s、反转 20s、停 10s、再正转 20s，之后反复运行。

（3）要求能显示洗衣机剩余工作时间，每当电动机运行 1min，显示计数器自动减 1，直到显示器为"0"时，电动机停止运转。

（4）电动机正转和反转要有指示灯指示。

23．篮球比赛数字记分牌

（1）分别记录两队得分情况。

（2）进球得分加 2 分，罚球进球得分加 1 分。

（3）纠正错判得分减 2 分或 1 分。

（4）分别用 3 个数码管显示器记录两队的得分情况。

24．电子日历

（1）能显示年、月、日、星期，如 01.11.08　6。

（2）年、月、日、星期均可调。

（3）不考虑闰年。

25．用电器电源自动控制电路

（1）自动控制电路能使用电器的电源自动开启 30s，然后自动关闭 30s，如此周而复始地工作，要有工作状态指示。

（2）当电源接通时，可随时采用手动方式切断电源；当电源切断时，可随时采用手动方式接通电源。

（3）若手动接通电源，可由定时信号断开，然后进入自动运行状态，反之亦然。

（4）定时范围为 0~60min，要有分、秒的倒计时显示。

26．模拟中央人民广播电台报时电路

（1）计时器运行到 59min49s 开始报时，每鸣叫 1s 就停叫 1s，共鸣叫 6 响；前 5 响为低音，频率为 750Hz；最后 1 响为高音，频率为 1kHz。

（2）至少要有分、秒显示。

27．数字跑表

（1）具有暂停/启动功能。

（2）具有重新开始功能。

（3）用 6 个数码管分别显示百分秒、秒和分。

28．数字电压表

（1）0~5V 输入。

（2）用 3 个数码管显示，有小数点的显示到小数后两位数，如 0.01；只显示最后结果，不显示中间结果。

注：实验箱提供了 8 位的 DAC-AD558 和比较器 LM358N。

29．双色跑马灯控制器（7 灯）

（1）跑马灯分两路同时工作，工作过程如下。

第一路是绿灯、红灯（绿灯在前、红灯在后）在黑暗背景中流动。当绿灯独自从头到尾流动时，这一路任何变色管都不亮，形成黑暗背景。而绿灯在尾部消失瞬间，红灯立即出现在头部并开始从头部到尾部独自沿原绿灯路线在黑暗背景中流动。当红灯在尾部消失瞬间，绿灯便又立即出现在头部并再次从头部到尾部独自地在黑暗中流动，如此循环。

第二路是绿灯、红灯（绿灯在前、红灯在后）在棕色背景中流动。当绿灯独自从头到尾流动时，这一路变色管为棕色，形成棕色背景。而绿灯在尾部消失瞬间，红灯立即出现在头部并开始从头部到尾部独自沿原绿灯路线在棕色背景中流动，红灯在尾部消失的瞬间，

绿灯便又立即出现在头部并再次从头部到尾部独自地在黑暗中流动，如此循环。

（2）节拍实现变化：显示间隔分别为 1s、3s，用按键直接切换。

30．教室学生考勤统计系统

（1）利用红外线对管对进出教室的学生进行感应识别，并用 2 位数码管显示与之相应的教室到课学生人数。

（2）教室学生考勤人数范围是 0~99，设计时可假设每进入一个学生，数码管显示加 1，每出去一个学生，数码管显示减 1。

31．触摸控制循环显示电路制作

（1）设计并制作带有触摸电极的电路，当电路得电时，能以"8—7—1—6—5—2—3—4—9"的顺序循环显示数字，3s 后停显并消隐。而后再触摸，又重复以上显示，约 3s 后自行停显并消隐，如此周而复始。

（2）为了显示工作状态，用绿色发光二极管指示电源工作状态，用红色发光二极管指示触摸开关的工作状态，当手指未触摸电路电极时，红色发光二极管亮，而当手指触摸电极，触摸开关开始工作时，红色发光二极管熄灭。

32．路灯自动开关模拟装置

（1）有一个集镇将高压汞灯（用绿色 LED 模拟）与钠灯（用红色 LED 模拟）隔盏交叉安排在街道两旁，为了节约用电，行人稀少的后半夜，钠灯（红灯）关闭，仅保留汞灯（绿灯）。

（2）现要求设计路灯自动开关模拟装置。工作过程为傍晚 18:00 全部灯亮（手动控制），24:00 后隔盏关灯（红灯），第二天凌晨 6:00 全部关灯。设计时，以 1s 模拟 1h，并用数码显示时间。

33．八路信号电压自动巡航仪

（1）巡航电路工作，工作时可见直径 3mm 红色发光二极管闪烁，其频率 $f \approx 1Hz$，即 $T \approx 1s$，随之数码管从 1 开始，数显 0、1、……、7、0、1、2、……、7、，每个数字对应所测信号电压属于第几路。

（2）信号电压按 1~8 的顺序逐级递增并显示数字。

34．生产流水线物品监控器

（1）通过红外线监控产品流动速度，在 5s 内必须有一个产品通过，每通过一个产品发出一声 0.5s 的短"嘀"报警声。

（2）当 5s 内没有产品通过时，发出急促的报警声，有产品通过时报警声停止，一旦没有产品通过，又报警。

（3）报警时红色指示灯跟随闪烁。

35．基于 CD40110 的触摸控制循环显示电路

（1）设计并制作带有触摸电极的电路。

（2）当电路得电，便能以"0—1—2—3—4—5—6—7—8—9"的顺序显示数字，然后

停显并消隐。而后再触摸，又重复以上显示、停显并消隐的工作过程，如此循环。

36．触摸式一位数（显）摇奖（号）机

（1）摇奖（号）机操作。在作品显示"0"的情况下开始摇奖（号），用食指触及"触摸电极"，瞬间蜂鸣器发出响声（要求 10m 外可清晰听到），红色发光二极管亮。

（2）数码管显示快速地按 0 到 9 的顺序周而复始转换数字（要求此时人眼分辨不清数字及其顺序）。

（3）3s 后的任意时刻，食指离开"触摸电极"，蜂鸣器立刻停响，表明数码快速转换还需要延时数秒（要求大于 3s），一旦红色发光二极管"熄灭"，数码转换立即停止并稳定地显示在最后一个数字上，这个数字就是本次摇出的奖品。

37．倒计时简易跑马灯

（1）该制作能自行识别工作环境，即白天"跑马灯"自行停止运行，待傍晚天暗下来，数码管自动显"0"时，说明"跑马灯"电路得电即可以运行。

（2）此后手动按下工作按键，电路延时 10s，在延时的同时，数码管计时显示"0—1—2—3—4—5—6—7—8—9—0"。当其在"9—0"瞬间时数码管停止计时，"跑马灯"立即工作，工作过程是 5 个绿灯、5 个红灯（绿灯在前，红灯在后）在黑暗背景中流动，如此循环。直到第二天天亮后，数码管熄灭，再到傍晚，作品又重复上述过程。

38．停车场车位显示电路

（1）3 个车位，车位上无车时亮绿灯，当某个车位上有车时，绿灯灭、亮红灯。

（2）有 1 位数码管实时显示剩余车位数，剩余车位数等于 0 时，单独有一盏黄灯闪烁提示。

第10章　电子大赛培训知识

10.1　电子大赛简介

电子大赛平台是创新实践教育、提升教学质量、探索创新创业人才培养模式的一个优秀平台，具有广泛的社会影响力和良好的社会声誉。

电子大赛主要分国家级/省级电子设计制作自选赛和省级高校大学生现场电子设计制作赛/电子创新设计大赛两类。

国家级/省级电子设计制作自选赛是由教育部、工业化和信息化部负责领导的全国竞赛，由全国统一命题（题目为5~7个），时间规定为4天，按分赛区组织的方式进行。对参赛学生采用"半封闭、相对集中"的组织形式，且不允许指导教师在竞赛期间进行任何形式的指导和引导，作品完成后，还要提交设计报告。

国家级/省级电子设计制作自选赛每两年举行一次，属于全国大学生四大赛事之一，涉及电路分析、模拟电路、数字电路、高频电路、单片机原理、FPGA、电力电子技术和自动控制原理等课程知识，要求学生知识面广、软件编程能力强、会制作电路板（或PCB），关键是对软硬件协同调试能力要求较高（注：因许多知识点超越本教程的内容，本书后续所介绍的电子大赛主要是省级高校大学生现场电子设计制作赛/电子创新设计大赛相关的基础知识）。

省级高校大学生现场电子设计制作赛/电子创新设计大赛是由省教育厅领导组织的，竞赛采用全省统一命题（1个题目）的方式。竞赛时间规定为7~8h，对参赛学生采用全封闭的组织形式。参赛过程中使用的电路、元件，包括电路板的设计与制作全部由参赛者在规定时间内独立完成。参赛者必须用所学的理论知识去设计新颖的电路，选用先进的电子元件，焊接布局合理的作品，调试电路，分析和处理电路中的各种疑难问题，实现相关功能。

省级高校大学生现场电子设计制作赛/电子创新设计大赛每年举行一次，涉及电路分析、模拟电路、数字电路、高频电路等相关课程知识，尤其是模拟电路课程设计、数字电路课程设计知识[12]。

大赛中常用的元器件可分为分立元器件和集成元器件。分立元器件既有电阻、电容、电感、二极管（含特殊用途的二极管）、三极管、场效应管和晶闸管等常用元器件，也有继电器、传感器等不常用的元器件。集成元器件主要有模拟集成元器件和数字集成元器件。

10.2　直流稳压电源简介

任何电子技术电路都要有稳定的直流电源才能工作。电子大赛作品，必须自己设计、焊接一个合理的直流稳压电源。

直流稳压电源电路由电源变压器、桥式整流电路、电容滤波电路、集成稳压电路 4 部分构成。集成稳压电路常用稳压二极管稳压或串联型直流稳压。直流稳压电源可以是固定直流稳压电源，也可以是可调的直流稳压电源。

10.2.1　固定直流稳压电源

1．稳压二极管稳压电源

稳压二极管是一种特殊的面接触型二极管，稳压时应工作于反射击穿区，稳压二极管稳压电源电路如图 10.2.1 所示。

构建的稳压二极管稳压电源电路应满足 3 个条件：①稳压二极管稳压时工作在反相电击穿状态；②所加的反向电压应大于稳压二极管的稳定电压；③在稳压二极管稳压电源电路中，要使稳压二极管始终工作在稳压区，必须保证稳压二极管的电流 I_Z 满足 $I_{Zmin} \leqslant I_Z \leqslant I_{Zmax}$。

构建稳压电路时，根据需要稳定的电压先选择稳压二极管，再由上述③确定限流电阻。

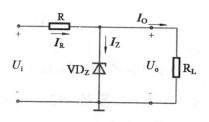

图 10.2.1　稳压二极管稳压电源电路

2．串联型直流稳压电源

常用三端集成稳压块稳压。输出电压分 7 个等级，分别为 5V、6V、9V、12V、15V、18V 和 24V；输出电流分 3 个等级，分别为 1.5A、0.5A（M）和 0.1A（L）。W78XX 三端稳压器稳定正电压，W79XX 系列稳定负电压。使用时，应注意封装形式，注意输入、输出和公共端，不能接反。

3．学习者应掌握和焊接的电路

（1）固定直流正电源电路。

（2）固定直流负电源电路。

（3）固定直流正负（双）电源电路。

注：由于前面内容介绍过相应电路，本章不再重复绘制。

10.2.2　可调的直流稳压电源

可调的直流稳压电源可用三端稳压器件 LM317、LM337 来实现。LM317 用来产生可调正电源，LM337 用来产生可调负电源。使用时特别注意稳压块的 3 个引脚，LM317 的引脚 1 为调节端，引脚 2 为输出端，引脚 3 为输入端；LM337 的引脚 1 为调节端，引脚 2 为输入端，引脚 3 为输出端。调节端和输出端的基准电压为 1.25V，通过外串可调电阻，改变输出电压的大小。

1．制作时应注意的事项

（1）滤波电容是大容量的电解电容，极性若接反容易爆炸，一般电解电容侧身白条标有负号那个引脚是负极。

（2）为了便于观察电源是否工作，通常并联一个发光二极管支路。不同颜色的发光二极管应串接不同阻值的电阻，电阻的阻值选择以保证发光二极管支路计算电流在15~25mA 为宜。新的发光二极管长脚为正。

2．学习者应掌握和焊接的电路

（1）可调直流正电源电路。

（2）可调直流负电源电路。

（3）可调直流正负（双）电源电路。

10.3 模拟电路培训简介

模拟电路培训主要是模拟分立元器件电路和模拟集成电路的学习。

➡ 10.3.1 模拟分立元器件电路

1．三极管放大电路

三极管分为 NPN 型三极管和 PNP 型三极管。常用的 NPN 型三极管有 9013、9014 和 8050，PNP 型三极管有 9012、9014 和 8550。

三极管有放大、截止、饱和 3 种工作状态，模拟电路经常工作于放大状态，数字电路经常工作于截止和饱和状态。

放大电路分为共发射极放大电路、共集电极放大电路和共基极放大电路三大类，工作在放大状态时，应保证静态工作点合理。

（1）共发射极放大电路的特点是反向电压放大，同向电流放大，输入电阻和输出电阻适中。

（2）共集电极放大电路的特点是电压不放大，电流反向放大，输入电阻大，输出电阻小。其获取信号能力强、带负载能力强，在电子大赛中常用作电压跟随器。

（3）共基极放大电路的特点是同向电压放大，电流不放大，输入电阻和输出电阻适中，但频率响应特性好，经常用于高频电路。

（4）学习者应掌握焊接的电路为：①共发射极放大电路；②共集电极放大电路。共发射极放大电路、共集电极放大电路常与继电器的线圈或喇叭一起使用，目的是放大电流，使继电器的线圈或喇叭工作。

2．晶闸管电路

晶闸管也称硅可控元件（Silicon Controlled Rectifier，SCR），还可称为无触点元件，多用于可控整流、逆变、调压等电路。三端分别是控制极 G、阳极 A 和阴极 K。晶闸管的符号和外形如图 10.3.1 所示。

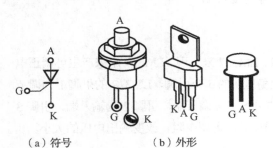

（a）符号   （b）外形

图 10.3.1 晶闸管的符号和外形

（1）工作原理：①控制极不加电压，无论在阳极与阴极之间加正向电压还是加反向电压，晶闸管都不导通。②在控制极与阴极之间加正向电压，阳极与阴极之间加正向电压，晶闸管导通。③当晶闸管的阳极加入反向电压时，被反向阻断（但有很小的漏电流）。当反向电压大于击穿电压时，电流突然增大，若不加限制，晶闸管可能烧坏。

（2）学习者应掌握的技能：①构建触发信号；②保证晶闸管导通或截止。

10.3.2 模拟集成放大电路

常用的模拟集成元器件有 μA741、LM324、LM358 等集成运算放大器，LM386、TDA2030 等功率放大器，AD633JN 模拟乘法器等。

1．常用元器件简介

1）μA741

μA741 是通用型集成运算放大器。双电源供电±（3~18）V，输入电压范围为-13~+13V，也可单电源供电。μA741 引脚图如图 10.3.2 所示。

2）LM324

LM324 是通用型四集成运算放大器。单电源供电 3~24V 或双电源供电±18V；输入电压范围为-0.3~32V。LM324 引脚图如图 10.3.3 所示。

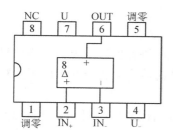

图 10.3.2 μA741 引脚图

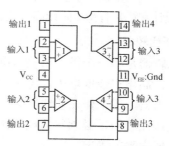

图 10.3.3 LM324 引脚图

3）LM358

LM358 是通用型二集成运算放大器。单电源供电 3~32V 或双电源供电±18V。LM358 引脚图如图 10.3.4 所示。

2．模拟集成运算电路

1）同相比例运算电路

同相比例运算电路的特点是输出信号放大并与输入信号同相。引入电压串联负反馈，其输入电阻大，输出电阻约等于 0，带负载能力强，常作为输入级。

特殊电路：电压跟随器。

2）反相比例运算电路

反相比例运算电路的特点是输出信号与输入信号反相，其输入电阻不大。反馈电阻不能太大，否则会产生大的噪声和漂流。

特殊电路：反相器。

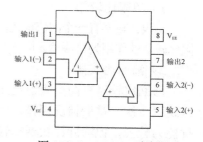

图 10.3.4 LM358 引脚图

3）加/减法运算电路

利用反相比例运算电路和同相比例运算电路可构成加/减法运算电路。

4）差分放大电路

差分放大电路可实现两信号相减，也可实现双端输入信号转换成单端信号。

5）学习者应掌握的技能

（1）掌握理论知识，学会相关公式推导及参数的确定。

（2）利用以上集成块设计和焊接相应的电路。

3. 模拟滤波电路

滤波电路是对信号的频率具有选择性的电路，其功能是使特定频率的信号通过，而阻止其他频率的信号通过。

1）模拟滤波电路的类别

模拟滤波电路有低通滤波器、高通滤波器、带通滤波器和带阻滤波器之分。常用的滤波器为有源二阶滤波器，使用时应视情况选择压控型或无限增益型有源二阶滤波器。品质因数 Q 的大小决定滤波器在截止频率处幅频特性下降多少。

2）学习者应掌握的技能

（1）掌握理论知识，学会相关公式推导及参数的确定。

（2）设计和焊接有源二阶或高价低通、高通滤波器。

4. 电压比较器

电压比较器是将一个模拟量输入电压与一个参考电压进行比较的电路，输出只有两种可能的状态：高电平或低电平。电压比较器处于开环状态或引入正反馈，电压比较器中的集成运算放大器一般工作在非线性区。

学好电压比较器，必须掌握电压比较器的传输特性和传输特性图，关键是阈值电压的计算和高、低电平的确定。

电压比较器可分为单限比较器、滞回比较器和窗口比较器。

1）单限比较器

单限比较器有一个阈值电压，当输入电压等于阈值电压时，输出端的状态立即发生跳变。单限比较器的作用为检测输入的模拟信号是否达到某一给定电平，缺点是抗干扰能力差。

2）滞回比较器

滞回比较器有两个阈值电压，当输入电压增加或减少变化等于阈值电压时，输出波形只跳变一次，跳变情况视输入信号加在反相输入端还是同相输入端而定。滞回比较器抗干扰能力较强，但滞回比较器在输入电压单一方向变化时，输出电压只跳变一次，因而不能检测出输入电压是否在两个电压之间。

3）窗口比较器

窗口比较器有两个阈值电压，当输入电压增加或减少变化等于阈值电压时，输出波形将跳变两次。

特殊器件有负温度系数（NTC）热敏电阻、正温度系数（PTC）热敏电阻、压敏电阻、光敏电阻、光敏二极管、光敏三极管、光电耦合器件及继电器、驻极体等。

4）学习者应掌握的技能

（1）掌握理论知识，学会阈值电压的计算、传输特性图的绘制与分析。

（2）用 LM358 或 LM324 与特殊器件焊接单限比较器、滞回比较器。

5．模拟信号发生器

1）RC 正弦波振荡器

RC 正弦波振荡器振荡频率较低，常用的 RC 桥式正弦波振荡电路由 RC 串并联网络和同相比例运算电路组成，若 RC 串并联网络的电阻为 R，电容为 C，则振荡频率 f_0 为

$$f_0 = \frac{1}{2\pi RC}$$

2）方波振荡电路

方波振荡电路是接通电源后产生自激振荡且输出方波信号的电路。它由 RC 充放电回路和滞回比较器构成。方波信号输出的幅值由稳压二极管稳压电路确定，方波信号的频率由充放电回路的时间常数及滞回比较器的电阻确定。

使电容的充、放电时间常数不同且可调，即改变电路的占空比，可使方波信号转换为矩形波。

3）三角波振荡电路

简易的三角波信号设计，可将方波振荡电路的输出信号加入积分运算电路而产生三角波，但这种三角波信号的线性度较差，带负载能力差。

实用三角波信号的产生应是同相输入滞回比较器和反相积分运算电路组合，双方的输出为对方的输入。调节电路中的电阻的阻值和电容的容量，可改变振荡频率；调节阻值，可改变三角波的幅值。

在三角波振荡电路中，正相积分时间常数远大于反相积分时间常数或者相反，三角波信号可转换成锯齿波信号。

4）学习者应掌握的技能

（1）掌握理论知识，学会振荡频率、幅值的分析与计算。

（2）用 LM358 或 LM324 焊接方波或三角波振荡电路。

6．模拟集成功率放大电路

模拟集成功率放大电路分为 OTL 集成功率放大电路、OCL 集成功率放大电路。OTL 集成功率放大电路、OCL 集成功率放大电路均有各种不同电压增益、多种型号的集成电路，只需要外接少量元件，就可成为实用电路。

1）LM386

LM386 是一种 OTL 音频集成功率放大，具有功耗小、电压增益可调节、电源电压范围大、外接元件少和总谐波失真小等优点，广泛应用于录音机和收音机。LM386 集成块引脚共 8 个，单电源供电。

2）TAD2030

TDA2030 是一种 OCL 音频集成功率放大，外接元件少、输出功率大、$P_o=16W（R_L=8\Omega）$。采用超小型封装（TO-220），可提高组装密度，开机冲击极小，内含各种保护电路，因此工作安

全可靠。具体有短路保护、过热保护、地线偶然开路、电源极性反接（U_{CCmax}=12V）及负载泄放电压反冲等保护电路。TDA2030A 能在最低±6V 最高±22V 的电压下工作。TDA2030 的引脚共 5 个，双电源供电。

3）学习者应掌握的技能

（1）掌握理论知识，学会 LM386 功率放大电路的分析与计算。

（2）掌握理论知识，学会 TDA2030 功率放大电路的分析与计算。

10.4　数字电路培训简介

数字电路培训主要是逻辑门电路、组合逻辑器件电路和时序逻辑器件电路的学习。常用的数字集成芯片、引脚图和功能请参考 9.4 节的内容。

▶ 10.4.1　逻辑门电路

逻辑门电路主要是逻辑与门、或门、非门、与非门、或非门与异或门等。

1．用二极管、三极管设计制作与门、或门、与非门等电路

利用二极管的单向导电性或三极管工作于截止、饱和工作区的特性，可设计逻辑门电路。

（1）与门电路。与门电路的逻辑关系为"全 1 为 1，有 0 为 0"。

（2）或门电路。或门电路的逻辑关系为"全 0 为 0，有 1 为 1"。

（3）非门电路。非门电路的逻辑关系为"0 入 1 出，1 入 0 出"。

（4）与非电路。与非电路的逻辑关系为"全 1 为 0，有 0 为 1"。

（5）或非电路。或非电路的逻辑关系为"全 0 为 1，有 1 为 0"。

（6）异或门电路。异或门电路的逻辑关系为"相同为 0，不同为 1"。

分析或设计逻辑门电路的方法有布尔代数法、真值表法和卡诺图法。

2．集成逻辑门电路

逻辑门电路常是集成电路。例如，集成与非门有 7400、7410、CD4011 等；集成非门有 7405、CD4010 等。

学习者应熟练掌握逻辑门引脚图和逻辑功能。

10.4.2　组合逻辑电路

组合逻辑电路是由基本逻辑门电路组合而成的具有一定功能的电路。组合逻辑电路工作特点是在任何时刻，电路的输出状态只取决于同一时刻的输入状态，而与电路原来的状态无关。

组合逻辑电路常用的有编码器、译码器/数据分配器、数据选择器、数值比较器和算术运算电路。

（1）用二极管设计编码电路。

（2）集成编码器。常用的集成编码器有 74HC148、74LS147、CD4532 等，应熟练掌握逻辑门引脚图和逻辑功能。

（3）集成译码器。常用的集成译码器有 74HC138、74HC42、7448、74HC4511 等，应熟练掌握逻辑门引脚图和逻辑功能。

（4）集成数据选择器。常用的集成数据选择器有 74HC153、74HC151 等。

（5）集成数值比较器。常用的集成数值比较器有 74LS85、74HC85 等。

（6）集成加法器。常用的集成加法器有 74LS283、74HC283、74LS182 等。

使用组合逻辑器件电路设计组合逻辑电路时，要关注竞争-冒险现象。

▶ 10.4.3　振荡/脉冲电路

在电子大赛中常用到脉冲信号，脉冲信号的制作和使用非常重要。

1．CD4011 产生脉冲信号

CD4011 是四二输入端与非门。CD4011 产生脉冲信号电路如图 10.4.1 所示。

振荡频率计算公式为

$$f = \frac{1}{2.2RC}$$

注：若无 CD4011，也可用反相器 4049。

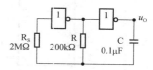

图 10.4.1　CD4011 产生脉冲信号电路

2．555/7555/556/7556 的应用

555 是一种集模拟、数字于一体的中规模集成电路，常用于信号的产生和变换，还用于控制与检测电路中，多为 8 脚双列直插式。555 为双极型电路，而 7555 为 CMOS 电路，二者外特性基本相同。555 引脚图如图 10.4.2 所示。

555 常用于施密特触发器、单稳态触发器和多谐振荡器。

由 555 构成的多谐振荡器如图 10.4.3 所示。

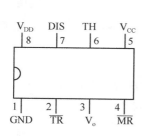

图 10.4.2　555 引脚图

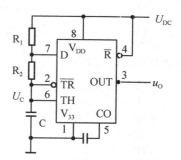

图 10.4.3　由 555 构成的多谐振荡器

振荡频率计算公式为

$$f = \frac{1}{t_{PL} + t_{PH}} \approx \frac{1.43}{(R_1 + 2R_2)C}$$

问题：如何构成单稳态触发电路？如何构成施密特触发器？请同学们自行设计。

10.4.4 编码/译码/显示电路

编码/译码/显示电路设计是电子大赛中的主要内容，应根据设计的功能、给定的器件，选择相应的设计方案。

1．二极管编码+CD4511 译码+BSR5101C/201 显示电路

1）CD4511

CD4511 是集 BCD、七段锁存/译码/驱动功能于一体的集成电路。CD4511 引脚图如图 10.4.4 所示，CD4511 逻辑功能如图 10.4.5 所示。

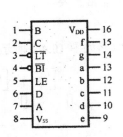

1 B
2 C
3 LT
4 BI
5 LE
6 D
7 A
8 VSS
16 VDD
15 f
14 g
13 a
12 b
11 c
10 d
9 e

图 10.4.4　CD4511 引脚图

输入							输出							
LE	$\overline{BI}$	$\overline{LT}$	D	C	B	A	a	b	c	d	e	f	g	显示
×	×	0	×	×	×	×	1	1	1	1	1	1	1	8
×	0	1	×	×	×	×	0	0	0	0	0	0	0	
0	1	1	0	0	0	0	1	1	1	1	1	1	0	0
0	1	1	0	0	0	1	0	1	1	0	0	0	0	1
0	1	1	0	0	1	0	1	1	0	1	1	0	1	2
0	1	1	0	0	1	1	1	1	1	1	0	0	1	3
0	1	1	0	1	0	0	0	1	1	0	0	1	1	4
0	1	1	0	1	0	1	1	0	1	1	0	1	1	5
0	1	1	0	1	1	0	0	0	1	1	1	1	1	6
0	1	1	0	1	1	1	1	1	1	0	0	0	0	7
0	1	1	1	0	0	0	1	1	1	1	1	1	1	8
0	1	1	1	0	0	1	1	1	1	1	0	1	1	9
0	1	1	1	0	1	0	0	0	0	0	0	0	0	
0	1	1	1	0	1	1	0	0	0	0	0	0	0	
0	1	1	1	1	0	0	0	0	0	0	0	0	0	
0	1	1	1	1	0	1	0	0	0	0	0	0	0	
0	1	1	1	1	1	0	0	0	0	0	0	0	0	
0	1	1	1	1	1	1	0	0	0	0	0	0	0	
1	1	1	×	×	×	×			*					*

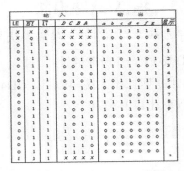

图 10.4.5　CD4511 逻辑功能

2）BSR5101C/201

公共阴极
g f a b
a
f g b
e c
d h
e d c h
公共阳极

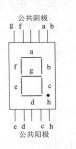

图 10.4.6　BSR5101C/201 引脚图

BSR5101C/201 是共阴极七段数码显示管，其引脚图如图 10.4.6 所示。

2．CP 信号+CD40110 编码/译码+BS201 显示电路

1）CD40110

CD40110 能完成十进制加法、减法、进位、借位等计数功能，并能驱动小型七段 LED 数码管。CD40110 引脚图如图 10.4.7 所示，CD40110 逻辑功能如图 10.4.8 所示。

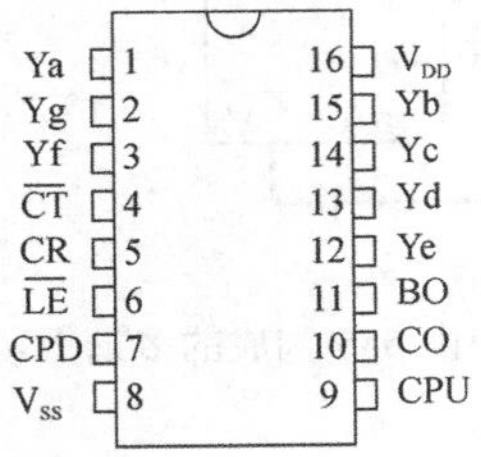

Ya 1
Yg 2
Yf 3
CT 4
CR 5
LE 6
CPD 7
VSS 8
16 VDD
15 Yb
14 Yc
13 Yd
12 Ye
11 BO
10 CO
9 CPU

图 10.4.7　CD40110 引脚图

输入					计数器功能	显示
CP_U	CP_D	$\overline{LE}$	$\overline{CT}$	CR		
↑	×	L	L	L	加 1	随计数器显示
×	↑	L	L	L	减 1	随计数器显示
↓	↓	×	×	L	保持	保　持
×	×	×	×	H	清除	随计数器显示
×	×	×	H	L	禁止	不　变
↑	×	H	L	L	加 1	不　变
×	↑	H	L	L	减 1	不　变

图 10.4.8　CD40110 逻辑功能

2）电路实例

设计一个从 9→0 的减法显示电路。

（1）直流电压用变压器降压，其电路由桥式整流电路、电容滤波电路、7805 稳压电

路组成。

（2）CP 信号由 555 产生 1Hz 脉冲信号。

（3）CD40110 用作减法计数器，CP 加于引脚 7。

从 9→0 的减法显示电路图如图 10.4.9 所示。

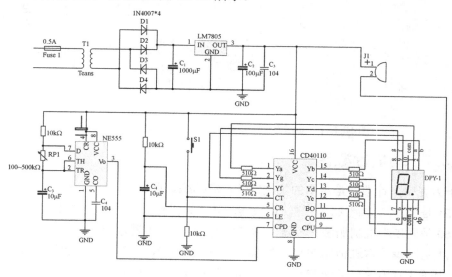

图 10.4.9　从 9→0 的减法显示电路图

3．CP 信号+CD4017 分配+二极管编码+CD4511 译码+BS201 显示电路

1）CD4017

CD4017 十进制计数译码器即计数分配器，在电子大赛中应用广泛，是重要的集成块，应熟练掌握。CD4017 的引脚图如图 10.4.10 所示。

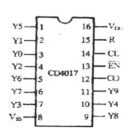

图 10.4.10　CD4017 的引脚图

2）CD4017 各引脚功能及使用注意事项

Y0~Y9：计数脉冲输出端，输出高电平。

15-R：清零端，高电平或正脉冲清零，工作时接地。

14-CL：时钟输入端，上升沿计数。

13-$\overline{EN}$：时钟输入端，下降沿计数。

引脚 13 和引脚 14 彼此间有互锁关系，若将引脚 14 接 CL，则引脚 13 接地；若将引脚 13 接 CL，则引脚 14 接高电平。

12-CO：进位端，每输入 10 个 CL，CO 由 0 变为 1。

电路实例：设计一个显示 0—1—2—4—8—0—8—4—2—1 的电路。

（1）直流电压用变压器降压，其电路由桥式整流电路、电容滤波电路、7809 稳压电路组成。

（2）CP 信号由 555 产生 1Hz 脉冲信号。

（3）CD4017 计数分配器。

（4）二极管编码。

（5）CD4511 译码、BS201 显示。

显示 0-1-2-4-8-0-8-4-2-1 电路如图 10.4.11 所示。

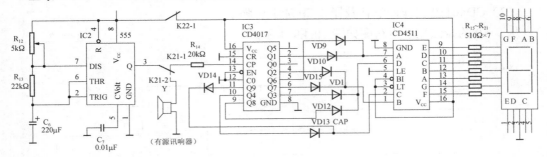

图 10.4.11　显示 0—1—2—4—8—0—8—4—2—1 电路

10.4.5　集成计数器

电子大赛中，计数器是常用的集成器件，应熟练掌握。

74161 是同步二进制（16）加法计数器，具有异步置 0 或同步置数功能。

74160 是同步十进制加法计数器，具有异步置 0、同步置数或保持功能。

74191 是同步十六进制加/减法计数器，只有一个 CP，具有保持、置数功能。

其他还有 CD40192、CD4518、CD4920、74LS90 等计数器。

10.4.6　控制（开关）电路

在电子大赛中，经常需要设计控制电路，控制电路有如下 8 种。

（1）红外对管电路。

（2）继电器控制电路。

（3）光敏电阻控制电路。

（4）热敏电阻控制电路。

（5）CD4066 电子开关。

（6）9013 晶体管开关电路。

（7）RC 充放电延时电路。

（8）触摸控制电路。

注：相应的大部分电路在前面 9 章中已介绍。

10.5　实例分析

电子大赛给出题目、题意、制作要求和元件清单，学生在规定的时间内，应用所学的理论知识去设计电路、选用元件、焊接作品，调试、分析和处理电路中的各种疑难问题，实现相关功能。下面给出部分电子大赛题目，简要分析设计思路并给出参考电路原理图，供同学们参考。

➥ 10.5.1 节日数显控制器制作[12]

1. 题意

北京奥运会于 2018 年 8 月 8 日开幕，倒计时还剩 69 天，请你在赛场提供的器材中选择必要的元件，制作一个电子作品，用于显示上述意思，限于竞赛条件，请竞赛者按以下办法进行。

采用 3 个数码管，其中一个数码管反复显示 2008.8.8，该数码管下方并排放置另外两个数码管，这两个数码管反复显示 69，彼此工作节拍用表格表示如下。

每个小方格为一个节拍（约为 1s），方格内按指定内容显示，凡空白格表示该节拍无任何显示。

2	0	0	8	.	8	.	8			2	0	0	8	.	8	.	8			2	0	⋯

					69	69	69	69							69	69	69	69	⋯

2. 要求

（1）稳压电源输出用绿色发光二极管指示，振荡器输出用红色发光二极管指示。

（2）每次"69"显示时间不得小于 4 个节拍也不得多于 6 个节拍，且每次开始显示的"69"必须紧接在一个数码管"⋯8.8"后面出现，不得错位。

（3）节日数显控制器电路原理图如图 10.5.1 所示。

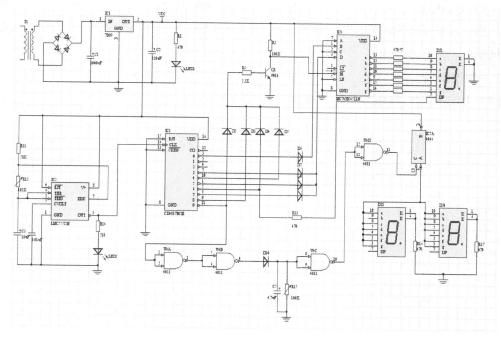

图 10.5.1　节日数显控制器电路原理图

↘ 10.5.2　LED 楼道照明灯控制器制作[12]

1. 题意

白炽灯是爱迪生的重要发明，这一发明使人类的夜晚从此告别了黑暗，迎来了光明。但白炽灯耗电太多，所以占据照明灯主要市场的白炽灯由节能型的光源灯取代是必然的趋势，于是节能、环保且寿命长的 LED 灯应运而生，其应用、发展势头在近几年一年比一年迅猛。现在要求参赛者在应用 LED 灯方面进行尝试，即要求参赛者在赛场提供的器材中选择必要的元件，设计、制作一个 LED 楼道照明灯。

2. 要求

（1）LED 楼道照明灯经蓄电池接 220V/50Hz 的交流电使用，白天不亮，夜晚受声音控制发光，发光时间约为 10s。

（2）LED 楼道照明灯本应由 4 组并联、每组串联 3 个高亮度的发白光的 LED 组成，限于赛场条件，仅用 1 组（只串无并）3 只发白光的 LED 组成，必须安装在万能板上，并只能将晶闸管作为开关。

（3）蓄电池与充电电源的处理。蓄电池标称电压为 10V，由于要在短时间内表明电池电压的变化情况，要求采用自制"317"可调电源代替蓄电池（不提供蓄电池也不涉及制作充电电源）。

（4）指示灯说明：①用绿色 LED 代表"317"电源输出指示；②红色 LED 亮表示电池充电；③电池电压高于 12V 时，蓝色 LED 亮。

（5）要有防过充电、过放电保护电路。蓄电池电压正常为 10V。为了延长充电电池的寿命，当电压低于 8.5V 时，停止对外供电并转为充电；当电压高于 12V 时，停止充电并转为供电。

3. 电路原理图

LED 楼道照明灯控制器电路原理图如图 10.5.2 所示。

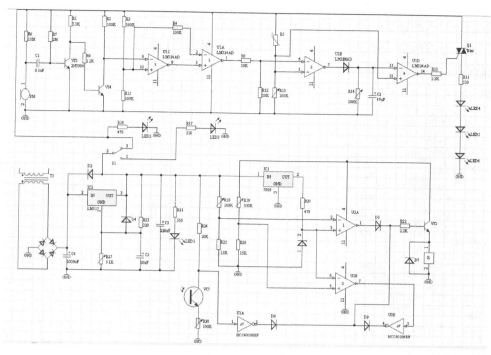

图 10.5.2 LED 楼道照明灯控制器电路原理图

➤ 10.5.3 简易跑马灯制作

1．设计题目与要求

该跑马灯能自行识别工作环境，即白天跑马灯自动停止运行，待傍晚暗下来，数码管自动显"0"，说明跑马灯电路得电即可以运行。此后手工按下工作按键，电路延时 10s，在延时的同时，数码管倒计时显示"0—9—8—7—6—5—4—3—2—1—0"。在"1—0"瞬间，"跑马灯"立即分两路工作，工作过程如下。

第一路是绿灯、红灯（绿灯在前，红灯在后）在黑暗背景中流动。当绿灯独自从头到尾流动时，这一路任何变色管都不亮，形成黑暗背景。而绿灯在尾部消失瞬间，红灯立即出现在头部并开始从头部到尾部独自地沿原绿灯路线在黑暗背景中流动。当红灯在尾部消失瞬间，绿灯又立即出现在头部并再次从头部到尾部独自地在黑暗中流动……，如此循环。

第二路绿灯、红灯（绿灯在前，红灯在后）在橙色背景中流动。当绿灯独自从头到尾流动时，这一路变色管为橙色，形成橙色背景。绿灯在尾部消失的瞬间，红灯立即出现在头部并开始从头部到尾部独自沿原绿灯路线在橙色背景中流动，红灯在尾部消失的瞬间，绿灯立即出现在头部并再次从头部到尾部独自地在橙色背景中流动……，如此循环。直到第二天凌晨天亮后，数码管熄灭……，再到傍晚时，作品又重复上述过程。

2．电路原理图

电路要求若要实现倒计时功能，则要用 CD40110 来进行减法计数。第一路灯要在黑暗背景中流动，也就是说，当其中某个灯亮时，其余灯不亮，这可以用 CD4017 来实现。第二路灯要求在橙色背景中流动，而红色和绿色和起来就是橙色，也就是说，当其中某个红灯或绿灯亮时，其他灯必须要红灯、绿灯一起亮，这也可以用 CD4017 来实现。综上所述，简易跑马灯电路原理图如图 10.5.3 所示。电源为 9V，电源电路图略。

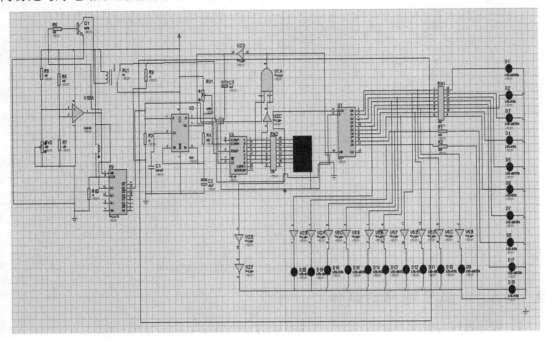

图 10.5.3　简易跑马灯电路原理图

10.5.4　生产线计数控制器制作[12]

1. 设计题目与要求

制作一个模拟饮料易拉罐自动计数且数显计数的装置。生产单位常采用如下红外自动计数装置，将装有饮料的易拉罐放在马达带动的传动带上，在传动带的运动过程中让每个易拉罐依次沿同方向穿过红外发射、接收系统，形成计数脉冲，然后计数脉冲经电路加工、计数，再数显易拉罐计数结果，就知道了其生产量。

要求将红外发射、接收系统安置在作品的万用板上，三者保持 1cm 以上的距离即可，先用学生证（或身份证）卡片插入，随即抽出放置于红外发射、接收系统中，卡片的一进一出表示有易拉罐一个一个地穿过红外线，于是在电路上同样可形成计数脉冲。

要求作品完工后，能按如下流程演示功能。

①作品接入电源，电源指示灯（绿灯）亮。②手动清零，显示"00"。③模拟易拉罐传动形成计数脉冲，计数脉冲指示灯（黄灯）闪亮。④随着模拟易拉罐穿过红外收、发系统的次数渐增，计数器计数渐增，显示器依次显示 01，02，03，……，10，11，12，13，……，20。一旦计数达到 20，计数脉冲形成电路便停止工作。此后没有计数脉冲输出，计数脉冲指示灯不再闪亮，显示器也停止在"20"，无论红外系统内有无物件穿插，始终显示"20"

不变，表示此时计满一箱。⑤要继续计数，必须先清零，显示"00"，方可开始新一轮计数，直至显示"20"，表示又计满一箱。

2．电路原理图

此电路是一个红外计数装置，用红外对管和 555 定时器构成施密特触发器，当用手挡住红外对管时，产生一个计数脉冲，数码管计数加一。要进行加法计数，就要将 CD40110 当作加法计数器使用（在仿真中省略了红外对管，用 555 构成单稳态触发器来产生脉冲）。生产线计数控制器电路原理图如图 10.5.4 所示，电源为 5V。

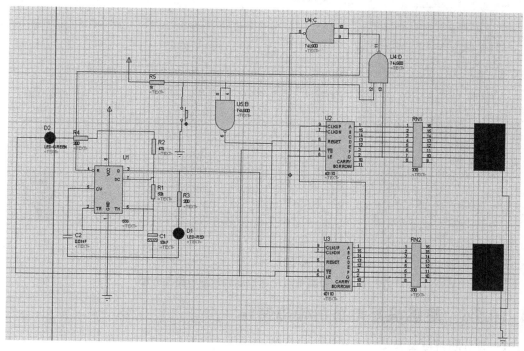

图 10.5.4　生产线计数控制器电路原理

10.5.5　数显三级变速电扇调速器制作[12]

1．设计题目与要求

设计制作一个至少有三级变速功能的电扇调速器，其要求是当分别数显 0、1、2 3 个数字时，电扇相应处在失电、强电（市电电压）、弱电（小于市电电压）3 挡级的供电状态，提供 220V 交流 40W 的白炽灯泡及其塑壳灯头一套（供电导线从提供给作品使用的电源线上剪下一段即可）。用白炽灯泡的熄、亮、暗代替电扇的失电、强电、弱电 3 种状态便成为调光（调速）器，要求该调光（调速）器有如下功能。白天，手动（自动控制失效）控制灯泡的供电，即每当用手按一次调光（调速）器的按键，显示数码变动一字，对应的灯泡（或电扇）供电变化一挡。晚上，自动（手动失效）控制灯泡的供电，即当调光（调速）器得电后，自行数显"0—1—2"，循环显示的同时，对应有灯泡"失电（灯泡失亮）—强电（灯光正常亮度）—弱电（灯光暗淡）"循环的过程，可形成"自然风"的模式。

2．电路原理图

在整个过程中要用到光敏电阻和继电器，而灯泡要有强电、弱电和失电 3 种状态就必须要用双向晶闸管来控制。数显三级变速电扇调速器电路原理图如图 10.5.5 所示，电源为 9V。

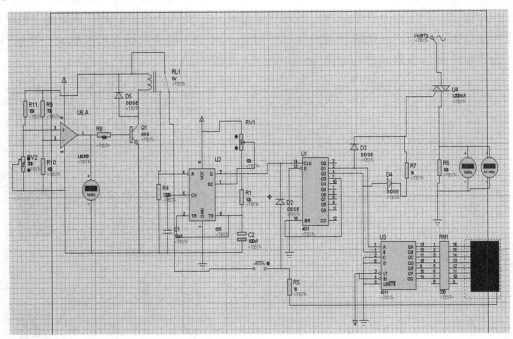

图 10.5.5　数显三级变速电扇调速器电路原理图

10.5.6　超温报警电路的模拟制作

1．设计题目与要求

在现实生活中，常有一种工程技术，即带有自动温度补偿的设备，在规定温度内正常工作。但是为了设备安全，需要设定工作的上限温度，万一温控补偿失效，设备温度一旦超出上限温度，便立即切断工作电源并报警，而待设备修复之后，再投入使用。

为了能让作品在很短的时间内模拟上述过程，将题目进行适当修改，即用数显电路代替工作件，当其接通市电后，数显电路会周而复始地按顺序"0—1—2—4—8—0—8—4—2—1"显示数字。用插上电源的电烙铁（20W 或 25W）代替发热件，当发热的电烙铁外壳靠近热敏元件约几秒后，热敏元件感受的温度超过工作件温度的上限，温控电路便工作。首先切断发热件电源，红色发光二极管点亮，1s 后再切断工作件数显电路的电源，数显电路停止工作，并同时发出断续（不是连续）的报警声。随后电烙铁远离热敏元件，让其所感受的温度在上限温度以下，温控电路恢复常态，红色 LED 熄灭，电烙铁重新得电、报警声停，数显电路重新工作。当电烙铁再次靠近热敏元件……，远离热敏元件，作品重复上述过程。

2．电路原理图

此电路包括 5 个部分：电源电路、温度取样及控制电路、振荡信号源电路（由 555 构成）、计数输出及编码电路、LED 数码显示电路。工作件温度在规定范围内，相当于电烙铁远离热敏元件 R_5，R_5 的阻值较大，IC1A 同相端电压较低，使 $U_+ < U_-$，IC1A 的引脚 1 输出低电平，IC1B 的引脚 7 也输出低电平，三极管 VT1、VT2 截止，继电器 K1、K2 的线圈无电流通过，它们的动接点不动作。若将发热的电烙铁靠近热敏电阻 R_5，其阻值下降，红色 LED 得电发光，讯响器发出报警声。

超温报警电路的模拟制作电路原理图如图 10.5.6 所示。

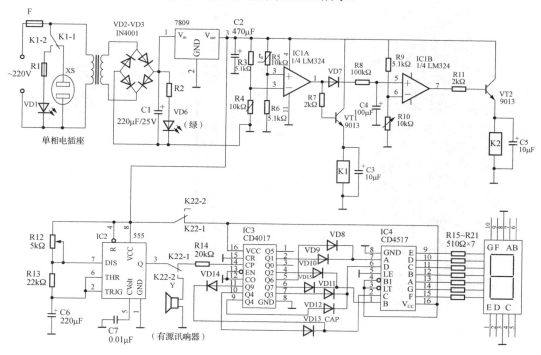

图 10.5.6　超温报警电路的模拟制作电路原理图

10.5.7　触摸控制循环显示电路制作[12]

1. 设计题目与要求

设计并制作带有触摸电极的电路，当电路得电能以"1—4—7—2—5—8—3—6—9"的顺序循环显示数字，几秒后就停显、消隐。而后，再触摸，又重复以上显示，约 10s 后自行停显并消隐，如此周而复始。

为了显示工作状态，用绿色 LED 指示电源工作状态，用红色 LED 指示触摸开关的工作状态。当手指未触摸电路电极时，红色 LED 亮，而当手指触摸电极，一旦触摸开关工作时，红色 LED 灭。

2. 电路原理图

本电路包括数码显示部分、编码部分、计数部分、555 多谐振荡部分、555 单稳态部分、延时部分等。

按题目要求，当电路得电工作时，首先必须要产生一个几秒的开机延时脉冲，利用此脉冲控制开机循环显示数字，几秒后停显、消隐。这个电路中没有触摸控制，当触摸电极时必须产生一个 10s 的单稳态电路，利用此脉冲控制循环显示数字，10s 后就停显、消隐；利用这两个脉冲控制计数脉冲的输出，当计数脉冲为高电平时，有计数脉冲输出；然后再利用计数脉冲控制计数器计数显示输出。

触摸控制循环显示电路原理图如图 10.5.7 所示，直流电源为 5V。

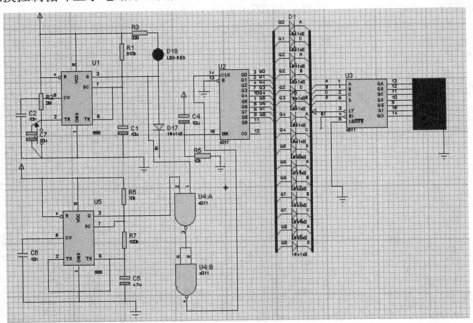

图 10.5.7　触摸控制循环显示电路原理图

附录 A：电类专业基础技能训练教学大纲

一、学时学分

学时：16 学时　　　学分：0.5 学分

二、实验目的和作用

电类专业基础技能训练是提高学生实践技能的重要途径之一。本课程从电子元器件识别、检测出发，通过常用电子仪器、仪表的使用，使学生得到基本的实践技能训练，为以后的实验、实训课程打下基础。

主要目的和任务如下。

（1）掌握电工电子技术应用过程中的一些基本技能。

（2）巩固、提升已获得的理论知识。

（3）熟练掌握常用电子元器件的识别、检测方法。

（4）熟练掌握常用电子仪器、仪表的使用方法。

（5）培养学生综合运用所学的理论知识和基本技能的能力，尤其是培养学生独立分析和解决问题的能力。

三、训练教学的主要内容和基本要求

1. 电类专业基础技能训练教学的主要内容及知识、能力、素质的基本要求

（1）熟练掌握指针式万用表和数字式万用表的使用方法及注意事项。

（2）熟练掌握通用模拟示波器的使用方法。

（3）熟练掌握函数信号发生器的使用方法。

（4）熟练掌握数字存储示波器的使用方法。

（5）学会查阅电子元器件相关手册。

（6）掌握其他仪器仪表的操作步骤，了解其使用注意事项。

2. 电类专业基础技能训练教学方法手段的基本要求

将该训练单元分成教学模块，教师逐块讲解示范，再由学生动手实际操作，然后老师布置训练任务，学生在规定时间内完成，教师随时指导检查，最终使学生熟练掌握该实训的全部内容，并写出实训总结报告。

3. 电类专业基础技能训练教学考核方案的基本要求

（1）在规定时间内完成训练任务，过程准确且步骤合理者，成绩优秀。

（2）在规定时间内完成训练任务，过程有错误但能及时发现并改正者，成绩良好。

（3）在规定时间内完成训练任务，过程有错误且未能改正者，成绩及格。

（4）未能在规定时间内完成训练任务者，成绩不及格。

（5）各次考核成绩最终汇总量化，同出勤、课堂表现成绩一同计入总成绩。

（6）出勤：每次满分 5 分，共 4 次。课堂考核：每次满分 15 分，共 4 次。

（7）实训总结报告：20分。

四、时间分配表

序号 项目	训练内容	教 学 形 式	学时	实 验 室
1	电压表、电流表、功率表的使用	讲解示范，练习，考核	4	电路分析实验室
2	常用元器件的识别与万用表的使用	讲解示范，练习，考核	4	数字电路实验室
3	模拟示波器、信号发生器的使用	讲解示范，练习，考核	4	模拟电路实验室
4	数字存储示波器、高频信号源的使用	讲解示范，练习，考核	4	高频电路实验室

附录 B：电子工艺实训教学大纲

一、学时学分

学时：18学时　　　学分：0.5学分

二、实验目的和作用

（1）掌握电工电子技术应用过程中的一些基本技能。

（2）了解电子产品的设计、制作、安装、调试过程，掌握查找及排除电子电路故障的常用方法。

（3）培养学生综合运用所学的理论知识和基本技能的能力，尤其培养学生独立分析和解决问题的能力。

三、实验原理及课程简介

学习本课程是实现理论知识向实践动手能力转化的重要途径，是在电类专业基础技能训练课程的基础上进行的，可进一步提高学生的综合技能水平。在训练中通过分析、研究及设计，来装配一个模拟、数字电路相结合的综合性设计电路，使学生熟悉基本电路的设计，提高学生开发新产品的综合实践能力。

四、实验基本要求

（1）掌握电子元器件的识别判断方法。

（2）掌握电子电路中元器件的焊接技术和电路板的布局技巧。

（3）了解用仿真软件在计算机中绘制电路的方法和仿真技术；初步了解电子产品设计、制作、安装、调试的基本过程和查找及排除电子电路故障的基本方法。

五、实验报告与考核办法

课程采取"理论授课+实践指导+考核"的方式，考核成绩计入"考核与评分表"，成绩采取百分制，包含出勤、作品考核及实训总结报告3部分。

（1）出勤：20分。

（2）作品考核：60分，其中，功能全部实现计20分，装配合理、整齐计20分，焊点美观、布局规范计20分。

（3）实训总结报告：20分，其中实训内容总结15分，合理化建议5分。此部分内容要手写在一张A4纸或信纸上，于课程结束后一周内上交。

以上总计100分。

六、主要仪器设备及材料配置

通用模拟示波器、函数信号发生器、直流稳压电源、常用电子元器件及集成逻辑芯片。

七、实验项目与内容提要

序号	实验名称	目的要求、内容提要	每组人数	学时	实验类型	必做选做	所在实验分室
1	常用电子元器件识别	目的要求：熟练掌握套件中常用电子元器件的识别及使用；能设计出基本的功能电路原理图 内容提要：识别各种电子元器件	20	3	综合	必做	电子设计与创新实验室
2	功能电路原理（1）	目的要求：熟练掌握万能板的使用方法及注意事项；掌握基本的走线技巧 内容提要：万能板的使用	20	3	综合	必做	电子设计与创新实验室
3	功能电路原理（2）	目的要求：熟练掌握焊接基本技能 内容提要：电烙铁的使用，训练焊接基本技能	20	3	综合	必做	电子设计与创新实验室
4	功能电路原理（3）	目的要求：熟练掌握模拟、数字集成芯片的使用 内容提要：训练模拟、数字集成芯片在功能电路中的应用，以及基本的调试电路技能	20	3	综合	必做	电子设计与创新实验室
5	功能电路焊接、调试、排除故障	目的要求：熟练掌握功能电路的故障排查技能 内容提要：训练功能电路的故障排查、调试技能	20	3	综合	必做	电子设计与创新实验室
6	测试	目的要求：熟练掌握功能电路的整体测试、测量 内容提要：训练功能电路的整体测试技能	20	3	综合	必做	电子设计与创新实验室

附录C：实验准备、实验操作和实验报告要求

实验课一般分为实验准备、实验操作和实验报告3个阶段，各个阶段要求如下。

1．实验准备

实验能否顺利进行并收到预期效果，很大程度上取决于预习准备是否充分。

1）验证性、提高性实验预习要求

在预习时认真阅读教材和相应的理论课内容，明确实验目的，了解实验任务、实验的基本原理，以及实验电路图、方法和步骤，清楚实验中要观察的现象、记录的数据和注意事项，写出实验预习报告。实验预习报告应包括实验目的、实验原理、实验电路图、实验简要步骤及预习思考题解答。

2）设计综合性实验和研究性实验预习要求

根据教师对本次实验提出的要求，选择设计题目，认真阅读实验（设计）任务、明确实验目的、阅读相应理论知识，并在此基础上写出实验预习报告。实验预习报告应包括设计题目、设计目的、电路图设计、设计原理分析（选择电路、确定参数、集成运算放大器选择）、测试仪器选择及详细的测试步骤。在准备好实验预习报告的同时焊接电路板。

学生应认真预习才能到实验室进行实验，预习不合格者，不得进行实验。

3）实验准备成绩

应完成预习报告，主要内容包括实验目的、实验原理、实验内容、实验电路。预习报告占实验成绩的 20%。

2．实验操作

良好的实验方法和操作程序是实验顺利进行的有效保证，实验应按下列程序进行。

（1）教师在实验前应检查学生的实验预习报告，讲授实验要求、测试技巧及注意事项。

（2）学生在指定桌位上进行实验。

① 检查仪器设备的类型、规格、数量及设备的完好程度，同时了解仪器设备的使用方法。

② 按实验电路图规范接线，按测试步骤操作，观察实验现象、读数，记录与核查数据。

③ 完成规定的全部实验项目后，整理测试数据，经指导教师检查数据合格并给出实验操作成绩后，方可离开实验室。

（3）教师给出实验操作成绩。实验指导老师根据实验目的和要求，视学生实验过程表现，以及测试提交的数据的合理性、正确性酌情给分。实验操作占实验成绩的 40%。

3．实验报告

实验报告是对实验工作的全面总结，也是工程技术报告的模拟训练，其内容要简明扼要地将实验结果完整并真实地表达出来。实验报告要求文理通顺，字迹工整，图表清晰，结论正确，分析合理，讨论深入。

（1）实验报告的主要内容。

① 整理后的实验数据、实验图表和数据处理。

② 实验误差计算及误差分析。

③ 实验结果分析，包括结论分析、本次实验的心得体会和意见，以及改进实验的

建议。

　　④　实验课后思考题解答。

　　（2）实验报告成绩由数据处理（20%）、误差计算和分析（10%）、实验结论及分析+实验课后思考题解答（10%）组成。实验报告占实验成绩的40%。

　　学生做完实验之后，应及时写好实验报告，不交实验报告者不得进行下一次实验。

参考文献

[1] 邱关源，罗先觉. 电路[M]. 5版. 北京：高等教育出版社，2006.

[2] 李瀚荪. 电路分析基础[M]. 3版. 北京：高等教育出版社，2002.

[3] 童诗白，华成英. 模拟电子技术基础[M]. 5版. 北京：高等教育出版社，2015.

[4] 杨素行. 模拟电子技术基础简明教程[M]. 5版. 北京：高等教育出版社，2015.

[5] 康华光. 电子技术基础模拟部分[M]. 5版. 北京：高等教育出版社，2015.

[6] 阎石. 数字电子技术基础[M]. 6版. 北京：高等教育出版社，2018.

[7] 余孟尝. 数字电子技术基础简明教程[M]. 5版. 北京：高等教育出版社，2012.

[8] 康华光. 电子技术基础数字部分[M]. 6版. 北京：高等教育出版社，2015.

[9] 张肃文. 高频电路[M]. 4版. 北京：高等教育出版社，2015.

[10] 罗杰，谢自美. 电子线路设计、实验、测试[M]. 4版. 北京：电子工业出版社，2009.

[11] 彭介华. 电子技术课程设计指导[M]. 北京：高等教育出版社，1997.

[12] 王港元. 电子设计制作基础[M]. 南昌：江西科学技术出版社，2014.